中国地质大学(武汉)实验教学系列教材
中国地质大学(武汉)实验技术研究经费资助出版

无机化学实验

WUJI HUAXUE SHIYAN

主　　编：程国娥
副 主 编：王运宏
编写人员：夏　华　曹　菱　蔡卫卫

中国地质大学出版社
ZHONGGUO DIZHI DAXUE CHUBANSHE

图书在版编目(CIP)数据

无机化学实验/程国娥主编.—武汉:中国地质大学出版社,2016.5(2018.6重印)
中国地质大学(武汉)实验教学系列教材
ISBN 978-7-5625-3497-6

Ⅰ.①无⋯
Ⅱ.①程⋯
Ⅲ.①无机化学-化学实验-高等学校-教材
Ⅳ.①O61-33

中国版本图书馆 CIP 数据核字(2016)第 115066 号

无机化学实验	程国娥 主编
责任编辑:李 晶	责任校对:张咏梅
出版发行:中国地质大学出版社(武汉市洪山区鲁磨路388号)	邮政编码:430074
电 话:(027)67883511 传真:67883580	E-mail:cbb@cug.edu.cn
经 销:全国新华书店	http://www.cugp.cug.edu.cn
开本:787毫米×1092毫米 1/16	字数:301千字 印张:11.75
版次:2016年5月第1版	印次:2018年6月第2次印刷
印刷:武汉市籍缘印刷厂	印数:1001—2000 册
ISBN 978-7-5625-3497-6	定价:26.00元

如有印装质量问题请与印刷厂联系调换

中国地质大学(武汉)实验教学系列教材

编委会名单

主　　　任：唐辉明

副　主　任：徐四平　殷坤龙

编委会成员：(以姓氏笔画排序)

公衍生　祁士华　毕克成　李鹏飞

李振华　刘仁义　吴　立　吴　柯

杨　喆　张　志　罗勋鹤　罗忠文

金　星　姚光庆　饶建华　章军锋

梁　志　董元兴　程永进　蓝　翔

选题策划：

毕克成　蓝　翔　张晓红　赵颖弘　王凤林

前　言

　　实验教学在化学教学中一直占有相当重要的地位。无机化学实验是化学化工类专业的第一门化学实验课程，它可以培养学生掌握化学实验基础知识、基本操作，掌握实验数据的处理和实验结果的分析、归纳方法，掌握无机化合物的性质和制备技术，为后续课程的学习打下基础。无机化学实验对于培养学生的基础知识、实践能力和专业素质等方面都起着重要的作用。

　　本书是以中国地质大学(武汉)夏华教授主编的《无机化学实验》为蓝本，在强调基础知识和实验基本技能训练的基础上，对原教材内容进行了添加、删除和修订。在保留原教材的基本内容框架、特色和编写风格的基础上，由无机化学教学组的教师结合多年的实验教学经验，充分吸收近年来无机化学研究和实验教学改革的最新成果，吸收同类教材优点的基础上编写而成。全书由化学实验基础知识、基本操作与技能训练实验、元素及化合物性质实验、化合物的制备与提纯实验、综合性与设计性实验及附录六部分组成，内容的安排由浅入深，由易到难，由专题到综合设计实验。按照实验教学改革的要求，既有传统的基础实验，又有反映现代无机化学新进展、新技术及新材料的实验，体现基础性、应用性、先进性和综合性的特点。

　　本书在实验内容的选择和编排上力求做到以下几点。

　　(1)多层次地构筑实验教学内容。按照学生的认知规律，由浅入深，由简单到综合，由综合到设计安排实验教学内容，并注意各部分内容的内在联系和相互渗透。

(2) 注重基本实验技能的训练。无机化学实验作为大学一年级的基础课,其主要教学目的是夯实学生的化学实验基础,训练学生的基本实验操作技能,因此,除了详细介绍化学实验基础知识、基本操作、仪器使用和数据处理外,化学实验基本操作训练的传统经典实验均保留下来,在此基础上还有意识地增加了一些进一步巩固基本操作训练的实验。

(3) 按照实验教学改革的要求更新了实验教学内容,遵循绿色化、前沿化的指导思想,增加了培养综合实验技能和创新思维的实验内容,将能够反映近年来无机化学发展方向的部分内容与基本实验操作技术相结合,在培养学生实验综合技能的同时,进一步增强了学生学习基本实验技能的兴趣和意愿。

教材由程国娥组织编写和修订,夏华教授在教材的结构框架设计、实验内容的编排以及选择上做了大量工作。编写工作由无机化学教学组全体老师共同完成,他们是蔡卫卫(实验二十五、实验二十八、实验三十三、实验三十四),曹菱(第一章,实验十八及附录),程国娥(实验三、实验六、实验九、实验十三、实验十五、实验十九、实验二十二、实验二十六、实验三十),王运宏(实验二、实验五、实验八、实验十二、实验十四、实验十七、实验二十一、实验二十四、实验二十九、实验三十二)和夏华(实验一、实验四、实验七、实验十、实验十一、实验十六、实验二十、实验二十三、实验二十七、实验三十一),最后由程国娥完成统编定稿工作。

本书的编写得到了中国地质大学实验室设备处和材料与化学学院的大力支持,中国地质大学出版社为本书的出版做了大量细致的工作,在此一并表示感谢。

由于编者水平有限,本教材中难免有些疏漏或不完善之处,敬请批评指正。

编 者

2015 年 12 月

目 录

第一章 化学实验基础知识 (1)

第一节 化学实验的目的及学习方法 (1)

第二节 化学实验的基本常识 (6)

第三节 化学试剂和试纸的规格与取用 (9)

第四节 常规玻璃仪器的使用 (12)

第五节 液体体积的量度：仪器与方法 (16)

第六节 化学试剂的称量：仪器与方法 (20)

第七节 固、液分离方法与重结晶 (27)

第八节 气体的产生、收集、净化与干燥 (32)

第九节 加热与冷却：仪器及方法 (35)

第十节 基本测量仪器介绍 (39)

第十一节 实验数据的表达与处理 (49)

第二章 基本操作与技能训练实验 (54)

实验一 摩尔气体常数的测定 (54)

实验二 称量与酸碱滴定 (57)

实验三 平衡常数的测定 (59)

实验四 醋酸解离度与解离常数的测定(pH法和电导率法) (62)

实验五 $PbCl_2$ 标准溶度积常数的测定 (66)

实验六 电导率法测 $BaSO_4$ 溶度积 (69)

实验七 银氨配离子配位数及稳定常数的测定 (71)

实验八 磺基水杨酸合铁(Ⅲ)配合物的组成和稳定常数的测定 (73)

实验九 氧化还原反应与电极电势的测定 (76)

实验十 化学反应级数与活化能的测定 (80)

第三章 元素及化合物性质实验 (84)

实验十一 碱金属和碱土金属 (84)

实验十二　p 区元素（一）（卤族、氧族） ……………………………………………… (88)
  实验十三　p 区元素（二）（氮族、碳族） ……………………………………………… (92)
  实验十四　铬、锰、铁、钴、镍 …………………………………………………………… (97)
  实验十五　ds 区重要元素化合物性质及应用（铜、银、锌、镉、汞） ……………… (101)
  实验十六　常见阴离子的分离与鉴定 …………………………………………………… (105)
  实验十七　水溶液中 Na^+、K^+、NH_4^+、Ca^{2+}、Mg^{2+}、Ba^{2+} 的分离与鉴定 ……………… (109)

第四章　化合物的制备与提纯实验 …………………………………………………… (112)
  实验十八　水的净化和纯度检测 ………………………………………………………… (112)
  实验十九　氯化钠的提纯 ………………………………………………………………… (116)
  实验二十　硝酸钾的提纯与溶解度的测定 ……………………………………………… (118)
  实验二十一　硫酸亚铁铵的制备 ………………………………………………………… (120)
  实验二十二　硫代硫酸钠的制备 ………………………………………………………… (122)
  实验二十三　锌焙砂制备硫酸锌 ………………………………………………………… (124)
  实验二十四　由软锰矿制备高锰酸钾 …………………………………………………… (126)
  实验二十五　由工业胆矾制备五水硫酸铜及其质量鉴定 ……………………………… (128)
  实验二十六　三氯化六氨合钴（Ⅲ）的合成和组成测定 ………………………………… (131)

第五章　综合性与设计性实验 …………………………………………………………… (134)
  实验二十七　铬配位化合物的制备及分裂能的测定 …………………………………… (134)
  实验二十八　可逆热致变色物质四氯合铜双二乙基铵盐的制备及性质测定 ………… (137)
  实验二十九　硫酸铜的制备及结晶水的测定 …………………………………………… (139)
  实验三十　聚合硫酸铁的制备及主要性能指标的测定 ………………………………… (141)
  实验三十一　12 -钨硅酸的制备及酸度测定 …………………………………………… (143)
  实验三十二　未知溶液的分离与鉴定 …………………………………………………… (145)
  实验三十三　纳米氧化锌的制备及其光催化性能研究 ………………………………… (149)
  实验三十四　大环配合物[$Ni((14)4,11$-二烯-$N_4)$]I_2 的合成 ……………………………… (152)

附　录 ……………………………………………………………………………………… (155)

主要参考文献 ……………………………………………………………………………… (180)

第一章 化学实验基础知识

第一节 化学实验的目的及学习方法

一、化学实验的意义及目的

化学是一门以实验为基础的学科,从新元素的发现、新化合物的合成、化学反应规律的研究到新理论、新假设的证实,都离不开化学实验。同时实验也是自然科学中研究问题的最重要、最基本的方法之一,它可以借助于科学仪器所创造的条件排除各种偶然、次要因素的干扰,使要研究的问题更为简单明了,它还可以造就自然界中没法直接控制而在生产过程中又难于实现的特殊条件(如超高温、超低温、超高压、超高真空、超强磁场等),按照人们的设想,能动地控制研究系统,去获取生产实践中不易或不可能得到的新发现。科学史表明,近代自然科学的重大发现和发展,一般是来自于科学实验。

化学实验不仅传授知识、验证、巩固和扩大课堂上学过的一些知识,掌握实验操作的基本技术,提高学习兴趣,同时在化学实验的过程中,培养自己的创造性思维能力,掌握科学研究和科学发明的基本方法,为将来从事科学研究打下基础,也为日后在工作中分析解决问题提供更多的思路和途径。

无机化学实验是一门实验性基础课程,是化学及相关专业本科生的必修课,它的主要目的是:通过无机化学实验,巩固和加深对无机化学的基本原理和基础知识的理解,熟练掌握无机化学实验的基本技能和实验操作,通过对元素及其化合物的重要性质和反应的进一步熟悉,使学生获得大量物质变化的感性认识,在此基础上能达到掌握一般无机化合物的制备、分离和检验的方法,学会正确地使用基本仪器测量实验数据和正确地处理实验数据以及表达实验结果,养成严谨求是的科学态度和独立思考、独立准备、独立实验的能力,养成细致地观察、记录实验现象,整洁、卫生以及安全规范的良好习惯,为学好后续课程和开展科学研究打下良好的基础。

二、化学实验的学习方法

将正确的学习态度与科学的学习方法相结合,才有可能取得最好的学习效果,在学习无机化学实验时,应该掌握好以下的几个学习环节。

1. 预习

实验前的预习,是保证做好实验的一个重要环节。在这个环节应该达到以下几个要求。

(1)认真阅读实验教材和相关的参考资料,明确实验目的,理解实验原理,了解实验的内容、方法、操作、步骤,了解实验需要掌握的技能及安全知识。

(2)在上述预习基础上,写出简明扼要的预习报告。

(3)对于设计性实验应该在实验理论指导下设计出具体的实验方案和详细的实验步骤,对各项实验内容应该预测可能出现的实验现象。

2. 实验

在教师的指导下,独立地进行实验是实验课程的主要教学环节,也是正确掌握实验技术,实现化学实验目的的重要手段,必须认真、独立根据实验教材上所提示的方法、步骤和试剂进行实验操作,并要求做到以下几点。

(1)认真操作,做到规范严格;细心观察,分析判断,并把观察到的实验现象和测量得到的实验数据,及时如实地做好详细的记录。

(2)如果发现实验现象和理论不符合,应尊重实验事实,并认真分析和检查其原因,可通过对照试验、空白试验或自行设计的实验进行核对,必要时应多次重做验证,从中得到有益科学的结论和学习科学思维的方法。

(3)在实验过程中应勤于思考,仔细分析,力争自己解决问题。但遇到疑难问题而自己难以解决时,可提请教师指点。

(4)在实验过程中应该严格遵守实验室规则。保持肃静,保持实验室的整洁、卫生和安全,实验完成后,要认真清理实验室的台面,打扫地面,关闭水、电和门窗,经教师同意后方可离开实验室。

3. 撰写实验报告

分析解释实验现象,整理并处理实验数据,对实验内容做出结论,将感性认识提高到理性思维阶段是撰写实验报告的主要目的。

实验报告应该包括以下几个部分。

(1)实验目的,简述实验应该达到的基本目的。

(2)实验原理,简要介绍实验的基本原理。

(3)实验步骤与操作,根据实验目的和所采用的方法,对实验过程进行简要描述。

(4)实验现象与实验数据记录,真实客观地记录实验现象和测量实验数据,绝不允许涂改实验数据。

(5)解释、结论和数据处理,对实验现象进行分析、归纳和总结,对实验数据进行计算和处理,得出结论。

(6)问题讨论,对实验中遇到的疑难问题提出自己的见解,分析产生误差的原因等。

实验报告应该文字工整,图表规范,简明扼要。

以下是无机化学实验中常见的几种不同类型实验的实验报告格式。

化学测定实验报告格式示例(一)

实验名称 __醋酸电离常数和电离度的测定__ 室温_____ 气压_____
班级_____ 姓名_____ 指导教师_____ 实验室_____ 日期_____

一、实验目的

二、实验原理

三、实验步骤

四、实验记录与处理结果

可采用表格、图示等直观形式,如下表所示。

醋酸溶液浓度的测定表

滴定序号		1	2	3
标准 NaOH 溶液浓度/mol·dm^{-3}				
HAc 溶液的体积/cm^3				
标准 NaOH 溶液的体积/cm^3				
HAc 溶液的浓度/mol·dm^{-3}	测定值			
	平均值			

五、问题与讨论

化学合成制备类实验报告格式示例(二)

实验名称＿＿＿氯化钠的提纯＿＿＿ 室温＿＿＿＿ 气压＿＿＿＿
班级＿＿＿＿ 姓名＿＿＿＿ 指导教师＿＿＿＿ 实验室＿＿＿＿ 日期＿＿＿＿

一、实验目的

二、实验原理

三、实验步骤

可采用流程图加主要反应式等形式,简明直观,如下图所示。

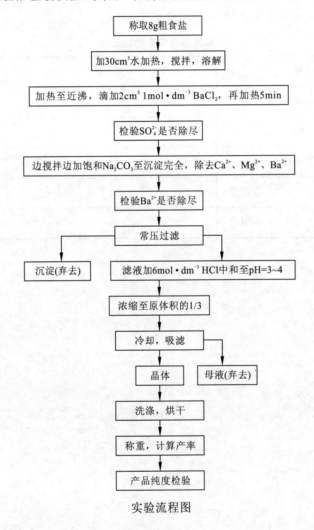

实验流程图

四、结果

(1)产品指标(外观、产量、产率或含量):

(2)产品性质检验:

(3)结论:

五、问题与讨论

化学元素性质实验报告格式示例(三)

实验名称 _____p区元素(一)_____ 室温_____ 气压_____
班级_____ 姓名_____ 指导教师_____ 实验室_____ 日期_____

一、实验目的

二、实验原理

三、实验内容及结论

实验内容包括实验步骤、实验现象、对现象的解释或反应方程式,可以表格形式表示,如下表所示。

卤素的氧化性实验表

实验步骤	实验现象	解释和结论(包括反应式)
2滴 $0.1\text{mol}\cdot\text{dm}^{-3}$ KBr+2滴 Cl_2 水 +0.5cm^3 CCl_4	Cl_2 水褪色 CCl_4 层呈棕黄色	$2KBr+Cl_2 = 2KCl+Br_2$
2滴 $0.1\text{mol}\cdot\text{dm}^{-3}$ KI+2滴 Cl_2 水 +0.5cm^3 CCl_4	Cl_2 水褪色 CCl_4 层呈紫红色	$2KI+Cl_2 = 2KCl+I_2$

结论:

四、问题与讨论

第二节　化学实验的基本常识

在教师指导下,学生在实验室中独立地进行实验是实验教学的主要教学方式,因此学生必须先要了解与实验及实验室有关的各类规范、规则,顺利完成这类教学过程。

化学类实验涉及各类性质的化学试剂、仪器设备,实验过程涉及危险品、水电设施以及仪器设备的安全正确使用,这也需要学生学习了解并逐步形成良好的工作习惯。

本节对无机化学实验中常见的问题进行简单介绍。

一、实验室规则

实验室规则是人们从长期实验室工作中总结出来的工作规范,严格遵守实验室规则可以保证实验室人员获得正常的实验环境和工作秩序,防止意外事故的发生。

(1)实验前应认真预习,进入实验室后做好实验准备工作,检查实验所需药品、仪器是否齐全。做规定以外的实验时,应经教师允许。

(2)实验时要集中精力,仔细观察,认真操作,积极思考,及时将实验现象和数据如实详细记录,不得涂改和伪造。

(3)遵守纪律,不迟到,不早退,保持室内安静,不要大声喧哗,不得到处乱走,不得无故缺课。遵守一切必要的安全措施,保证实验安全。

(4)爱护公共财物,小心使用仪器和实验室设备,注意节约用水、电和煤气。每人应使用自己的仪器,不得动用他人仪器;公用仪器和临时共用的仪器用毕应洗净,并立即送回原处。如有损坏,必须及时登记补领并按照规定赔偿。

(5)实验中化学试剂性质有较大差异,使用时应按照各类的操作规范进行操作;剧毒品的使用应严格按照剧毒品管理规范进行。

(6)使用测量类的精密仪器时,务必先阅读产品使用说明书,了解其使用方法及操作规程,避免损坏仪器。使用中如发现故障应立即停止使用并报告教师。需要填写使用记录并经教师检查认可。

(7)实验过程中,随时注意保持工作环境的整洁。火柴梗、纸张、废品等只能丢入废物缸内,不能丢入水槽,以免水槽堵塞,甚至引发漏水事故。实验产生的废弃物必须按照实验室要求倒入指定的容器中。实验完毕后洗净、收好玻璃仪器,整理好实验桌、公用仪器、试剂架等。

(8)每次实验结束后由学生轮流值勤负责打扫和整理实验室,并检查水、电、气是否关闭,门窗是否关紧,以保持实验室的整洁和安全。教师检查合格后方可离去。

(9)尊重教师的指导,对实验内容和安排不合理的地方可提出改进的意见,对实验中的一切现象(包括反常现象)应进行讨论,并提出自己的看法,做到主动学习。

(10)如果发生意外事故,应保持镇静,不要惊慌,立即报告指导教师进行及时处理。

二、实验室安全

进行化学实验时,会涉及水、电、煤气、压缩气体及各种仪器的使用,化学试剂中相当一部分是具有易燃、易爆、腐蚀性和毒害性的,实验过程及结束后废弃物的排放等,这些都是实验室常见的安全隐患。如果不遵守操作规则引发安全事故(如失火、中毒、烫伤或烧伤等),不仅实验者人身可能受到伤害,还可能殃及他人,并造成公共财产损失。因此严格遵守有关水、电、煤气、仪器及化学品使用的安全操作规范,熟悉常用安全知识非常有必要。

但是实验室安全隐患并不会必然导致事故发生,只要能从思想上高度重视,在操作中确实落实,实验室安全是可以得到保障的。因此,必须首先在思想上高度重视,决不能心存侥幸;其次在实验之前应了解所在实验室的设施(包括安全出口、安全装置、急救用品等)、本实验的设备及试剂性质、本实验中的安全注意事项;实验过程中要集中注意力,严格遵守实验安全守则,预防事故发生;实验结束后对废弃物采用正确的处理方式;最后了解一些常用救护措施及消防常识。

(1)获得实验室安全准入证书。目前国内很多高校都设置了实验室安全准入制度,这对实验教学以及在实验室中进行科学研究的安全规范具有非常重要的意义。高校会要求学生在进入相关实验室之前,先参加实验室安全的培训并进行考试,合格后发给证书后方可开始实验课程或者开展科研活动。

(2)为防止伤害身体、损坏衣物,进入实验室需穿合适的实验服。不得穿拖鞋,长发需要挽起以免受到伤害。

(3)严禁在实验室内饮食、吸烟,或把食具带进实验室。实验完毕必须洗净双手。

(4)绝对不允许随意混合各种化学药品,以免发生意外事故。不得随意离开正在运行的装置和正在操作的化学反应。

(5)实验时宜佩戴护目镜,注意倾倒试剂或者加热液体时易发生飞溅,不要俯视容器。加热试管时,不要将试管口对人。稀释浓硫酸时,必须把酸注入水中,而不是把水注入酸中,以免迸溅。浓酸、浓碱具有强腐蚀性,使用时要小心,可带防护手套操作,注意避免溅在皮肤和衣服上。实验中不要搓揉眼睛,以免将试剂揉入眼中。

(6)有机溶剂(如乙醇、乙醚、苯、丙酮等)易燃,使用时一定要远离火焰和热源,不得用明火加热。用后应把瓶塞塞紧,放在阴凉的地方。

(7)有毒药品(如重铬酸钾、钡盐、铅盐、砷的化合物、汞的化合物,特别是氰化物)不得入口或接触伤口。金属汞易挥发成汞蒸气,被吸入后会积累引起慢性中毒,如果实验中金属汞洒落,一定要尽可能收集起来,无法收集的位置可以用硫磺粉覆盖,使其生成不易挥发的硫化汞。

(8)金属钾、钠和白磷等暴露在空气中易燃烧,故金属钾、钠应保存在煤油中,并且不得将其随意丢弃到废液杯、水池等中;白磷可保存在水中。上述物品取用时须用镊子。

(9)不要接近容器去嗅放出的气体,宜将脸部远离,用手把逸出的气体慢慢扇向自己的鼻孔。制备或实验过程中产生具有刺激性的、恶臭的、有毒的气体(如 H_2S、Cl_2、CO、SO_2、Br_2 等),以及加热或蒸发盐酸、硝酸、硫酸,溶解或消化试样时,应该在通风橱内进行。

(10)不要用湿的手、物接触电源;水、电、煤气使用完毕,立即关闭水龙头、煤气,拉掉电闸。

(11)压缩气体的使用应严格按照气瓶上标示的气体类别,详细了解操作规定后再使用。特别要注意使用氢气前需检查其纯度,以免由于达到爆炸极限而引发燃爆事故。使用过氧化物、高氯酸盐、叠氮酸盐、乙炔铜、三硝基甲苯等易爆物质时,注意避免受震或受热,以免发生热爆炸。

(12)每次实验后应把手洗净,方可离开实验室。

三、意外事故的处理

(1)割伤:先挑出伤口内的异物,然后在伤口抹上碘酒或紫药水后用消毒纱布包扎。也可贴上创可贴,能立即止血且易愈合。

(2)烫伤:伤处皮肤未破时在伤口处抹烫伤膏或万花油,不要把烫出的水泡挑破。

(3)酸腐蚀致伤:先用大量水冲洗,再用饱和碳酸氢钠溶液或稀氨水、肥皂水冲洗,最后用水冲洗。

(4)碱腐蚀致伤:先用大量水冲洗,再用醋酸溶液(2%)或饱和硼酸溶液冲洗,最后用水冲洗。

(5)酸和碱不小心溅入眼中,立即用洗眼器或者水龙头对着眼部用大量水冲洗,持续15min,随后及时送医院诊治。

(6)吸入溴蒸气、氯气、氯化氢气体,可吸入少量酒精或乙醚混合蒸气来解毒。如吸入H_2S气体感到不适,应立即到室外呼吸新鲜空气。

(7)触电:先切断电源再根据情况施救。

目前高校实验室里基本都配备了洗眼器、冲淋器等救护设施以及必要常备急救药。如果伤势较重,应立即去医院就医。

四、消防安全常识

消防安全,预防为主。万一不慎起火,切不要惊慌,要抓紧时间,立即采取如下灭火措施,同时拨打119报火警电话。

(1)防止火势蔓延:关闭煤气,停止加热,拉开电闸,把一切可燃物质(特别是有机物质、易燃物质、易爆物质)移到远处。

(2)灭火:物质燃烧需要空气和一定的温度,所以通过降温或者将燃烧的物质与空气隔绝,就能达到灭火的目的。

(3)及时报警。

(4)如火势较大,及时撤离以保障人身安全。

灭火要针对起火原因采取合适的灭火方法和灭火设备。

化学实验室有其特殊的地方,某些化学药品(如金属钠)能和水发生剧烈反应,从而导致更大的火灾。某些有机溶剂(如苯、汽油)着火时,因与水互不相溶,又比水轻,故浮在水面上,水不仅不能灭火,反而使火场扩大。

针对不同情况,实验室常用的灭火方法有以下几种:一般小火可用湿布或沙土覆盖在着火物体上;火势较大时可用灭火器,灭火器有泡沫、二氧化碳、干粉、1211等种类。

泡沫灭火器的药液成分是碳酸氢钠和硫酸铝,用灭火器喷射起火处,泡沫把燃烧物包住,使燃烧物隔绝空气而灭火,适用于油类起火,不能用于电线走火引起的火灾。

二氧化碳灭火器,内装液态二氧化碳,是化学实验室最常使用,也是最安全的一种灭火器,适用于小范围油类、电器及忌水化学品起火的灭火,不能用于金属灭火。

干粉灭火器的主要成分是碳酸氢钠等盐类物质、适量的润滑剂和防潮剂,适用于油类、可燃气体、电器设备、精密仪器、图书文件和遇水易燃化学品的初起火灾。

1211灭火器含CF_2ClBr液化气体,是一种卤代烷灭火剂,以液态灌装在钢瓶内,使用时装在筒内的氮气压力将1211灭火剂喷出灭火。适用于油类、有机溶剂、精密仪器、高压电气设备起火。

四氯化碳灭火器,四氯化碳沸点较低,喷出后形成沉而惰性的蒸气掩盖在燃烧物体周围,使它与空气隔绝而灭火。由于不导电,适用于扑灭带电物体的火灾。四氯化碳在高温下生成剧毒的光气,不能在狭小和通风不良的实验室使用。四氯化碳与金属钠、钾接触有爆炸危险,所以,有钾、钠等金属存在时也不能使用。

五、实验室废弃物的处理

实验过程中常产生毒害性的废弃物(废气、废液、废渣等),需要及时排出弃去,为避免直接排放产生的环境污染对人体的伤害,废弃物需经过一定的处理后再排放。

在实验室环境下,产生少量毒害气体的实验应在通风橱中进行,通过抽排风设备排到室外,再经过大气稀释降低其毒性。产生毒气量大的实验可以增加气体吸收装置使其被吸收固化后再作进一步处理。少量有毒废渣可分类集中后交由专业处理废弃物化学品的机构进行处理,不得随意丢弃掩埋。

实验室中较多的是各类废液,下面介绍一些常见处理方法。

(1)废酸液。将不溶物先行过滤后,可加碱中和至pH=6~8后排出。滤渣可参考上述少量废渣的处理方法。

(2)重金属废液。加碱或者硫化钠使其生成沉淀,过滤分离,滤渣可分类集中后交由专业处理废弃物化学品的机构进行处理。

(3)有机类试剂废液。如乙醚、苯、丙酮、三氯甲烷、四氯化碳等不能直接倒入水槽(会腐蚀下水管、污染环境),应倒入回收瓶中。回收瓶中收集的有机溶剂体积不能超过器皿容积的80%,体积不宜超过5L。回收瓶应在阴凉避光处保存,并及时交由专业处理废弃物化学品的机构进行处理。

(4)含氰化物、丙酮、二氯甲烷、汞、六价铬、硼、氢氟酸等物质的回收废液应分别单独回收存放。

第三节 化学试剂和试纸的规格与取用

一、化学试剂的级别

化学试剂是指在化学试验、化学分析、化学研究及其他试验中使用的各种纯度等级的化合物或单质,是进行化学研究、成分分析的相对标准物质,广泛用于物质的合成、分离、定性和定量分析。

化学试剂按纯度分为若干等级,试剂的纯度对实验结果准确度的影响很大,不同实验对试剂纯度的要求也不同,超越具体实验条件去选用高纯试剂会造成浪费。同一试剂由于纯度等级不同,价格差别很大,选用试剂时,应本着节约原则,按实验要求,选用不同等级的试剂。表1-1是我国部分常用化学试剂等级信息。

表 1-1 化学试剂等级表

级别	优级纯	分析纯	化学纯	实验纯	光谱纯	生物试剂
性质	精确分析和研究工作,基准物质	分析试剂,工业分析及化学实验	化学实验和合成制备	一般化学实验和合成制备	主要成分纯度为99.99%	
缩写或简称	GR	AR	CP	LR	SP	BR
标签颜色	绿	红	蓝	棕色、黄色等		黄色等

二、试剂的取用原则

(1) 避免污染:试剂不能用手接触,固体用干净的药匙从试剂瓶中取出;试剂瓶塞或瓶盖打开后要倒放在桌上,取用试剂后立即还原塞紧,试剂瓶盖决不能错拿错盖,否则会污染试剂。

(2) 节约:在实验中,试剂用量按规定量取。若书上没有注明用量,应尽可能取用少量。如果取多,应将多余试剂分给其他需要的同学使用,不要倒回原瓶,以免污染整瓶试剂。

三、试剂的取用

实验室中一般只贮存固体试剂和液体试剂,气体物质使用压缩气瓶储存或者需用时临时制备。在取用和使用任何化学试剂时,首先要做到"三不",即不用手拿,不直接闻气味,不尝味道。

1. 液体试剂的取用

用倾注法取液体试剂时,取出瓶盖倒放在桌上,右手握住瓶子,使试剂瓶标签握在手心里,以瓶口靠住容器壁,缓缓倾倒出所需液体,让液体沿着器壁往下流。若所用容器为烧杯,则倾注液体时可用玻璃棒引入。用完后,即将瓶盖盖上。如图1-1、图1-2所示。

从滴瓶中取用试剂时,要用滴瓶中的滴管,不能用别的滴管。滴管必须保持垂直,避免倾斜,严禁倒立,否则试剂流入橡皮头内会将试剂沾污。滴管的尖端不可接触承接容器的内壁,应在容器口上方将试剂滴入;更不能插到其他溶液里,也不能把滴管放在原滴瓶以外的任何地方,以免杂质沾污。如图1-3、图1-4所示。

加入反应容器中的液体总量不能超过总容量的2/3,使用试管不能超过总容量的1/2。

图1-1 倾注法取液体

图1-2 用玻璃棒导引液流

图1-3 用滴管取液体

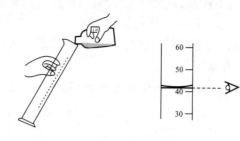

　　图1-4　用滴管转移溶液　　　　　　　图1-5　量筒取液和读数

　　进行某些实验时,如不需要很准确量取液体的体积时,通常使用量筒。量筒有不同的容量,可根据不同的需要选用。读数时应使视线和量筒内凹月面的最低点保持水平,如图1-5所示。

2. 固体试剂的取用

　　往试管中加入固体试剂时,应用干净、干燥的药勺或干净的对折纸片装上后伸进试管约2/3处;加入块状固体时,应将试管倾斜,使其沿管壁慢慢滑下,以免碰破管底。取出试剂后,一定要把瓶塞盖紧并将试剂瓶放回原处,将药匙洗净擦干。如图1-6、图1-7所示。

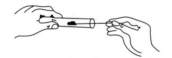

　　图1-6　用药匙往试管中装试剂　　　　图1-7　用纸条往试管中装试剂

　　要称取一定质量的固体时,可按照实验精度要求在普通天平或分析天平及高精度电子天平上用直接法或减量法称取(见第六节)。

四、试纸的使用

　　使用试纸进行分析检测等化学反应,其本质就是把化学反应从试管里移到滤纸上进行,利用迅速产生明显颜色的化学反应定性或定量检测待测物质。试纸的制备一般是将溶液浸渍到纸质基底上,以适当的方法干燥后备用。使用时将被测物与试纸接触,在试纸上发生化学反应,试纸的颜色发生变化。

　　由于操作简单快速,在很多生产、生活领域都有使用,试纸法往往应用于现场快速检测,如在食品、水质、医疗及其他领域发挥了越来越大的作用。

　　试纸种类很多,无机化学实验常用的有红色石蕊试纸、蓝色石蕊试纸、酚酞试纸、pH试纸、淀粉碘化钾试纸和醋酸铅试纸等。

　　在使用试纸检测某物质时,应把试纸放在干燥洁净的表面皿或玻璃片上,用蘸有待测溶液的玻璃棒点试纸中部,试纸被润湿后,观察颜色变化,判断溶液性质。切记不要把试纸直接放在实验台上,也不可把试纸放在被污染的表面皿或玻璃片上。

　　在使用试纸检验气体的性质时,可用蒸馏水把试纸润湿,然后粘在玻璃棒的一端,把粘有试纸的玻璃棒放在待测气体的导气管口附近,观察试纸颜色的变化,判断气体性质。在用试纸检测气体性质时应注意：试纸首先要润湿；试纸不能直接接触溶液；切记不可用手直接拿试纸去检验。

取用试纸后，马上把剩下的封装好，以免试纸被沾污。用后的试纸丢弃在垃圾桶内，不能丢在水槽内，以免堵塞下水道。

表1-2列出了一些常用试纸的制备方法和用途。

表1-2 几种常用试纸的使用方法

名 称	用 途
pH试纸	用来检验溶液的pH值，可分为广泛pH试纸（粗略地估计溶液的pH值，范围为pH=1～14）和精密pH试纸两类（较精确地测量溶液的pH值，根据其变色范围有多种，如变色范围为pH=3.8～5.4,pH=8.2～10）
红色石蕊试纸	被pH≥8.0的溶液润湿时变蓝；用纯水浸湿后遇碱性蒸气（溶于水溶液pH≥8.0的气体如氨气）变蓝。用于检验碱性溶液或蒸气等
蓝色石蕊试纸	被pH≤5的溶液浸湿时变红；用纯水浸湿后遇酸性蒸气或溶于水呈酸性的气体时变红。用于检验酸性溶液或蒸气等
酚酞试纸	遇碱性溶液变红，用水润湿后遇碱性气体（如氨气）变红，用于检验pH>8.3的稀碱溶液或氨气等
淀粉碘化钾试纸	用于检测能氧化I^-的氧化剂如Cl_2、Br_2、NO_2、O_3、$HClO$、H_2O_2等，润湿的试纸遇上述氧化剂变蓝：$2I^- + Cl_2 =\!= 2Cl^- + I_2$ 如气体氧化性强，且浓度大时，还可进一步将I_2氧化成无色的IO_3^-，使蓝色褪去：$I_2 + 5Cl_2 + 6H_2O =\!= 2HIO_3 + 10HCl$
淀粉试纸	润湿时遇I_2变蓝。用于检测I_2及其溶液
醋酸铅试纸	遇H_2S、S^{2-}变黑色，用于检验痕量的H_2S、S^{2-}：$Pb(Ac)_2 + H_2S =\!= PbS\downarrow + 2HAc$，溶液中$S^{2-}$浓度较小时，则不易检验出
淡黄铁氰化钾试纸	遇含Fe^{2+}的溶液变成蓝色，用于检验溶液中的Fe^{2+}
淡黄亚铁氰化钾试纸	遇含Fe^{3+}的溶液变成蓝色，用于检验溶液中的Fe^{3+}

第四节 常规玻璃仪器的使用

一、常规玻璃仪器

学习认识、正确选择及使用玻璃仪器进行实验是完成实验教学的基本要求。本节介绍化学实验室常规玻璃仪器的用途和方法。

玻璃具有良好的化学稳定性，因而在化学实验中常规仪器以玻璃仪器为主。按玻璃的性质不同，可分为软质和硬质两类。软质玻璃的透明度好，但硬度、耐热性和耐腐蚀性较差，常用来制造量筒、吸管、试剂瓶等不需要加热的仪器。硬质玻璃的耐热性、耐腐蚀性和耐冲击性较好，常用来制造烧杯、锥形瓶、试管等。根据用途，玻璃仪器分为：容器类、量器类及其他类型。实验室中常见的玻璃仪器见表1-3。

表1-3 常用仪器

序号	仪器名称	样图	序号	仪器名称	样图
1	试管		2	烧杯	
3	锥形瓶		4	蒸发皿	
5	坩埚		6	滴瓶	
7	干燥器		8	洗瓶	
9	试管架		10	试管夹 坩埚钳	
11	量筒		12	称量瓶	

续表1-3

序号	仪器名称	样 图	序号	仪器名称	样 图
13	玻璃棒、滴管和淀帚		14	表面皿	
15	石棉网		16	研钵	
17	试管刷		18	点滴板	
19	酒精灯		20	普通漏斗	
21	酒精喷灯		22	布氏漏斗和抽滤瓶	
23	三角架		24	洗耳球	
25	漏斗架		26	铁架台	

二、常用玻璃仪器的洗涤

污物和杂质的存在会影响实验结果,因此实验前后必须对实验仪器进行洗涤。

玻璃仪器的洗涤方法很多,且不同的实验任务对玻璃仪器洁净程度的要求也不相同,因此,应根据实验的要求、污物的性质、沾污程度以及仪器的属性来选用不同的洗涤方法。

洗涤的一般步骤:①将容器内的物质倒掉;②用自来水冲洗;③选用合适的毛刷配合刷洗;④用少量蒸馏水或者纯水润洗。

(1) 用水刷洗:可除去仪器上的尘土、其他不溶性杂质和可溶性杂质。

(2) 用去污粉、肥皂或合成洗涤剂(洗衣粉)洗:如果容器内有油污和有机物可在步骤②③中间加去污粉、肥皂或合成洗涤剂(洗衣粉)。若油污和有机物仍不能被洗去,可用热的碱液洗涤。

(3) 用铬酸洗液(简称洗液)洗:在进行精确的定量实验时,对仪器的洁净程度要求高,所用仪器形状特殊,这时可用洗液洗。洗液具有强酸性、强氧化性,能把仪器洗干净,但对衣服、皮肤、桌面、橡皮等的腐蚀性也很强,使用时要特别小心。由于 Cr(Ⅵ)有毒,故洗液尽量少用,在本书的实验中,只用于容量瓶、吸量管、滴定管、比色管、称量瓶的洗涤。在使用洗液时,为了防止洗液被冲稀,影响洗涤效果,被洗涤器皿不应有水;使用后的洗液可以反复使用,直至洗液的颜色变为绿色时,洗液失效不能使用。

(4) 用浓盐酸(粗)洗:可以洗去附着在器壁上的氧化剂,如二氧化锰、氢氧化铁以及碱土金属碳酸盐等大多数不溶于水的无机物。

(5) 用氢氧化钠-高锰酸钾洗液洗:可以洗去油污和有机物。洗后在器壁上留下的二氧化锰沉淀可再用盐酸洗。

(6) 不溶于水、不溶于酸碱的有机物和胶质可以用有机溶剂或者热的浓碱液洗,常用的有机溶剂有乙醇、丙酮、四氯化碳、石油醚等。

除以上洗涤方法外,还可以根据污物的性质选用适当试剂。如 AgCl 沉淀,可以选用氨水洗涤;硫化物沉淀可选用硝酸加盐酸洗涤。

用以上各种方法洗涤后,经用自来水冲洗干净的仪器上往往还留有 Ca^{2+}、Mg^{2+}、Cl^- 等离子。如果实验中不允许这些离子存在,应该再用蒸馏水把它们洗去,洗涤时一般应符合少量(每次用量少)、多次(一般洗 3 次)的原则。

洗净的玻璃仪器壁上不应附着不溶物、油污,这样的玻璃仪器可被水完全湿润。把玻璃仪器倒转过来,水即顺器壁流下,器壁上只留下一层既薄又均匀的水膜,不挂水珠,这表示玻璃仪器已经洗干净。

三、玻璃仪器的干燥

洗净的玻璃仪器可用以下方法干燥。

(1) 晾干:洗净后倒置在干净的实验柜内或仪器滴水架上,任其自然干燥。

(2) 烘干:可用快速气流烘干器或烘箱烘干。将洗净的仪器尽量倒干水后倒挂于气流烘干器出风杆上或放进烘箱内。使用快速气流烘干器完毕注意先关闭加热开关,待机器冷却后再关闭出风开关。使用烘箱时应使仪器口朝下,并在烘箱的最下层放一搪瓷盘,承接从仪器上滴下的水,以免水滴到电热丝上,损坏电热丝。热玻璃器皿不能碰水以免炸裂。

(3)烤干：一些常用的烧杯、蒸发皿等可放在石棉网上，用小火烤干。试管可以用试管夹夹住后，在火焰上来回移动，直至烤干。但必须使管口低于管底，以免水珠倒流至灼热部位，使试管炸裂，待烤到不见水珠后，将管口朝上赶尽水气。

(4)用有机溶剂干燥：加一些易挥发的有机溶剂（常用乙醇和丙酮）到洗净的仪器中，把仪器倾斜并转动，使壁上的水和有机溶剂互相溶解、混合，然后倒出有机溶剂，少量残留在仪器中的混合物很快挥发而干燥。如用电吹风往仪器中吹风，则干得更快。

带有刻度的计量仪器，不能用加热的方法进行干燥，因为加热会影响其准确度。

第五节 液体体积的量度：仪器与方法

常用的量器一般有量筒、容量瓶、滴定管、移液管等。量筒只能用来量取体积不十分精确的液体，而容量瓶、滴定管、移液管则有较高的精度，这些量器的精度一般可达到 $0.01cm^3$。

一、移液管、吸量管和移液器

移液管，又称单标线吸量管，是用来准确移取一定体积液体的量出式玻璃量器。常用移液管容积有 $5cm^3$、$10cm^3$、$25cm^3$ 和 $50cm^3$。

吸量管，全称为分度吸量管，具有分刻度，用以吸取所需不同体积的液体。常用的吸量管有 $1cm^3$、$2cm^3$、$5cm^3$ 和 $10cm^3$ 等规格。如图 1-8 所示。

移液器（微量加样器、移液枪）也是一种量出式量器，其加样的物理学原理通常有两种：使用空气垫（又称活塞冲程）加样和使用无空气垫的活塞正移动加样；不同原理的微量加样器有其不同的特定应用范围。其移液量由一个配合良好的活塞在活塞套内移动的距离来确定，容量单位为 $\mu L(10^{-3}cm^3)$，主要用于仪器分析、化学分析、生化分析中取样和加液。如图 1-9 所示。

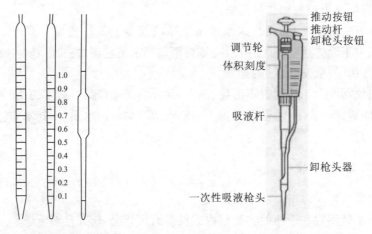

图 1-8 常用移液管和吸量管　　图 1-9 移液器（微量加样器）

移液管在使用前，需要依次用洗液、自来水、蒸馏水洗涤，最后用少量待取液体荡洗 3 次，以保证被吸取的溶液浓度不变。

吸取溶液时,左手拿洗耳球(预先排除空气),右手拇指及中指拿住移液管管颈上方(图1-10a)。管下端伸入液面1～2cm。将洗耳球的尖端接在管口,慢慢松开左手使溶液吸入管内,当溶液上升到标线以上时迅速用右手食指紧按管口,将移液管的下口提出液面,左手拿住盛溶液的容器,使其管尖靠在液面以上的容器壁,略微放松食指,用拇指和中指轻轻捻转管身,使液面平稳下降,直到溶液的凹月面与标线相切时,立即紧按食指,使流体不再流出,取出移液管,以干净滤纸片擦去管末端外部的溶液,但不得接触下口,再把移液管移入准备接收溶液的容器中(如锥形瓶),仍使其管尖接触容器壁,让接收容器倾斜约45°,移液管直立,抬起食指,溶液就自由地沿壁流下。待溶液流尽后,约等15s,取出移液管(图1-10b)。

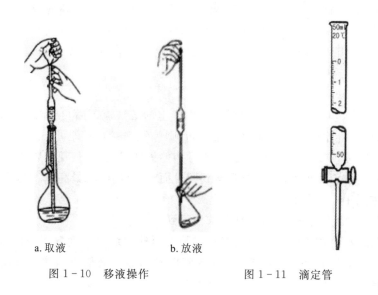

a. 取液　　　　b. 放液

图 1-10　移液操作　　　图 1-11　滴定管

注意,不要把残留在管尖的液体吹出(除非移液管上注明"吹"字),因为在校准移液管的容积时没有把这部分液体包括在内。

二、滴定管

滴定管主要是滴定时用来精确量度液体的量器,刻度由上而下数值增大。

常用的滴定管容积为 $50cm^3$ 和 $25cm^3$,其最小刻度为 $0.1cm^3$,在最小刻度之间可估读出 $0.01cm^3$,一般读数误差为 $±0.02cm^3$。此外还有 $10cm^3$ 及容积更小的微量滴定管。

滴定管的主要部分管身用细长而内径均匀的玻璃管制成,上面刻有均匀的分度线,下端的流液口为一尖嘴,中间通过聚四氟乙烯旋塞连接以控制滴定速度。图 1-11 为常用滴定管。滴定管玻璃有无色和棕色的,后者用于装见光易分解的高锰酸钾、硝酸银等溶液。

滴定管在使用之前,首先应该检查是否漏水。检漏方法是,先关闭活塞,装水至"0"刻度,直立约 2min,仔细观察有无水滴滴下,然后将活塞转 180°,再直立 2min,观察有无水滴滴下。如发现有漏水或活塞转动不灵活的现象,需要调节旋塞松紧度,如旋紧后仍然漏水或无法旋紧,则需更换。

滴定管在使用前,需要用自来水冲洗,或用滴定管刷蘸上肥皂水或洗涤剂刷洗(不能用去污粉洗涤)。如果用肥皂或洗涤剂不能洗干净,可用洗液清洗,然后用蒸馏水荡洗滴定管3次。洗涤滴定管时,应将滴定管平持(上端略向上倾斜)并不断转动,使洗涤的水或溶液与内壁的每一部分充分接触,然后用右手将滴定管持直,左手打开活塞,使洗涤的水或溶液通过阀门下面的一段玻璃管流出(起洗涤作用)。

洗净的滴定管在装入滴定溶液之前,还需用少量滴定溶液(每次约 $10cm^3$)洗涤2～3次,以免滴定溶液被管内残留的水所稀释。

滴定管装好溶液后,必须将活塞下端的气泡排出,操作时可用一手拿住滴定管上部无刻度处,将滴定管倾斜30°,另一手迅速打开活塞使溶液冲出(下接一个烧杯),从而使溶液布满滴定管下端。

排除气泡后,再把滴定溶液加至"0"刻度处。滴定管下端如悬挂液滴也应当除去。

滴定前后均需记录读数,终读数与初读数之差就是溶液的用量。读数时,滴定管应垂直地夹在滴定管夹上,或用两个指头拿住滴定管上部无刻度处,让其自然下垂,以保证读数的准确性。

读数时应遵守下列规则。

(1)放出溶液后,须等1～2min,使附着在内壁上的溶液流下后再读数。当放出溶液相当慢时,如滴定到最后阶段标准溶液每次只加1滴,则等0.5～1min即可。

(2)读数时,对无色或浅色溶液,应读取凹月面的最低点处,而且视线要与凹月面的最低点处液面成水平。若溶液颜色太深,不能观察到凹月面时,可读两侧最高点。初读数与终读数应取同一标准。如图1-12所示。

(3)必须读到小数点后第二位,而且要求估读到 $0.01cm^3$。

(4)为便于读数,可用一张黑纸或涂有一黑长方形的白纸做一读数卡,将其放在滴定管背后,使黑色部分在凹月面下约1mm左右,即看到凹月面的反射层成为黑色,读此黑色凹月面的最低点。如图1-13所示。

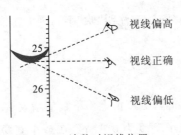
图1-12　读数时视线位置

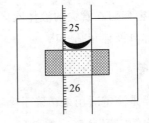
图1-13　放读数卡读数

滴定时身体直立。开始滴定前,先将悬挂在滴定管尖端处的液滴除去,调整滴定管内液面到"0"刻度,记下初读数。

进行滴定操作时,通常把滴定管夹在滴定管夹的右边,旋塞柄向外。左手的拇指、食指和中指轻轻拿住旋塞柄,无名指及小指抵住旋塞下部并手心弯曲,食指和中指由下向上各顶住旋塞柄一段,拇指在上面配合转动。将滴定管下端伸入锥形瓶口约1cm(图1-14),右手前三指拿住瓶颈,一边滴定,一边摇动锥形瓶(以同一方向做圆周运动)。瓶底离下面白或黑的瓷板2～3cm。在整个滴定过程中,左手一直不能离开活塞,也不要让手掌顶出旋塞造成漏液。

在滴定时必须熟练掌握旋转活塞的方法,能根据不同的需要,控制旋转活塞的速度和程度,既能使溶液逐滴滴入,也能只滴加1滴就立即关闭活塞或使液滴悬而未落。

一般在滴定开始时,由于离终点很远,液滴滴下时无明显变化,但滴定液加入到一定量后,液滴滴落点周围会出现暂时性的颜色变化。在离终点还比较远时,颜色变化一般立即消逝;随着终点越来越近,颜色消失渐慢,快到终点时,颜色甚至可以暂时扩散到全部溶液,转动1～2次后才完全消失,此时应改为加1滴,摇几下。

接近终点时,用洗瓶冲洗锥形瓶内壁,把壁上的溶液洗下。最后仅能微微转动活塞,使溶液悬在滴定管尖,用洗瓶洗下,并摇动锥形瓶。如此重复,直到出现达到终点时应有的颜色不再消逝为止。

图1-14 滴定操作

实验完毕后,倒出滴定管内剩余溶液,用自来水冲洗干净,晾干后收好。

三、容量瓶

容量瓶主要是用来精确地配制一定体积和浓度的溶液的量器。

一般的容量瓶都是"量入"容量瓶,标有"In"(过去用"E"表示),当液体充满到瓶颈标线时,表示在所指温度(一般为293K)下,液体体积恰好与标称容量相等。另一种是"量出"容量瓶,标有"Ex"(过去用"A"),当液体充满到标线后,按一定的要求倒出液体,其体积恰好与瓶上的标称容量相同,这种容量瓶是用来量取一定体积的溶液的,使用时应辨认清楚。

容量瓶瓶颈上刻有环形标线,瓶上标有它的容积和标定时的温度,通常有$25cm^3$、$50cm^3$、$100cm^3$、$250cm^3$、$500cm^3$、$1000cm^3$等规格。图1-15为不同规格的容量瓶。

容量瓶在使用前应检查瓶塞是否漏水。在瓶中放入自来水到标线附近,盖好塞子,左手按住塞子,右手指尖顶住瓶底边缘,倒立2min,观察瓶塞周围是否有水渗出。将瓶直立后,转动瓶塞约180°,再试一次。不漏水的容量瓶方可使用。为了避免打破磨口玻璃塞,也为防止不配套瓶塞造成漏水,应用线绳把塞子系在瓶颈上。图1-16为检漏操作。

容量瓶在使用前,需要用自来水和蒸馏水洗涤干净。

配制溶液时,一般将准确称量好的固体试样用少量蒸馏水溶解在烧杯中,冷却至室温后定量地转移到容量瓶中。转移时,烧杯嘴紧靠玻璃棒,玻璃棒下端靠着瓶颈内壁,使溶液顺着玻璃棒加入。待溶液全部流完后,将烧杯轻轻向上提,同时直立,使附着在玻璃棒和烧杯嘴之间的1滴溶液流入到烧杯中。如图1-17所示。

用洗瓶洗涤玻璃棒、烧杯壁3次,每次的洗涤液都如上述操作转移到容量瓶中,再加蒸馏水到容量瓶容积的2/3。右手拇指在前,中指、食指在后,拿住瓶颈标线以上处,直立旋摇容量瓶,使溶液初步混合(此时切勿加塞倒立容量瓶)(图1-18)。然后慢慢加水到接近标线1cm左右,等1～2min,使沾附在瓶颈上的水流下,用滴管伸入瓶颈,但稍向旁侧倾斜,使水顺壁流下,直到凹月面最低点和标线相切为止。盖好瓶塞,左手大拇指在前,中指及无名指、小指在后,拿住瓶颈标线以上部分,而以食指压住瓶塞上部,用右手指尖顶住瓶底边缘。将容量瓶倒转,使气泡上升到顶,此时将瓶振荡,再倒转仍使气泡上升到顶,如此反复倒转几次即可。相关操作示意图如图1-19所示。

当用浓溶液配制稀溶液时,可使用移液管或吸量管取准确体积浓溶液放入容量瓶中,用上

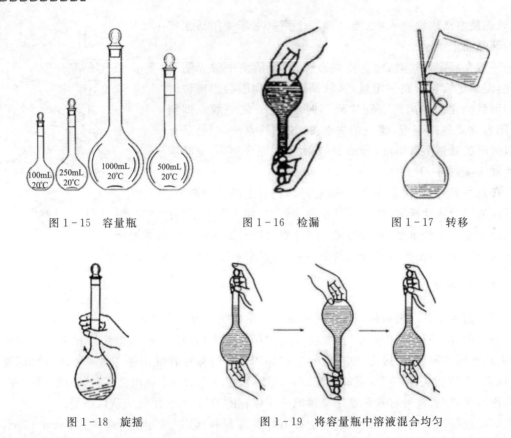

图1-15 容量瓶　　　图1-16 检漏　　　图1-17 转移

图1-18 旋摇　　　图1-19 将容量瓶中溶液混合均匀

述方法加入纯水或蒸馏水冲稀至标线，摇匀即可。

注意：容量瓶用于配制溶液，不可用来久贮溶液。溶液配好后应转移到其他容器中存贮。不可烘烤和加热。

第六节　化学试剂的称量：仪器与方法

化学试剂的称量是化学实验中必不可少的步骤，是基础实验最基本的操作之一。根据称量精度要求不同，应选择不同的称量仪器。

一、托盘天平（台秤）及使用

台秤用于精确度要求不高的称量，一般能称准至0.1g，其结构见图1-20，使用方法如下。托盘中未放物体时，如指针不在刻度零点附近，可用平衡调节螺丝调节。

称量时，物品放在左盘上，砝码放在右盘上，如添加10g或5g以下的砝码时可以移动游码，直至指针与刻度盘的零点相符（可以偏差1格），记下砝码质量，即为物体质量。

物品不能直接放在天平托盘上称量，应放在已称过质量的表面皿上，或放在称量纸上（左、右各放一张质量相等的称量纸），易潮湿的或具有腐蚀性的药品应放在玻璃容器内，避免天平盘受腐蚀；不能称过热物品；砝码只能放在托盘上或砝码盒里，不能随意乱放；称量完毕把砝码放回盒内,把标尺上的游码移到刻度"0"处,将台秤清理干净。

二、分析天平及使用

分析天平是进行精确称量的精密仪器,有空气阻尼天平、半自动电光天平、全自动电光天平、单盘电光天平、微量天平等。这些天平在构造和使用方法上有所不同,但基本原理都是根据杠杆原理制成的,它用已知质量的砝码来衡量被称物体的质量。

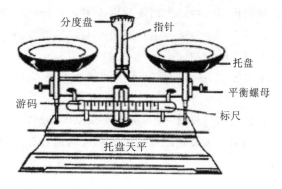

图 1-20 托盘天平的构造

习惯上将具有较高灵敏度、全载不超过 200g 的天平称分析天平。其中,具有光学读数装置的天平称微分标天平,又称电光天平。

根据天平的结构,可分为等臂(双盘)天平、不等臂(单盘)天平和电子天平三大类。

(一)电光天平

以 TG-328B 型电光天平(图 1-21)为例,简要地介绍这种天平的结构。

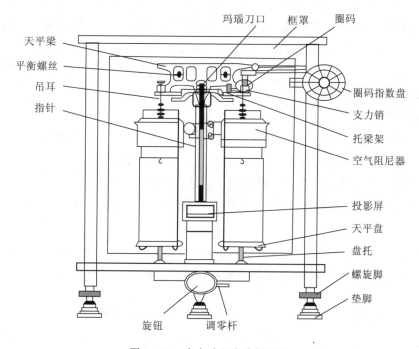

图 1-21 半自动电光分析天平

1. 横梁

横梁是天平最重要的部件,有"天平心脏"之称,天平便是通过它起杠杆作用实现称量的。横梁上还装有起支承作用的玛瑙刀和调整计量性能的一些零件和螺丝。

支点刀和承重刀:横梁上装有三把三棱形的玛瑙刀。通过刀盒固定在横梁上,起承受和传递载荷的作用。中间为固定的支点刀,刀刃向下,又称中承刀(中刀),两边为可调整的承重刀(边刀,图 1-21 中未标出),刀刃向上。三把刀的刀刃平行,并处于同一平面上,故使用时务必注意对刀刃的保护。

平衡螺丝:横梁两侧圆孔中间或横梁两端装有对称的平衡螺丝,用以调节天平的平衡位置。

指针及微分标牌:为观测天平横梁的倾斜度,在横梁的下部装有与横梁相互垂直的指针。指针末端附有缩微刻度照相底板制成的微分标牌,从 $-10 \sim +110$ 共 120 个分度,每分度代表 0.1mg。

2. 立柱

立柱是一个空心柱体,垂直地固定在底板上作为支撑横梁的基架。天平制动器的升降杆通过立柱空心孔,带动托梁架和托盘翼板上、下运动(见制动系统)。立柱上装有以下部件。

中刀承:安装在立柱顶端一个"土"字形的金属中刀承座上。

阻尼架:立柱中上部设有阻尼架,用以固定外阻尼筒。

水准器:装在立柱上供校正天平水平位置使用。

3. 制动系统

制动系统是控制天平工作和制止横梁及秤盘摆动的装置,包括开关旋钮(天平前)、开关轴(底板下)、升降杆(立柱内)、梁托架(立柱上)、盘托翼板(底板下)、盘托(底板上)等部件。

旋转开关旋钮可以使升降杆上升(或下降),带动托梁架及盘托翼板及盘托等同时下降(或上升),从而使天平进入工作(或休止)状态。为了保护刀刃,当天平不用时,应将横梁托起,使刀刃与刀承分开,以保护刀刃。

4. 悬挂系统

悬挂系统包括秤盘、吊耳、内阻尼筒等部件,是天平载重传递载荷的部件。

吊耳:两把边刀通过吊耳(图 1-22)承受秤盘、砝码和被称物体。

秤盘:挂在吊耳钩的上挂钩内,供载重物(砝码或被称物)用。

阻尼器:这是利用空气阻力减慢横梁摆动的"速停装置",由内筒和外筒组成。

5. 框罩

框罩的作用除了保护天平外,还可以防止外界气流、热幅射、湿度、尘埃的影响。框罩的前门只有在必要时(如装拆天平)才可打开。取放砝码和被称物只可由左、右边门出入,并随时关好边门。

底板:框罩和立柱固定在底板上,一般由大理石或厚玻璃制作。

底脚:底板下有三只底脚,前面两只供调水平用,后边一只是固定的。每只底脚下有一只脚垫,起保护桌面的作用。

指数盘:设在框罩前右边的门框上,用以控制加码杆加减圈码。分内、外两圈,上面刻有所加圈码的质量值。转动外圈可加 $100 \sim 900$mg,转动内圈可加 $10 \sim 90$mg。天平达到平衡时,可由标线处直接读出圈码的量值。如图 1-23 中的质量为 320mg。

加码杆:通过一系列齿轮的组合与指数盘连接。杆端有小钩,用以挂圈码。TG-328B 型天平圈码的顺序从前到后依次为 100mg、100mg、200mg、500mg、10mg、10mg、20mg、50mg。

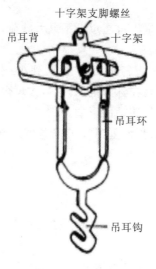

图 1-22 吊耳

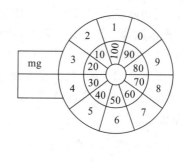

图 1-23 指数盘

6. 读数系统

为减少操作人员视力疲劳,提高天平的精度和称量速度,TG-328B 型天平设有光学读数装置(图 1-24)。投影屏中央有一垂直的刻线,它与标牌的重合处就是天平的平衡位置,可方便地读取 0.1～10mg。左右拨动底板下的调杆移动投影屏,可做天平零点的微调。

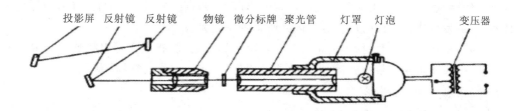

图 1-24 光学读数系统

(二)天平的使用规则

1. 称量前的检查

取下天平罩,折叠好放在天平箱上面。逐项检查:天平箱内、秤盘上是否清洁,如有灰尘,用毛刷刷净;天平位置是否水平;天平各部件是否都处在应有位置,特别要注意吊耳和圈码;测定或调节天平零点。

2. 称量规则

(1)称量者必须面对天平正中端坐。只能用指定的天平和砝码完成一次实验的全部称量,中途不能更换天平。

(2)物品和砝码只能由边门取放,称量时不能打开前门。

(3)不准在天平开启时取放物品和砝码。开启或关闭天平要轻缓,切勿用力过猛,以免刀口受撞击而损伤。

(4)粉末状、潮湿、有腐蚀性的物品绝对不能直接放在秤盘上,必须用干燥、洁净的容器(称量瓶、坩埚等)盛好,才能称量。

(5)物品和砝码应放在秤盘中央。被称物品的质量不得超过天平最大载荷,外形尺寸也不宜过大。

(6)使用机械加码装置时,转动读数指数盘的动作应轻缓。按"由大到小,中间截取"的原则选用砝码。先微微开启天平进行观察,当指针的偏转在标牌范围内时,方可全开启天平。

(7)读数时,应关闭天平的门,以免指针摆动受空气流动的影响。

(8)称量结束时关闭天平,取出称量物、砝码,指数盘恢复到"0.00"位,关好天平门,罩好天平罩,填写使用登记卡,经教师同意后,方可离开天平室。

3. 砝码使用规则

(1)砝码盒放在天平右边桌面上,不能拿在手中。

(2)必须用砝码专用镊子按量值大小依次取换砝码,用镊子夹住砝码颈部,严禁用手直接拿取砝码。

(3)砝码除放在砝码盒内及天平秤盘上外,不得放在其他地方。不用时应"对号入座"地放回砝码盒空穴内(包括镊子),并随时关好盒盖,以防止灰尘落入。

(4)砝码和天平是配套检定的,同时,同一砝码盒中的各个砝码的质量,彼此间都保持一定的比例关系,因此,不能将不同砝码盒内的砝码相互调换。

(5)称量中应遵循"最少砝码个数"的原则。

(6)砝码应轻放在秤盘中央,大砝码在中心,小砝码在大砝码四周,不要侧放或堆叠在一起。

(7)应先根据砝码盒内的砝码空穴,记录称量结果(对于具有相同示值的两个砝码应以*号区别),然后从秤盘中按由大到小的次序将砝码取下,并直接放回盒中原位,同时与原记录进行核对,以免发生错误。同时应检查盒内砝码是否完整无缺。

(8)使用机械加码装置时,不要将箭头对着两个读数之间,指数盘可以按顺时针或逆时针方向旋转,但决不可用力快速转动,以免造成圈码变形、互相重叠、圈码脱钩等。

(三)称量步骤和方法

分析天平是精密仪器,称量时要仔细、认真。

1. 称量步骤

(1)按天平使用规则进行称量前的检查。

(2)称量。把要称量的物体放在天平左盘的中央(全自动天平则放在右盘中央),缓慢地微调开关旋钮,观察投影屏上标牌移动情况,判断出砝码比被称物品轻或重之后,应立即关好开关旋钮。变动砝码后,再称量。这样反复加减砝码,使砝码和被称物品的质量接近到克位以后,转动圈码指数盘,用与加砝码相同的方法调节圈码,直到投影屏的刻线与标牌上某一读数重合为止。

(3)读数。当投影屏上标牌投影稳定后,就可以从标牌上读出 10mg 以下的质量。有的天平的标牌上既有正值的刻度,又有负值的刻度,称量时一般都使刻线落在正值的范围里,读数时只要加上这部分毫克数即为本次称量的质量。读数后立即关上开关旋钮。标牌上一大格为 1mg,一小格为 0.1mg。当刻线落在两小格间时,按四舍五入的原则取舍(图 1-25)。当天平的零点是

图 1-25 标牌读数

0.0mg 时,称量物质量＝砝码质量＋圈码质量＋毫克数,称量结果要直接、如实地记录在实验报告本上。

2. 称样方法

根据试样的不同性质和分析工作中的不同要求,可分别采用直接称量(简称直接法)、指定质量(固定样)称量法和差减称量法(也称减量法)进行称量。

(1)直接称量法。对一些在空气中无吸湿性的试样,如金属或合金等可用直接法称量。称量时将试样放在干净而干燥的小表面皿上或油光纸上,一次称取一定质量的试样。如图 1-26a 所示。

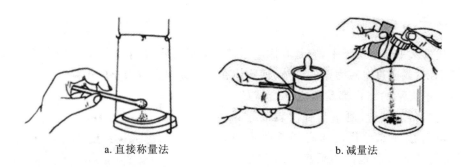

a. 直接称量法　　　　　　b. 减量法

图 1-26　称量方法

(2)指定质量称量法。对于可用直接法称量的试样,在例行分析中,为简化计算工作往往需要称出预定质量的试样。可将待称试样放在已知质量的称量容器(如表面皿或不锈钢等金属材料做成的小皿)内,直至达到所需要的质量。

称量时,将自备的称量容器(如表面皿)置于天平左盘,右盘放置相当于容器和欲称试样总质量的砝码。左手持骨匙盛试样后小心地伸向表面皿的近上方,以手指轻击匙柄,将试样弹入,半开天平试其加入量,直到所加试样量与预定量之差小于微分标牌的标度范围,便可以开启天平,极其小心地以左手拇指、中指及掌心拿稳骨匙,以食指摩擦匙柄,让药匙里的试样以尽可能少的量慢慢抖入表面皿。这时,既要注意试样抖入量,同时也要注意微分标牌的读数,当微分标牌正好移动到所需要的刻度时,立即停止抖入试样。在此过程中右手不要离开天平的开关旋钮,以便及时开关天平。若不慎多加了试样,应将天平关闭,再用药匙取出多余的试样(不要放回原试样瓶中)。称好后,用干净的小纸片衬垫取出表面皿,将试样全部转移到接受的容器内。试样若为可溶性盐类,可用少量蒸馏水将沾在表面皿上的粉末吹洗进容器。

在进行以上操作时,应特别注意:试样决不能失落在秤盘上和天平箱内;称好的试样必须定量地由称量器皿中转移到接受容器内;称量完毕后要仔细检查是否有试样失落在天平箱内外,必要时加以清除。

(3)差减称量法(减量法)。如果试样是粉末或易吸湿的物质,则需把试样装在称量瓶内称量。倒出一份试样前后两次质量之差,即为该份试样的质量。

称量时,用纸条叠成宽度适中的两三层纸带,毛边朝下套在称量瓶上。左手拇指与食指拿住纸条,由天平的左门放在天平左盘的正中,取下纸带,称出瓶和试样的质量。然后左手仍用纸带把称量瓶从盘上取下,放在容器上方。右手用另一小纸片衬垫打开瓶盖,但勿使瓶盖离开容器上方。慢慢倾斜瓶身至接近水平,瓶底略低于瓶口,切勿使瓶底高于瓶口,以防试样冲出。此时原在瓶底的试样慢慢下移至接近瓶口。在称量瓶口离容器上方约1cm处,用盖轻轻敲瓶口上部使试样落入接受的容器内。倒出试样后,把称量瓶轻轻竖起,同时用盖敲打瓶口上部,使粘在瓶口的试样落下(或落入称量瓶或落入容器,所以倒出试样的操作必须在容器口正上方进行)。盖好瓶盖,放回到天平盘上,称出其质量。两次质量之差,即为倒出的试样质量。如图1-26b所示。

若不慎倒出的试样超过了所需的量,则应弃之重称。如果接受的容器口较小(如锥形瓶等),也可以在瓶口上放一只洗净的小漏斗,将试样倒入漏斗内,待称好试样后,用少量蒸馏水将试样冲洗到容器内。

三、电子天平及使用

新一代的天平是电子天平,它是利用电子装置完成电磁力补偿的调节,使物体在重力场中实现力的平衡,或通过电磁力矩的调节,使物体在重力场中实现力矩的平衡。

常见电子天平的结构都是机电结合式的,由载荷接受与传递装置、测量与补偿装置等部件组成。可分成顶部承载式和底部承载式两类,目前常见的大多数是顶部承载式的上皿天平。从天平的校准方法来分,则有内校式和外校式两种。前者是标准砝码预装在天平内,启动校准键后,可自动加码进行校准,后者则需人工取拿标准砝码放到秤盘上进行校正。图1-27是ME104电子天平的外形图。电子天平具有结构简单、方便实用、称量快捷等特点,目前广泛应用于企业和实验室,用来测定物体的质量。

图1-27 ME104电子天平

电子天平的操作非常简单,主要有以下几步。

(1)查看水平仪,如不水平,通过调节地脚螺栓调至水平仪内的气泡正好位于圆环的中央。接通电源并预热至少30min,使天平处于备用状态。

(2)轻按"ON/OFF"键,电子天平进行自检,最后显示"0.0000g"。

(3)置容器于秤盘上,显示出容器质量。

(4)将天平清零,按"ZERO"键,显示+0.0g,即出现全零状态,容器质量显示值已去除,即去皮重。

(5)放置被称物于容器中,这时显示值即为被称物的质量值。

(6)将器皿连同样品一起拿出。轻按天平"ZERO"清零、去皮键,以备再用。

使用注意事项:有防风罩的电子天平在取放称量物前轻开轻闭罩门;称量读数时应注意将防风门关闭,以免造成误差。电子天平自重较轻,容易被碰撞移位,造成不水平,从而影响称量结果,所以在使用时要特别注意,动作要轻、缓,并要经常查看水平仪。

第七节　固、液分离方法与重结晶

常用的固、液分离方法有三种:倾析法、过滤法和离心分离。

一、倾析法

当沉淀的颗粒较大或相对密度较大时,可用此法分离。待溶液和沉淀分层后,倾斜器皿,把上部溶液慢慢倾入另一容器中,即能达到分离的目的。如沉淀需要洗涤,则往沉淀中加入少量蒸馏水(或其他洗涤液),用玻璃棒充分搅拌、静置、沉降,倾去上层清液。重复洗涤几次,即可洗净沉淀(图1-28)。

图1-28　倾析法分离

二、过滤法

过滤法是分离沉淀和溶液的最常用的方法,过滤一般有两个目的:一是滤除溶液中的不溶物得到溶液;二是去除溶剂(或溶液)得到固体。一般有常压和减压两种过滤法。

1. 减压过滤

减压过滤又称抽气过滤或真空过滤。它是利用抽气减压装置抽除滤纸下方滤瓶中的空气,造成压差,使液体在重力与压力差的双重作用下加速过滤,以达到快速分离液体与固体沉淀物的目的。

减压过滤装置包括抽气泵、安全瓶(又称缓冲瓶)、抽气过滤瓶(简称吸滤瓶)、橡胶塞以及吸滤漏斗(布氏漏斗)。

常用的抽气泵是水流抽气泵和循环水真空泵,其作用是抽走吸滤瓶中的空气,使之产生负压,加快过滤的速度。

抽气过滤漏斗一般有布氏漏斗和贺氏漏斗两种,若过滤少量的溶液或沉淀物,可选用容量较小的贺氏漏斗。当大量的混合液要过滤时,可选用不同直径规格的布氏漏斗。两种漏斗均有一个多孔性的圆形底板,以便使溶液通过滤纸从小孔流出。布氏漏斗必须装在橡皮塞上,橡皮塞的大小应和吸滤瓶的口径相配合,吸滤瓶的支管用橡皮管与安全瓶相连接,安全瓶的作用是防止水泵中的水产生溢流而倒灌入吸滤瓶中。若不要滤液,也可以不用安全瓶。

按照图1-29连接减压抽滤装置,用耐压

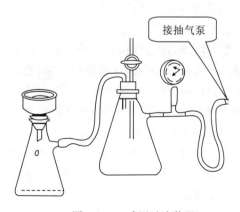

图1-29　减压过滤装置

橡胶管将吸滤瓶、安全瓶和抽气泵连接,保持系统的气密性。布氏漏斗颈口斜面应与吸滤瓶的支管相对,便于吸滤。

将滤纸放入布氏漏斗内,滤纸的直径应略小于布氏漏斗的内径,但又能把全部瓷孔盖住,滤纸的直径不可过大,以免边缘部分形成凹褶向上,造成气密度丧失、混合液自皱褶处溢流,使固体漏过而导致过滤不完全。放好滤纸后,用少量溶剂润湿滤纸,开启抽气泵,使滤纸吸紧在漏斗上。

过滤时应该用倾析法,先将澄清的溶液沿玻璃棒倒入漏斗中,滤完后再将沉淀移入滤纸的中间部分(注意:溶液不要超过漏斗总容量的 2/3)。留在容器内的少量固体可加少量冷的溶剂淋洗,将固体转移到漏斗中,淋洗操作可重复 2~3 次。洗涤沉淀时,拔掉橡皮管,关掉水龙头,加入洗涤液润湿沉淀,让洗涤液慢慢透过全部沉淀,然后再进行吸滤。

过滤时,吸滤瓶内的滤液面不能达到支管的水平位置,否则滤液将被水泵抽出。因此,当滤液快上升至吸滤瓶的支管处时,应拔去吸滤瓶上的橡皮管,取下漏斗,从吸滤瓶的上口倒出滤液后再继续吸滤。

滤纸不能耐强酸、强碱和强氧化性物质,在过滤强碱性溶液时,可用石棉纤维代替滤纸;在过滤强酸性和强氧化性溶液时,应该用砂芯漏斗代替布氏漏斗。

过滤完成后,利用持续抽气的方式,将吸附在固体表面的溶剂加速挥发,使固体表面干燥,然后先断开橡皮管的连接,后关闭抽水泵,取下布氏漏斗,将漏斗的颈口朝上,轻轻敲打漏斗边缘,使沉淀脱离漏斗,落入预先准备好的滤纸上或容器中。

如果要收集的是滤液,则应由吸滤瓶的瓶口倒出,不可经由抽气支管倒出。

2. 常压过滤

常压过滤是常用的一种过滤方法,其最常用的过滤器是贴有滤纸的漏斗。

选用的漏斗大小以能够容纳沉淀为宜,在无机定性实验中,常选用定性滤纸;滤纸按孔隙的大小可以分为"快速""中速""慢速"三种,应根据沉淀的性质来选择滤纸的类型,如 $BaSO_4$ 细晶沉淀,应选用"慢速"滤纸;NH_4MgPO_4 为粗晶沉淀,宜选用"中速";$Fe_2O_3 \cdot H_2O$ 是胶状沉淀,需选用"快速"滤纸。

在进行过滤操作时,首先将滤纸轻轻地对折后再对折(暂不压紧),然后展开成圆锥体(图 1-30),放入预先洗净的漏斗中。若滤纸圆锥体与漏斗不密合,可改变滤纸折叠的角度,直到与漏斗密合为止(这时可把滤纸压紧,但不能用手指在纸上抹,以免滤纸破裂造成沉淀穿滤)。为使滤纸能紧贴漏斗,常把三层的外面两层撕去一角。用手指按住滤纸中三层的一边,以少量的水润湿滤纸,使它紧贴在漏斗壁上。轻压滤纸,赶走滤纸与漏斗壁间的气泡(切勿上下搓揉,湿滤纸极易破损!)。加水至滤纸边缘,使之形成水柱(即漏斗颈中充满水)。若不能形成完整的水柱,可一边用手指堵住漏斗下口,一边稍掀起三层那一边的滤纸,用洗瓶在滤纸和漏斗之间加水,使漏斗颈和锥体的大部分被水充满,然后一边轻轻按下掀起的滤纸,一边断续放开堵在出口处的手指,即可形成水柱。

为了尽可能利用滤纸有效面积,加快过滤速度,滤纸折成菊花状更合适。

将准备好的漏斗安放在漏斗架上,下接一洁净烧杯,烧杯的内壁与漏斗出口尖处接触,如图 1-31 所示。

一般采用倾析法过滤,首先过滤上层清液,将上层清液沿着玻璃棒倾入漏斗,玻璃棒直立于漏斗中,下端对着三层滤纸的那一边约 2/3 滤纸高处,尽可能靠近滤纸,但不要碰到滤纸;漏

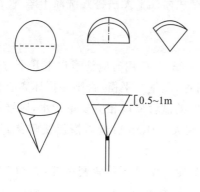
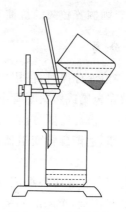

图 1-30　滤纸的折叠和安放　　　　图 1-31　常压过滤

斗中的液面不得高于滤纸高度的 2/3,以免部分沉淀可能由于毛细管作用越过滤纸上缘而损失。用洗涤液吹洗玻璃棒、杯壁和留在烧杯中的沉淀,澄清后再滤去上层清液,经几次洗涤后,最后转移沉淀。可用少量洗涤液将沉淀稍微搅拌后将悬浮液按上述操作立即转移到滤纸上,如此重复几次即可将绝大部分沉淀转移到滤纸上,最后残留的少量沉淀按照如图 1-32a 所示操作,一手持烧杯倾斜着置于漏斗上方,烧杯嘴向着漏斗,用食指将玻璃棒横架在烧杯口上,玻璃棒的下端向着滤纸三层处,用洗瓶吹出洗液,冲洗烧杯内壁,沉淀连同溶液沿玻璃棒流入漏斗中,最后如仍有少理沉淀粘附在杯壁上,可用淀帚(图 1-32b)将其擦扫收集,再用洗液进行冲洗。

a. 最后少量沉淀的冲洗　　b. 淀帚　　c. 洗涤沉淀

图 1-32　沉淀的洗涤

倾析法的主要优点是过滤开始时,不致因沉淀堵塞滤纸而减缓过滤速度,而且在烧杯中初步洗涤沉淀可提高洗涤效果。

沉淀全部转移到滤纸上后,仍需在滤纸上洗涤沉淀以除去沉淀表面吸附的杂质和残留的母液。其方法是从滤纸边缘稍下部位开始,用洗瓶吹出的水流,按螺旋形向下移动,如图 1-32c 所示,并借此将沉淀集中到滤纸锥体的下部。洗涤时注意不要快速将水流冲到沉淀上以免造成溅失。

为了检查沉淀是否洗净,先用洗瓶将漏斗颈下端外壁洗净,用小试管收集滤液少许,用适当的方法(例如用 $AgNO_3$ 检验是否有氯离子)进行检验。过滤和洗涤沉淀的操作必须不间断地一气呵成。否则搁置较久的沉淀干涸后,因结块而几乎无法将其洗涤干净。

三、离心分离

少量沉淀与溶液分离时,使用离心机(图1-33)。使用时应注意以下几个方面。

(1)试管放在金属或塑料套管中,位置要对称,质量要平衡,否则易损坏离心机的轴。如果只有一支试管中的沉淀需要分离,则可取一支空的试管盛以相应质量的水,以维持平衡。

(2)打开旋钮,逐渐旋转变阻器,速度由小到大。1min后慢慢恢复变阻器到原来的位置,令其自行停止。

(3)离心时间与转速应根据沉淀的性质来决定。结晶形的紧密沉淀,大约1000r/min,1~2min;无定形疏松沉淀,沉降时间稍长些,转速一般为2000r/min。如经3~4min仍不能分离,则应通过加入电解质或者加热的方法促使沉淀沉降,然后离心分离。

由于离心作用,沉淀紧密地聚集于离心管的尖端,上方的清液可以用滴管小心地吸出(图1-34),也可以将其倾出。

a.侧视图　　b.开盖俯视图

图1-33　离心机

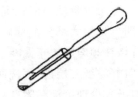

图1-34　溶液与沉淀的分离

四、溶解和结晶

1. 试样的溶解

试样的溶解是一个很复杂的问题。许多固体试样,特别是矿物和岩石试样,需用各种溶剂(或熔剂)分解(查有关手册),下面只介绍易溶试样的一些实验操作。

试样溶解时若有气体产生(如用盐酸溶解碳酸盐),则应先用少量水将试样润湿,以防止产生的气体将轻细的试样扬出。用表面皿将烧杯盖好,凸面向下,为防止反应过于猛烈,溶剂应从杯嘴逐滴加入。

溶解试样时若需加热时,则必须用表面皿盖好烧杯(锥形瓶)。溶液沸腾后改用小火加热,以防止溶液剧烈沸腾和迸溅。

待试样完全溶解后,用洗瓶吹洗表面皿、烧杯(锥形瓶)的内壁,将沾附的溶液洗回到烧杯(锥形瓶)内。

2. 结晶与蒸发浓缩

结晶的方法一般有两种:一种是蒸发溶剂法,通过蒸发和气化部分溶剂,使溶液浓缩到过饱和状态后析出晶体,它适用于温度对溶解度影响不大的物质;另一种是降温法,当某种物质的溶解度随温度变化较大时,加热到较高的温度并使溶液达到饱和,然后冷却析出晶体,此法适用于温度升高,溶解度增加较多的物质。

晶体的析出分为两步:第一步是形成一个微小的晶核;第二步是晶核长大成为晶体。晶体的析出首先与晶核形成的速度有关,对一般物质而言,过饱和状态是一种不稳定状态,在过饱和溶液中加入一小粒晶体(晶种)、搅拌或用玻璃棒摩擦器皿都可以促成晶核的形成,从而加快晶体的析出。因此,溶液的过饱和程度越大,形成晶核的速度也大,晶体析出的速度也快。此外,形成晶体颗粒的大小还与结晶时的温度和搅拌等因素有关。如果溶液的过饱和程度大,形成的晶核多,则易形成细小的晶体;如果溶液的过饱和程度小,形成的晶核少,晶体容易长大,当溶液慢慢冷却并进行适当的搅拌时,则得到较大颗粒的晶体。

结晶操作一般都需要对溶液进行浓缩,使溶液中溶剂蒸发、溶液浓度增大的过程称为浓缩(图 1-35)。蒸发浓缩可根据溶质的性质采用直接加热或水浴加热的方式进行。固态时带有结晶水或低温受热易分解的物质,一般采取水浴加热。蒸发时烧杯必须用表面皿盖好。

常用蒸发容器是蒸发皿。蒸发皿内所盛液体的量不应超过其容量的 2/3。随着水分的蒸发,溶液逐渐被浓缩,浓缩的程度取决于溶质溶解度的大小及对晶粒大小的要求,一般浓缩到表面出现晶膜,冷却后即可结晶出大部分溶质。

图 1-35 蒸发浓缩

图 1-36 热过滤示意图

3. 重结晶

重结晶是提纯固体物质的重要方法。它是利用固体混合物中目标组分在某种溶剂中的溶解度随温度变化有明显差异进行分离提纯的一种常用方法。

进行重结晶操作时,将含有杂质的固体物质在加热的条件下溶解在适宜的溶剂中,配成饱和溶液。趁热过滤,除去其中的不溶物后,冷却使欲提纯的物质重新结晶出来,从而达到提纯目的。重结晶的操作一般要配合使用减压过滤和热过滤。

热过滤示意图如图 1-36 所示;重结晶的一般流程如图 1-37 所示。

在重结晶操作中,最重要的是选择合适的溶剂。选择溶剂应遵循以下规则。

(1)与被提纯的物质不发生化学反应。

(2)被提纯的物质的溶解度随温度的升高增大较多。

(3)对杂质的溶解度非常大或非常小(前一种情况杂质将留在母液中不析出,后一种情况是使杂质在热过滤时被除去)。

(4)对被提纯物质能生成较整齐的晶体。

常采用以下试验的方法选择合适的溶剂:取 0.1g 目标物质于一小试管中,滴加约 $1cm^3$ 的溶剂,加热至沸。若完全溶解,且冷却后能析出大量晶体,这种溶剂一般认为是合适的。如

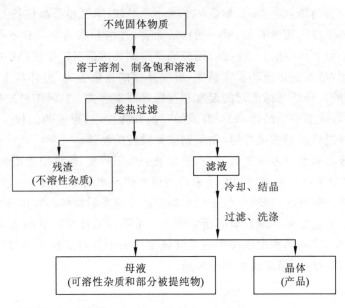

图1-37 重结晶的一般流程

样品在冷时或热时,都能溶于1cm³溶剂中,则这种溶剂是不合适的。若样品不溶于1cm³沸腾溶剂中,再分批加入溶剂,每次加入0.5cm³,并加热至沸。总共用3cm³热溶剂,而样品仍未溶解,这种溶剂也不合适。若样品溶于3cm³以内的热溶剂中,冷却后仍无结晶析出,这种溶剂也不合适。

第八节 气体的产生、收集、净化与干燥

一、气体的产生

实验室常用分解固体或者液体与固体作用等方法来制备少量的气体。

用分解固体的方法制备气体(如用氯酸钾分解制备氧气)常用的装置如图1-38所示。

用液体与固体反应制备气体时,常采用启普发生器(图1-39),启普发生器不能加热,特别适合制备 H_2、CO_2、H_2S 等气体。启普发生器是由中间狭窄的球形玻璃容器和大的球形漏斗所组成,二者以磨口相配合。容器的上半球有一侧口,用橡皮管与导气管相连接(气体出口),下半球有一排液口(液体出口),球形漏斗上装有安全漏斗。

向启普发生器装入固体前,首先在漏斗前端缠一些玻璃棉,防止固体掉入下面的溶液中。漏斗与球体的磨口处要均匀涂抹一层凡士林油,防止漏气。固体(必须是颗粒较大或块状的)从中球侧面的出气口装入,装入量不超过球体的1/3。从漏斗加入酸时,要先打开出气口的活塞,当酸快要与固体接触时,关闭活塞,继续加酸至漏斗球体的1/3~1/2处。使用时打开活塞,酸液自动进入球内,与固体试剂接触而产生气体,停止使用时关闭活塞,产生的气体将酸压入到球形漏斗,使酸与固体样品不再接触而停止反应,下次再用时,只需打开活塞即可。产生的废酸可由下半球的排液口放出。

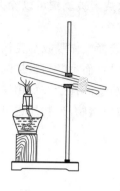
图1-38 加热固体生成气体的装置

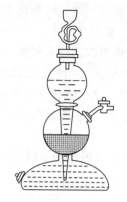
图1-39 启普发生器

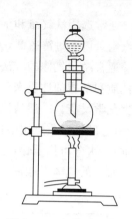
图1-40 气体发生装置

当反应须在加热情况下才能进行(如 Cl_2 的制备)时,可采用图1-40的装置,固体装在蒸馏瓶内,液体装在(衡压)漏斗中,使用时打开滴液漏斗的活塞,使液体滴在固体上产生气体,由活塞控制酸的滴加速度,使气体不断缓慢地产生。

实验室使用大量气体一般由气体钢瓶提供。钢瓶内气体的压力较大,可通过减压阀控制气体的流量。钢瓶内压很大(有时高达15MPa以上),使用时应注意安全,在使用前必须详细了解操作规定,确保安全。气体钢瓶可由瓶身颜色和字的颜色来区分,例如,氧气用蓝色钢瓶和黑色字;氢气用深绿色钢瓶和红色字;二氧化碳用黑色钢瓶和黄色字等。如表1-4所示。

表1-4 钢瓶标色

气瓶名称	瓶表面颜色	字样	字样颜色	横条颜色
氮气瓶	黑	氮	黄	棕
压缩空气瓶	黑	压缩空气	白	—
二氧化碳气瓶	黑	二氧化碳	黄	—
氧气瓶	天蓝	氧	黑	
医用氧气	天蓝	医用氧	黑	
氢气瓶	深绿	氢	红	红
氯气瓶	草绿	氯	白	白
氟氯烷气瓶	铝白	氟氯烷	黑	
乙烯气体瓶	紫	乙烯	红	
石油气体瓶	灰	石油气体	红	—

二、气体的干燥和净化

实验室制备的气体常常带有水气、酸雾等杂质,因此对于气体纯度要求较高的实验,在使用前必须进行净化和干燥。

通常选用洗气瓶和干燥塔等仪器对气体进行净化和干燥,用水或者玻璃棉可以除去酸雾,水汽则可以通过浓硫酸、无水 $CaCl_2$、硅胶等除去。

通常净化气体的方法是利用气体吸收剂除去气体中的杂质。选择气体吸收剂应根据气体的性质和杂质的性质来确定,所选用的吸收剂只能吸收气体中的杂质,而不能与被提纯的气体发生化学反应。一般情况下:①易溶于水的气体杂质可用水来吸收;②酸性杂质可用碱性物质吸收;③碱性杂质可用酸性物质吸收;④能与杂质反应生成沉淀(或可溶物)的物质也可作为吸收剂;⑤水分可用干燥剂来吸收。

常用的气体干燥剂(表 1-5)根据酸碱性的不同可分为三类。

表 1-5 常用气体干燥剂

常 用 干 燥 剂	气 体
H_2SO_4(浓)、$CaCl_2$、P_2O_5	H_2、O_2、N_2、CO、CO_2、SO_2
$CaCl_2$	Cl_2、HCl、H_2S
$CaO(CaO+KOH)$	NH_3
CaI_2、$CaBr_2$	HI、HBr
$Ca(NO_3)_2$	NO

(1)酸性干燥剂,如浓硫酸、五氧化二磷、硅胶。干燥酸性或中性的气体,如 CO_2、SO_2、NO_2、HCl、H_2、Cl_2、O_2、CH_4 等气体。

(2)碱性干燥剂,如生石灰、碱石灰、固体 $NaOH$。干燥碱性或中性的气体,如 NH_3、H_2、O_2、CH_4 等气体。

(3)中性干燥剂,如无水氯化钙。用于干燥中性、酸性、碱性气体,如 O_2、H_2、CH_4 等。

对于不同性质的气体应根据其特性,采用不同的洗涤液和干燥剂进行处理。一般液体(如水、浓硫酸)装在洗气瓶中(图 1-41a),固体(如无水氯化钙、硅胶)装在干燥塔或"U"形管内(图 1-41b,图 1-41c,图 1-41d)。

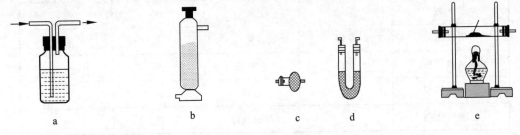

图 1-41 气体净化干燥装置

连接洗气瓶时,必须使气体由长管进入液体中,再由不与液体接触的短管导出气体。一般情况下,若采用溶液作除杂试剂,则是先除杂后干燥;若采用加热除去杂质,则是先干燥后加热。

三、气体的收集

根据气体在水中的溶解度和气体密度大小,采用排水集气和排气集气法收集气体。在水中溶解度很小的气体可用排水集气法(图1-42a),如氧气、氢气等;易溶于水而密度比空气大的气体,可采用向上排气集气法(图1-42b),如二氧化硫、二氧化氮等;易溶于水而密度比空气小的气体,可采用向下排气集气法(图1-42c),如氨等。

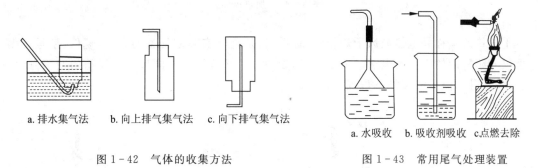

a.排水集气法　　b.向上排气集气法　　c.向下排气集气法

图1-42　气体的收集方法

a.水吸收　　b.吸收剂吸收　　c.点燃去除

图1-43　常用尾气处理装置

四、尾气的吸收

对于有毒、有害的气体尾气必须用适当的溶液加以吸收(或点燃),使它们变为无毒、无害、无污染的物质。如尾气 Cl_2、SO_2、Br_2(蒸气)等可用 NaOH 溶液吸收;尾气 H_2S 可用 $CuSO_4$ 或 NaOH 溶液吸收;尾气 CO 可用点燃法,将它转化为 CO_2 气体。常用的尾气处理装置见图1-43所示。

对于极易溶于水的气体可用水吸收(图1-43a),注意防止倒吸。

对于溶解速率不快的气体可使气体与吸收剂发生化学反应而被吸收(图1-43b)。

对于可燃性有毒气体,可经点燃除掉(图1-43c)。

第九节　加热与冷却:仪器及方法

一、常用加热仪器及其用法

在实验室中,常用的加热仪器有酒精灯、电炉、电加热套、管式炉、马弗炉、烘箱等,如图1-44所示。

电炉和电加热套可通过外接变压器来调节加热温度。使用电炉时,需在加热容器和电炉间垫一块石棉网,使加热均匀。

管式电炉有一管状炉膛,最高温度可达1223K,加热温度可调节,炉膛中插入一根瓷管或石英管,管内放入盛有反应物的反应舟,反应物可在空气或其他气氛中加热。

马弗炉有一个长方形的炉膛,打开炉门就能放入要加热的器皿。最高温度可达1223～1573 K。管式炉和马弗炉需用高温计测温,它由一副热电偶和一只毫伏表组成。如再连接一只温度控制器,则可自动控制炉温。

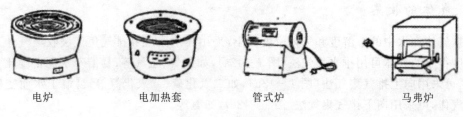

图 1-44 加热仪器

干燥箱的全称是电热鼓风干燥箱,俗称烘箱,是化学实验室常备的设备,规格、型号较多,这里仅介绍常用的 101 型电热鼓风干燥箱,如图 1-45 所示。不同型号干燥箱的使用方法可能会略有不同,但一般按如下步骤操作。

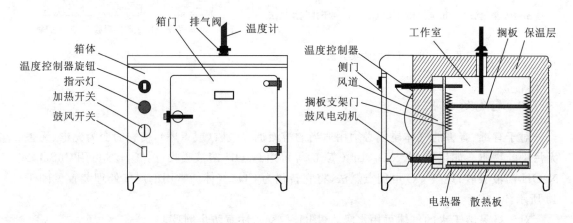

图 1-45 101 型电热鼓风干燥箱

(1) 通电前,先检查干燥箱的电气性能,并注意有否断路和漏电现象。

(2) 在箱顶排气阀孔中插入温度计,同时旋开排气阀(空隙约 10mm 左右)。此时,可接上电源,开始工作。

(3) 开始升温时,可开启两组加热开关,并将控温器旋钮由"0"位顺时针旋至适当指数处,此时箱内开始升温。根据需要决定是否要开启鼓风机。

(4) 当温度升至所需温度时(从插入排气阀中的温度计观察得知),即将控温器旋钮逆时针方向旋回,旋至指示灯熄灭,再微调至指示灯复亮。指示灯明灭交替处即为恒温定点。此时,再把旋钮微调至指示灯熄灭处,箱内温度稳定(恒温状态),如温度计上读数超出或低于所需温度,则可将控温器再稍作调整,以达到所需温度。

(5) 恒温时可关闭一组加热器,只留一组加热器工作,以免功率过大影响恒温灵敏度。

(6) 恒温后可根据需要预定恒温的时间,此过程中箱内可自动控温,不需人工管理。

(7) 开启箱门,通过玻璃门可观察工作室内的情况。但箱门不能常开启,以免影响恒温。当温度升至 573K 时,开启箱门可能会使玻璃门受骤冷而破裂。

注意:不能将易燃、易挥发的物品放入干燥箱内,以免发生爆炸。

二、加热方法

1. 直接加热

(1) 直接加热液体：适用于在较高温度下不分解的溶液或纯液体。少量的液体可装在试管中加热，用试管夹夹住试管的中上部（不用手拿，以免烫伤），试管口向上，微微倾斜（图1-46），管口不能对着自己和其他人，以免溶液沸腾时溅到脸上。管内所装液体的量不能超过试管高度的1/3。加热时，先加热液体的中上部，再慢慢往下移动，然后不时地上下移动，使溶液受热均匀。不能集中加热某一部分，否则会引起暴沸。

如需要加热的液体较多，则可放在烧杯或其他器皿中。待溶液沸腾后，再把火焰调小，使溶液保持微沸，以免溅出。

(2) 直接加热固体：少量固体药品可装在试管中加热，加热方法与直接加热液体的方法稍有不同，此时试管口向下倾斜，使冷凝在管口的水珠不倒流到试管的灼烧处，而导致试管炸裂。如图1-47所示。

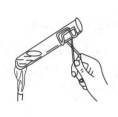
图1-46 加热少量液体

图1-47 直接加热少量固体

图1-48 灼烧坩埚内固体

较多固体的加热应在蒸发皿中进行。先用小火预热，再慢慢加大火焰，但火也不能太大，以免溅出，造成损失。要充分搅拌，使固体受热均匀。需高温灼烧时，则把固体放在坩埚中，用小火预热后慢慢加大火焰，直至坩埚红热（图1-48），维持一段时间后停止加热。稍冷，用预热过的坩埚钳将坩埚夹持到干燥器中冷却。

2. 水浴加热

当被加热物质要求受热均匀，而温度又不能超过373K时，采用水浴加热。

若把水浴锅中的水煮沸，用水蒸气来加热，即成蒸气浴。水浴锅上放置一组铜质或铝质的大小不等的同心圈，以承受各种器皿。根据器皿的大小选用铜圈，尽可能使器皿底部的受热面积最大。水浴锅内盛放水量不超过其总容量的2/3，在加热过程中要随时补充水以保持原体积，切不能烧干。不能把烧杯直接放在水浴中加热，这样烧杯底会碰到高温的锅底，由于受热不均匀而使烧杯破裂。

通常很多实验室都采用电热恒温水浴装置。图1-49为电热恒温四孔水浴锅，电热水浴锅外壳采用优质钢板制成，表面喷塑，内胆采用不锈钢板，温控系统选用高精度传感器和集成元件，电路经过精心设计，使控温精确可靠。根据需要还有单孔、双孔等多种系列。

3. 沙浴和油浴加热

当被加热物质要求受热均匀，而温度又需要高于373 K时，可用沙浴或油浴。

沙浴是将细沙均匀地铺在一只铁盘内,被加热的器皿放在沙上,底部部分插入沙中,用酒精灯加热铁盘。如图 1-50 所示。

用油代替水浴中的水即是油浴。

图 1-49 电热恒温四孔水浴锅

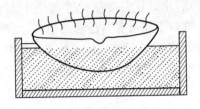

图 1-50 沙浴加热

三、冷却方法

使受热的物品冷却,主要有自然冷却、流水冷却、冰水冷却和冰盐浴冷却等方式。

冰盐浴由容器和制冷剂(冰盐或水盐混合物)组成,可冷至 273K 以下。所能达到的温度由冰盐的比例和盐的品种决定,干冰和有机溶剂混合时,其温度更低。表 1-6 是常用的制冷剂及其达到的温度。

表 1-6 制冷剂及其达到的温度

制冷剂	$T(K)$	制冷剂	$T(K)$
30 份 NH_4Cl+100 份水	270	125 份 $CaCl_2 \cdot 6H_2O$+100 份碎冰	233
4 份 $CaCl_2 \cdot 6H_2O$+100 份碎冰	264	150 份 $CaCl_2 \cdot 6H_2O$+100 份碎冰	224
29g NH_4Cl+18g KNO_3+冰水	263	5 份 $CaCl_2 \cdot 6H_2O$+4 份冰块	218
100 份 NH_4NO_3+100 份水	261	干冰+二氯乙烯	213
75g NH_4SCN+15g KNO_3+冰水	253	干冰+乙醇	201
1 份 NaCl(细)+3 份冰水	252	干冰+乙醚	196
100 份 NH_4NO_3+100 份 $NaNO_3$+冰水	238	干冰+丙酮	195

为了避免固体样品在冷却过程中吸收空气中的水分,常将灼烧过的固体样品放在干燥器中冷却;干燥器是一种具有磨口的厚质玻璃器皿,磨口上涂有一薄层凡士林,使其更好地密合,干燥器内放置一块有圆孔的瓷板将其分成上、下两室。下室放干燥剂,上室放坩埚和称量瓶等。

装干燥剂前,先用干抹布将瓷板和内壁抹干净,一般不用水洗。装干燥剂时,可用一张稍大的纸折成喇叭形,插入干燥器底,大口向上,从中倒入干燥剂,可使干燥器壁免受沾污。干燥剂装到下室的一半即可,太多容易沾污干燥物品。干燥剂一般可用变色硅胶,当蓝色的硅胶变成红色(钴盐的水合物)时,即应将硅胶重新烘干。

开启或关闭干燥器时,用左手向右抵住干燥器,右手握住盖子的圆顶向左平推盖子(图 1-51),取下的盖子应倒置在安全处,放入物品后应即时加盖。灼热的物体放入干燥器时,为防止干燥器内空气膨胀将盖子顶落,应将盖子留一道细缝,让热空气逸出,几分钟后再盖严盖子。

图 1-51 干燥器启盖方法

第十节 基本测量仪器介绍

一、pH 计的使用和溶液 pH 的测定

pH 计(也称酸度计)是用电势法测定溶液 pH 值的仪器,除测量溶液的酸度外,还可以粗略地测量氧化还原电对的电极电势值(mV)及配合电磁搅拌器进行电位滴定等。

实验室常用的酸度计有雷磁 25 型、PHS-2 型、PHS-3 型和 PB-10 型、PB-20 标准型 pH 计等。PB-10 型、PB-20 标准型 pH 计与前三种酸度计的区别是将测量电极与参比电极集成到一起,结构简单,使用方便。它们的原理相同,只是结构和精密度不同。

1. 基本原理

不同类型的酸度计都是由测量电极(玻璃电极)、参比电极(甘汞电极)和精密电位计三部分组成。

(1) 甘汞电极是由金属汞、Hg_2Cl_2 和一定浓度的 KCl 溶液(如饱和 KCl 溶液)组成的电极。其构造如图 1-52 所示,内玻璃管中封接一根铂丝插入纯汞中,下置一层甘汞和汞的糊状物,外玻璃管中装入一定浓度的 KCl 溶液。电极下端与被测溶液接触部分是用多孔玻璃砂芯构成通道(可使离子通过),其电极反应是:

$$Hg_2Cl_2 + 2e \Longrightarrow 2Hg + 2Cl^-$$

$$E(Hg_2Cl_2/Hg) = E^{\ominus}(Hg_2Cl_2/Hg) - 0.0592\lg a(Cl^-) \qquad (1-1)$$

$E^{\ominus}(Hg_2Cl_2/Hg)$ 在一定温度下为一定值,所以甘汞电极的电极电势决定于 Cl^- 的活度 $a(Cl^-)$,而与溶液的 pH 值无关。

(2) 玻璃电极的结构如图 1-53 所示。其主要部分是头部的玻璃泡,它是由特殊的敏感玻璃薄膜构成(膜厚约 0.2mm)对 H^+ 敏感。在玻璃泡中装有 $0.1mol \cdot dm^{-3}$ HCl 和 Ag-AgCl 电极作为内参比电极。将玻璃电极插入待测溶液中,便组成以下电极:Ag,AgCl(s)|0.1mol $\cdot dm^{-3}$ HCl|玻璃|待测溶液。

玻璃薄膜把两种不同 H^+ 浓度的溶液隔开,在玻璃与溶液的接触界面之间产生一定的电势差。由于玻璃电极中内参比电极的电势是恒定的,所以在玻璃与溶液接触界面之间所形成的电势差只与待测溶液的 pH 有关。

$$E(玻璃) = E^{\ominus}(玻璃) - 0.0592pH \qquad (1-2)$$

未吸湿的玻璃膜不能响应 pH 值的变化,玻璃膜只有浸泡在水中(或水溶液中)才能显示测量电极的作用,所以在使用玻璃电极前一定要在蒸馏水中浸泡 24h。每次测量完毕后仍需把它浸泡在蒸馏水中。

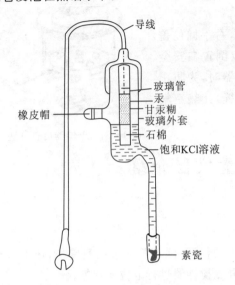

图 1-52　饱和甘汞电极

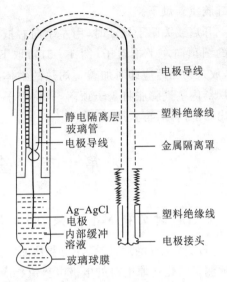

图 1-53　玻璃电极

玻璃电极头部的玻璃膜非常薄,容易破损。使用时应注意:切忌与硬物接触;尽量避免在强碱溶液中使用玻璃电极,如欲使用,操作必须迅速,测后立即用蒸馏水冲洗干净,并浸泡于蒸馏水中;玻璃电极球泡存放时间过长(两年以上)后,容易有裂纹或老化,需及时检查,更换新电极。

(3) 复合电极:将作为指示电极的玻璃电极和作为参比电极的银-氯化银电极组装在两个同心玻璃管中,构成一支电极,称为复合电极(图 1-54)。其主要部分是电极下端的玻璃球和玻璃管中的一个直径约为 2mm 的素瓷芯。

当复合电极插入溶液时,素瓷芯起盐桥作用,将待测试液和参比电极的饱和 KCl 溶液沟通,电极内部的内参比电极(另一个 Ag-AgCl 电极)通过玻璃球与待测试液接触。两个 Ag-AgCl 电极通过导线分别与电极的插头连接。内参比电极与插头顶部相连接,为负极;参比电极与插头的根部连接,为正极。

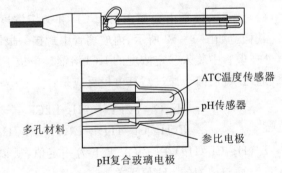

图 1-54　复合电极结构

复合电极使用方便,不受氧化性或还原性物质的影响,且平衡速度较快。使用时,将电极加液口上所套的橡皮套和下端的橡皮套全取下,以保持电极内氯化钾溶液的液压差。

复合电极不用时应浸泡在 $4mol \cdot dm^{-3}$ 氯化钾溶液中。忌用洗涤液或其他吸水性试剂浸洗。使用前,检查玻璃电极前端的球泡。正常情况下,电极应该透明而无裂纹;球泡内要充满溶液,不能有气泡存在。清洗电极后,不要用滤纸擦拭玻璃膜,而应用滤纸吸干,避免损坏玻璃薄膜,防止交叉污染,影响测量精度。

测量原理:将测量电极(玻璃电极)和参比电极(甘汞电极)一起浸入待测溶液中组成原电池,并接上精密电位计,即可测得该电池的电动势。

$$E_x = E(\mathrm{Hg_2Cl_2/Hg}) - E(玻璃)$$
$$= E(\mathrm{Hg_2Cl_2/Hg}) - E^{\ominus}(玻璃) + 0.0592\mathrm{pH} \tag{1-3}$$

整理得:

$$\mathrm{pH} = \frac{E_x + E^{\ominus}(玻璃) - E(\mathrm{Hg_2Cl_2/Hg})}{0.0592\mathrm{V}} \tag{1-4}$$

在一定的温度下,$E(\mathrm{Hg_2Cl_2/Hg})$为定值。对于一个给定玻璃电极的电极电势可以用一个已知 pH 值的缓冲溶液代替待测溶液而求得。

由上分析可知,酸度计的主体是精密电位计,用它可测量电池的电动势,根据式(1-4)即可求得待测溶液的 pH 值。为了省去计算过程,酸度计把测得电池的电动势直接用 pH 刻度值表示,因此从酸度计上可直接测得溶液的 pH 值。

2. pH 计的使用

以 PB-10 标准型 pH 计为例进行介绍。PB-10 标准型 pH 计的外形、面板结构、仪器与电源连接、电极与仪器连接如图 1-55、图 1-56 所示。

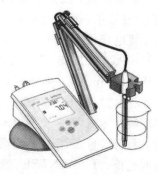

图 1-55 PB-10 型 pH 计

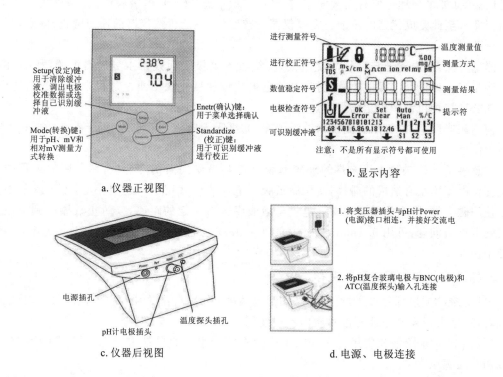

图 1-56 PB-10 型 pH 计概貌

pH 计的操作步骤如下。

(1)将电缆插头与仪器接口相连,并接通电源,打开电源开关,让仪器预热 30min。

(2)将电极与仪器的相应插口连接。

(3)按"Mode"转换键,选择工作模式,测定溶液 pH 值时,将仪器的工作模式置于 pH 状态下。

(4)用标准缓冲液对仪器进行校准。按如下步骤进行操作:

①按"SETUP"键,显示屏显示 Clear buffer,按"ENTER"键确认,清除以前的校准数据。

②按"SETUP"键直至显示屏显示缓冲溶液组"1.68,4.01,6.86,9.18,12.46",按"ENTER"键确认。

③将电极从电极储存液中取出,用去离子水充分冲洗电极,冲洗干净后用滤纸吸干电极表面的水(注意不要擦拭电极)。

④将电极浸入 pH=6.86 的缓冲溶液中,搅拌均匀。等到数值稳定并出现"S"后,按"STANDARDIZE"键,等待仪器自动校准,如果校准时间过长,可按"ENTER"键手动校准。校准成功后,作为第一校准点数值被存储,显示"6.86"和电极斜率。

⑤将电极从 pH=6.86 的缓冲溶液中取出,重复步骤③洗净电极后,将电极浸入 pH=4.01 的缓冲溶液(若需要测定碱性溶液的 pH 值时,应选择 pH=9.18 的缓冲溶液校准),搅拌均匀,等到数值达到稳定并出现"S"后,按"STANDARDIZE"键,等待仪器自动校准,如果校准时间过长,可按"ENTER"键手动校准。校准成功后,作为第二校准点数值被存储,显示"4.01,6.86"和信息"‰Slope××"。××显示测量的斜率值,该测量值在 90%~105% 范围内可以接受(如果与理论值有更大偏差,将显示错误信息(Err),电极应清洗,并重复上述步骤重新校准),至此完成仪器的校准。完成仪器的校准后,不能再按仪器的任何键,否则必须重新进行校准。

测量方法:用去离子水反复冲洗电极,滤纸吸干电极表面残留水分后将电极浸入待测溶液。待测溶液如果辅以磁搅拌器搅拌,可使电极响应速度更快。测量过程中等待数值达到稳定出现"S"时,即可读取测量值。

使用完毕后,将电极用去离子水冲洗干净,滤纸吸干电极上的水分,浸于 $4mol \cdot dm^{-3}$ KCl 溶液中保存。

注意事项:pH 玻璃电极末端的玻璃薄膜是最容易受到损伤的部位,在使用的过程中,应避免任何由于不小心造成的碰撞,使用滤纸吸干电极表面残留液时也要小心,不要反复擦拭。如果使用磁力搅拌,在测量时应保证电极与溶液底部有一定的距离,以防止磁棒碰到电极上。如发现电极有问题,可用 $0.1mol \cdot dm^{-3}$ HCl 溶液浸泡电极半小时再放入 $4mol \cdot dm^{-3}$ KCl 溶液中保存。

3.标准缓冲液的配制及其保存

pH 标准物质应保存在干燥的地方,如混合磷酸盐 pH 标准物质在空气湿度较大时就会发生潮解,一旦出现潮解,pH 标准物质即不可使用。

配制 pH 标准溶液应使用二次蒸馏水或者去离子水。如果是用于 0.1 级 pH 计测量,则可以用普通蒸馏水。

配制 pH 标准溶液应使用较小的烧杯来稀释,以减少沾在烧杯壁上的 pH 标准液。配制好的标准缓冲溶液一般可保存 2~3 个月,如发现有浑浊、发霉或沉淀等现象时,不能继续使用。

碱性标准溶液应装在聚乙烯瓶中密闭保存，防止二氧化碳进入标准溶液后形成碳酸，降低其 pH 值。表 1-7 为常用 pH 标准缓冲溶液的 pH 值。

表 1-7 常用 pH 标准缓冲溶液的 pH 值

缓冲溶液温度(℃)	0.05mol·dm^{-3} 四草酸氢钾	0.05mol·dm^{-3} 邻苯二甲酸氢钾	饱和酒石酸氢钾	0.025mol·dm^{-3} 磷酸二氢钾 0.025mol·dm^{-3} 磷酸氢二钠	0.01mol·dm^{-3} 硼砂	饱和氢氧化钙
0	1.668	4.006		6.981	9.458	13.416
5	1.669	3.999		6.949	9.391	13.210
10	1.671	3.996		6.921	9.330	13.011
15	1.673	3.996		6.898	9.276	12.820
20	1.676	3.998		6.879	9.226	12.637
25	1.680	4.003	3.559	6.864	9.182	12.460
30	1.684	4.010	3.551	6.852	9.142	12.292
35	1.688	4.019	3.547	6.844	9.105	12.130
40	1.694	4.029	3.547	6.838	9.072	11.975
50	1.706	4.055	3.555	6.833	9.015	11.697
60	1.721	4.087	3.573	6.837	9.968	11.426

二、电导率仪的使用

1. 工作原理

电解质溶液的导电能力常用电导 G 来衡量。电导 G 是电阻 R 的倒数，ρ 为电阻率。测量溶液电导的方法通常是用两个电极插入溶液中，测出两极间的电阻。根据欧姆定律，在温度一定时，两电极间的电阻与两电极间的距离 $L(m)$ 成正比，与电极的截面积 $A(m^2)$ 成反比。即：

$$R = \rho \frac{L}{A} \tag{1-5}$$

对于一个电极而言，电极面积 A 与间距 L 都是固定不变的，称 L/A 为电极常数（或电导池常数），以 Q 表示。于是电解质溶液的电导可以表示为：

$$G = \frac{1}{R} = \frac{1}{\rho Q} = \frac{\kappa}{Q} \tag{1-6}$$

其中 $\kappa = 1/\rho$ 称为电导率，它是间距为 1m，面积为 $1m^2$ 两个电极之间的溶液电导。κ 的单位为 $S·m^{-1}$，由于 $S·m^{-1}$ 的单位太大，常用 $mS·cm^{-1}$ 或 $\mu S·cm^{-1}$ 表示，它们之间的换算关系为：$1S·m^{-1} = 1×10^6 \mu S·m^{-1}$。电导率仪的工作原理如图 1-57 所示。由图可知：

$$V_m = \frac{VR_m}{R_m + R_x} = \frac{VR_m}{R_m + Q/K} \tag{1-7}$$

式中，R_x 为溶液的电阻，R_m 为分压电阻。当式(1-7)中的 V、R_m 和 Q 均为常数时，电导率 κ 的变化必引起 V_m 作相应的变化，所以通过测量 V_m 的大小，就可以得到溶液电导率的数值。

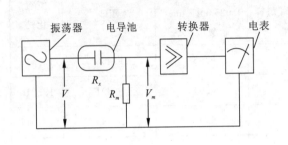

图 1-57　工作原理　　　　　　图 1-58　DDS-307A 型电导率仪前面板示意图

2. 仪器构造及使用方法

以 DDS-307A 型电导率仪为例，简单介绍电导率仪的使用方法、注意事项等。

DDS-307A 型电导率仪前面板示意图如图 1-58 所示，仪器的使用方法如下。

(1) 将电源线插入仪器电源插座，按电源开关，预热 30min 可进行测量。

(2) 在测量状态下，按"电导率/TDS"键可以切换显示电导率以及 TDS；按"温度"键设置当前温度值；按"电极常数"和"常数调节"键进行电极常数的设置。

如果仪器连上温度电极，将温度电极放入溶液中，此时仪器显示的温度值为自动测量出的溶液温度值，仪器自动进行温度补偿，操作者不必进行温度设置操作。

由于电导电极可测量范围较大，具体测量时需选取具有不同电极常数的电极，操作者需要在测量前进行电极常数设置。

按"电极常数"和"常数调节"键，仪器进入电极常数设置状态，按"常数调节▽"或"常数调节△"进行操作，并确认。

(3) 经过温度设置和常数设置后，仪器可以进行测量，按"电导率/TDS"键仪器进入电导率测量状态。

(4) 仪器接上电导电极、温度电极，用蒸馏水清洗电极头部，再用被测溶液清洗一次，将电导电极、温度电极浸入被测溶液中，用干净玻璃棒搅拌溶液使其均匀，在显示屏上数值稳定后，读取的数值即为该溶液该温度下的电导率值(表 1-8)。

表 1-8　选用电极规格常数对应被测液介质电导率量程

电极规格常数	0.01,0.1	0.1,1.0	1.0(光亮)	1.0(铂黑),10	10
适用测量范围(μS/cm)	0~20	0~200	200~2000	2000~20 000	20 000~200 000

三、分光光度计的使用

(一)基本原理

分光光度计是吸光光度法常用仪器,吸光光度法是根据物质对光选择性吸收而进行分析的方法,分光光度法的理论基础是光的吸收定律。

用透光率或光密度表示物质对光的吸收程度。当一束单色光通过有色溶液时,如果入射光强度用 I_0 表示,透射光强度用 I_t 表示,则光的透光率为 $T=I_t/I_0$。有色溶液的吸光度则可定义为 $\lg(I_0/I_t)$,以 A 表示,即 $A=\lg(I_0/I_t)$。显然,T 越小,A 越大,则溶液对光的吸收程度越大。吸光度 A 与有色溶液的浓度 c 和溶液厚度 d 的关系符合 Lambert–Beer(朗伯-比尔)定律,其数学表达式为:

$$A = \varepsilon dc \tag{1-8}$$

式中,ε 为摩尔吸光系数($L \cdot mol^{-1} \cdot cm^{-1}$),它与物质的性质、入射光的波长和溶液的温度等因素有关;d 为有色溶液的厚度(cm);c 为有色溶液的浓度($mol \cdot dm^{-3}$)。

分光光度计主要由光源、单色器、吸收池、检测器和显示记录系统五大部件组成(图1-59)。由光源发出的复合光,经光源聚光镜、滤光片、保护窗片汇聚在入射狭缝上,并进入单色器,入射光经过平面反射镜改变方向射在准直镜上,经准直后,成为平行光照在光栅上,经光栅色散后,光束投射到准直镜上,经过聚焦,色散光束聚焦通过出射狭缝出单色器成为单色光,单色光经过聚光镜汇聚,通过样品池中样品后到达接收器光电管。光电管将光信号转为电信号,经前置放大器放大,信号进入 A/D 转换器,A/D 转换器将模拟信号转换成数字信号送往单片机进行数据处理。操作者将自己要做的事通过键盘输入到单片机中,单片机将各种处理结果通过显示窗口或打印机打印出来。

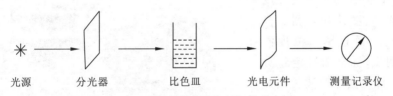

图 1-59 分光光度计主要部件示意图

(二)VIS7220N 型分光光度计

实验室常用的分光光度计有多种型号,本节首先对 VIS7220N 型分光光度计进行介绍。图 1-60 为 VIS7220N 型分光光度计键盘示意图。VIS7220N 可见分光光度计操作规程如下。

1. 仪器测量前的调整

(1)打开仪器开关,仪器将自动进入标准测量模式,将仪器预热 15 分钟后即可进行测量。

(2)旋转波长旋钮,使波长显示窗显示数为测量波长。

(3)将空白溶液、挡光块放入样品池,并关好样品室门。

(4)将空白溶液拉入光路,按 100% 键进行调百,待液晶显示 T 值为 100% 时表示已调整完毕。

(5)将挡光杆拉入光路,观察 T 值是否显示为零,如不是则按 0% 键调零。

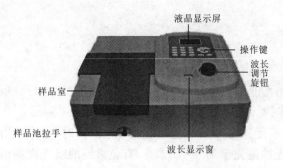
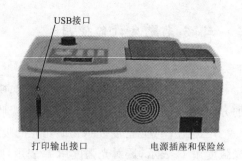

图1-60　VIS7220N型分光光度计键盘示意图

(6)将空白溶液再次拉入光路,观察 T 值是否为100%,如不是则再次进行调百调零直至参比的透过率(T)测量值为100%,档光块透过率(T)测量值为0%时完成仪器的调整。

2. 测量

仪器调整完成后,将待测样品放入样品池,将其拉入光路中,此时所显示的 T 与 A 值便是所测样品的透过率与吸光度值。

(5)显示装置。这部分装置发展较快,较高级的光度计,常备有微处理机、荧光屏显示和记录仪等,可将图谱、数据和操作条件都显示出来。

(三)UV-1801 紫外-可见分光光度计

在实验室中,常用的紫外-可见分光光度计有许多种型号,它们的工作原理相同,使用方法相似,本节以 UV-1801 紫外-可见分光光度计(图1-61)为例介绍紫外-可见分光光度计的主要功能和使用方法。

UV-1801 紫外-可见分光光度计的主要功能:光度计基本测试模式(包括吸光度、透过率和浓度测量);多波长测试;标准曲线定量分析(单波长法、等吸收点双波长法和三点法,一阶过零、不过零线性回归和二阶、三阶曲线拟合);并可以升级增加光谱扫描、动力学测试、DNA/Protein 测试等功能。

仪器的操作规程如下。

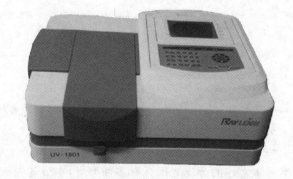

图1-61　UV-1801 紫外-可见分光光度计

(1)开机。开机前确认电源已连接、电脑已开机;打开仪器电源开关;双击电脑桌面上 UV-1801 图标或在开始菜单中找到 UV-1801 图标并打开,等待仪器自检。

(2)使用。仪器自检结束后,在菜单"测定模式"下选中所需的测定方式,以下介绍较常用的三种模式:"定性测试""定量测试""动力学测试"。

(3)定性测试。

功能简介:定性测试的功能可在190~1100nm 范围内选择所需的波长范围进行试样的吸光度、透射比或能量方式的波长扫描。可选择所需的扫描次数、扫描精度、起始波长、终止波长和纵坐标的上下限。完成光谱扫描后,可在屏幕操作界面上选择所需的功能,对所获得的测试资料进行分析、处理。

测试步骤：

①在"应用程序"菜单下单击"定性测试"。

②设置扫描参数：通过扫描参数设置操作界面，设置扫描方式、扫描次数、扫描精度、起始波长、终止波长、坐标下限和坐标上限，单击确定键。

③建立基线：在光度计的样品槽内放入参比，在"附属功能"的菜单下单击"建立仪器基线"（或单击界面的"Scan Baseline"键），在对话框内输入起始波长和终止波长值，单击确定。

④在定性分析图谱操作界面，选择 A/T 及所需的扫描信道，单击。

⑤在样品槽内放入待测试样，单击扫描键，即可得到相应的扫描光谱图。

⑥待光谱扫描完成后，可根据需要采用相应的功能，对测试资料进行分析处理，也可存盘打印。

⑦如需停止扫描，可按"停止"键，如需返回参数设置界面可按"RESET 参数"键。

(4) 定量测试。

功能简介：能在 190～1100nm 范围内选择所需的测试波长，测定试样在某一波长的吸光度和透射比。

测试步骤：

①在应用程序菜单下，选择定量测试，单击。

②设定测试波长，单击确定。

③在样品槽内放入参比，单击 0A/100％T 快捷键。

④设定标样浓度，按提示放入标样，单击确定。

⑤在样品槽内放入待测试样，单击测试键，可在右侧的资料区内显示测试结果。

⑥完成测试后，可根据需要打印、存盘。

(5) 动力学测试。

功能简介：可在 200～1000nm 范围内选择某一测试波长进行单波长的吸光度或透射比的时间扫描，建立吸光度（透射比）-时间曲线。

测试步骤：

①在应用程序菜单下，选择"动力学测试"单击。

②设定测试波长，单击"确定"。

③在样品槽内放入参比，单击"0Abs/100％T"快捷键。

④设置时间扫描参数：扫描时间、采样间隔、延时时间、坐标上下限、浓度因子和浓度单位，样品槽（自动样品架）。

⑤在样品槽内放入试样，按开始键，开始进行动力学测试。

⑥完成测试后，屏幕界面可显示吸光度（透射比）-时间扫描曲线，也可按界面上"数据表"键，显示所有的测试资料，可根据需要打印或保存图谱和测试资料。如需终止测试可按停止键。

(6) 关机。将比色皿中的溶液倒尽，然后用蒸馏水或有机溶剂冲洗比色皿至干净，将比色皿保存在保存液中；将仪器外盖盖好。退出操作系统，关闭仪器。

注意事项：测定紫外波长时，需选用石英玻璃的比色皿。测定时，如有溶液溢出或其他原因将样品槽弄脏，要尽可能及时清理干净。

四、光化学反应仪

光化学反应仪,又称为光化学反应釜、多功能光化学反应器、光催化反应装置,主要用于研究气相、液相、固相、流动体系在模拟紫外光、模拟可见光、特种模拟光照射下,是否负载 TiO_2 光催化剂等条件下的光化学反应。其具有提供分析反应产物和自由基的样品,测定反应动力学常数,测定量子产率等功能,因而广泛应用化学合成、环境保护以及生命科学等研究领域。此反应仪加快了实验步伐,实现多个平行样的反应,提高了实验效率,有效保证实验条件的一致性。

光化学反应仪主体部分一般包括反应暗箱、光源控制器、石英冷阱、光源、八位磁力搅拌器,以及冷却循环水系统。其中暗箱提供了光反应的场所,箱体内部通常为黑色,以降低光反射;其独立的排风系统可保证实验箱内部空气的流动性。光源配置包括 1000W 的氙灯(功率可无级调节)及 1000W 的汞灯(功率可无级调节);光源控制器可以给光源提供稳定的电压和电流,确保光源可以在特定的功率下稳定正常地工作;配置光化学反应仪八位专用搅拌器,同时可以处理 8 个样品,可以实现双旋转运动(每个试管自身有搅拌的同时,试管又可以围绕冷阱旋转,保证光照均匀);石英冷阱通过水管与冷却循环水系统连接,可以充分吸收灯管发出的热量,避免光源温度过高受损;冷却循环水系统可控制冷阱温度在实验所需的温度范围内。

本书以上海比朗仪器有限公司 BL-GHX-V 型为例介绍光化学反应仪的操作,光化学反应仪如图 1-62 所示。

图 1-62 光化学反应仪

1. 操作说明

(1)使用该仪器前首先把八位反应器(或磁力搅拌器)放入反应暗箱中,电源线接入暗箱正上方的电源接口。

(2)石英反应管(或反应容器)内放入磁子。石英冷阱固定在八位反应器中央,用固定装置将其固定在八位反应器中央位置(限Ⅴ型和Ⅳ型)。或将石英冷阱插入反应瓶中,用固定装置将其固定在磁力搅拌器中央位置(限Ⅰ型和Ⅱ型)。

(3)将光源放入石英冷阱中,电源线连接暗箱正上方电源接口。

(4)将暗箱内的温度传感器放在石英冷阱开口处,用固定圈将其固定,当石英冷阱温度高于50℃时将会断电保护,此时应检查冷却水是否通入。再次开启灯开关正常工作。

(5)使用软管将冷却循环装置和石英冷阱连接好,开启冷却水循环装置使冷却水进入石英冷阱。进出水口切勿接反。

(6)将光源功率调至最大。依次打开控制器上面的风扇开关、反应器和灯开关。待光源稳定后再按需调节光源功率。打开八位反应器(或磁力搅拌器)上面的电源开关,按需调节搅拌速度。

2. 注意事项

(1)无论使用汞灯或氙灯做实验时,必须将灯源放置在石英冷阱内使用。
(2)使用该设备时必须有冷却水通入,避免温度过高造成仪器损坏。
(3)温度传感器需有三分之一左右插入石英冷阱内部或紧贴其外壁。

第十一节　实验数据的表达与处理

一、误差与有效数字

化学是一门以实验为基础的学科,许多化学理论和规律是对大量实验资料进行分析、概括、综合而成的。在化学实验的过程中,常常要测量一些物理量或参数,通过实验测量,得到的大批数据是实验的主要成果之一,但在实验中由于测量仪表、测量方法、周围环境和人的观察等方面的原因,实验数据总存在一些误差,所以在整理这些数据时,首先应对实验数据的可靠性进行客观的评定。

1. 误差

在测定某一物理量时,往往要求实验结果具有一定的准确度。否则,将导致错误的结论。但是通过实验得到的数据不可能绝对准确,总会有一定的误差。真实值与测量值之间的差别就叫做误差。通常用准确度和精密度来评价测量误差的大小。

准确度是测量值与真实值相接近的程度,通常以误差ΔA的大小来表示;ΔA值越小,准确度越高。误差又分为绝对误差和相对误差,如果用A表示测量值,用A_0表示真实值,那么:

$$\Delta A = A - A_0 \tag{1-10}$$

就称为绝对误差,而将

$$E = \frac{|\Delta A|}{A_0} \times 100\% \tag{1-11}$$

称为相对误差。用相对误差来表示分析结果的准确度比较合理,它反映了误差值在真实值中所占的比例。

精密度是指在相同条件下多次测量结果相互接近的程度,表现了测量结果的重现性。精密度用偏差表示,偏差越小,说明测量结果的精密度越高。偏差也有绝对偏差和相对偏差之分。若一组多次平行测量得到的数据分别为$x_1, x_2, \cdots, x_n$,则某单次测量结果x_i与n次测量结果的平均值$\bar{x}$之差定义为绝对偏差d,即:

$$d = x_i - \bar{x} \tag{1-12}$$

而相对偏差则为测量的绝对偏差d在n次测量结果的平均值中所占的比例。

$$相对偏差 = \frac{绝对偏差}{平均值} \times 100\% = \frac{d}{\bar{x}} \times 100\% \tag{1-13}$$

测量结果的好坏,必须从准确度和精密度两个方面进行评判,测量结果的精密度高,不一定能保证测量结果的准确度高;而测量结果的准确度高,一定是测量的精密度也高。精密度是保证准确度的先决条件,如果精密度极差,所得结果不可靠,也就失去了衡量准确度的前提。

根据误差的性质与产生的原因,可将误差分为系统误差和偶然误差两类。系统误差(如方法误差、仪器误差、试剂误差、操作误差等)是由于测量过程中某些经常发生的原因造成的。对测量结果的影响比较固定,在同一条件下重复测定时,它会重复出现。例如天平砝码和量器刻度不够准确,滴定管读数偏高或偏低,某种颜色的变化辨别不够敏锐等造成的误差都是系统误差。检验系统误差的有效方法是对照试验,即用已知结果的试样与待测试样在相同的条件下同时进行试验,或用其他可靠的测定方法进行对照试验。

偶然误差是由于某些偶然的因素,如测定时环境的温度、湿度和气压的微小波动,仪器性能的微小变化等所引起的。由于引起误差具有随机性,误差是可变的,误差的数值时大时小,时正时负。在各种测量中,偶然误差是不可避免的,通常可以采用"多次测定,取平均值"的方法来减小偶然误差。

2. 有效数字及其运算规则

为了得到准确的测量结果,不仅要准确地测量,而且要根据实验测得的数据进行正确的记录和运算。实验所获得的数据不仅表示某个量的大小,还应反映量的精确程度。

当对一个测量的量进行记录时,所记数字的位数应与仪器的精密度相符合,即所记数字的最后一位为仪器最小刻度以内的估计值,称为可疑值,其他几位为准确值,这样一个数字称为有效数字,它的位数不可随意增减。例如,普通50mL的滴定管,最小刻度为0.1mL,则记录26.55是合理的;记录26.5和26.556都是错误的,因为它们分别缩小和夸大了仪器的精密度。为了方便地表达有效数字位数,一般用科学记数法记录数字,即用一个带小数的个位数乘以10的相应幂次表示。例如0.000 567可写为5.67×10^{-4},有效数字为三位;10 680可写为1.0680×10^{4},有效数字是五位,如此等等。

有效数字中的"0",具有双重意义。若作为普通数字使用,它就是有效数字;若作为定位用,则不是有效数字。例如,滴定管读数25.00mL,两个"0"都是测量数字,都是有效数字,此有效数字为四位。若改用升表示则是0.025 00L,这时前面的两个"0"仅起定位作用,不是有效数字,此数仍是四位有效数字,改变单位应不改变有效数字的位数。在化学中常见的pH、pK等对数值,有效数字的位数仅取决于小数部分的位数。因整数部分只说明10的方次数。例如pH=10.68,即$c(H^+)=2.1\times10^{-11}$ mol·L^{-1}是两位有效数字,不是四位有效数字。至于在测定中遇到一些倍数和分数的关系,如Na_2CO_3与HCl反应时物质的量的关系:

$$n(Na_2CO_3)=\frac{1}{2}n(HCl) \tag{1-14}$$

分母上的"2"并不意味着只有一位有效数字,它是自然数,非测量所得,应视为无限多位有效数字。

在处理数据的过程中,涉及的各测量值的有效数字位数可能不同,在计算时应弃去多余的数字,此过程称为"数字修约"。"数字修约"有采用"四舍六入五取双"的规则弃去多余的数字。这个规则是:当尾数小于等于4时舍去;当尾数大于等于6时进位;当尾数等于5时,若5前面的一位数是奇数时进位,若5前面的一位数是偶数(包括0)时则舍去。例如将9.435、4.685修约为三位有效数字时,根据上述法则,修约后的数值为9.44与4.68。

有效数字是由可靠数字与可疑数字两部分组成的,当两个有效数字进行运算时,应遵循下面几个原则。

(1)可靠数字与可靠数字相运算,其结果仍为可靠数字。

(2)可靠数字与可疑数字或可疑数字之间相运算,其结果均为可疑数字。

(3)运算的结果只保留一位可疑数字,利用"数字修约"将末尾多余的可疑数字舍去。

(4)误差一般只取一位有效数字,最多两位。

(5)若第一位的数值等于或大于8,则有效数字的总位数可多算一位,如9.23虽然只有三位,但在运算时可以看作四位。

(6)在加减运算中,各数值小数点后所取的位数,以其小数点后位数最少者为准。例如:
$56.38+17.889+21.6=56.4+17.9+21.6=95.9$。

(7)乘除运算时,以参与运算的各数中有效数字位数最少的为准,将其他数据按有效数字修约规则取齐后进行运算:$4.386×5.97÷8.4=3.117$。在这三个数中8.4的有效位数最少,由于首位是8,所以可以看成三位有效数字,故结果应保留三位有效数字,写为3.12。

有效数字及其运算是每一个实验都要遇到的问题,实验者必须养成按有效数字及其运算规则进行读数、记录及处理和表示运算结果的习惯。当使用计算器进行计算时,要会正确取舍数据,切不可照抄计算器上显示的计算结果。

二、实验数据的处理方法

在整个实验过程中实验数据处理是一个重要的环节。数据处理是指从获得的数据得出结果的加工过程,包括记录、整理、计算、分析等处理方法。用简明而严格的方法把实验数据所代表的事物内在的规律提炼出来,就是数据处理。正确处理实验数据是实验能力的基本训练之一。根据不同的实验内容、不同的要求,可采用不同的数据处理方法。数据处理主要有三种方法。

1. 列表法

列表是有序记录原始数据的必要手段,也是用实验数据显示函数关系的原始方法。在记录和处理实验数据时,经常是制成一份适当的表格,把被测量及测得的数据一一对应地排列在表中,称为列表法。将数据列成表,不但可以粗略地看出有关量之间的变化规律,还便于检查测量结果和运算结果是否合理。列表时应注意以下几点。

(1)在表格的上方写出表格的标题。

(2)每行(或列)的开头一栏都要列出物理量的名称和单位,并把二者表示为相除的形式。因为物理量的符号本身是带有单位的,除以它的单位,即等于表中的纯数字。

(3)列入表中的主要是原始数据,有时处理过程中的一些重要的中间运算结果也可列入表中。

(4)数字较大或较小时要用科学计数法表示,将$10^{±n}$记入表头,注意:参数$×10^{±n}=$表中数字。

(5)若是有函数关系的测量数据,则应按自变量由小到大或由大到小的顺序排列。

(6)科学实验中,记录表格要正规,原始数据要书写清楚整齐,不得潦草,要记录各种实验条件,不可随意用纸张记录,要在实验记录本上记录,以便保管。

2. 作图法

在研究两个物理量之间的关系时,把测得的一系列相互对应的数据及变化的情况用曲线表示出来,称为作图法。作图法的优点是直观清晰,便于比较,容易看出数据中的极值点、转折点、周期性、变化率以及其他特性；在曲线上可直接读出没有进行测量的某些数据，在一定条件下还可以从曲线的延伸部分外推读得测量范围以外的数值。根据曲线的斜率、截距等还可以求出某些其他的待测量。

整理实验数据的第一步工作是制表。第二步工作是按表中的数据绘制曲线。作图时应注意如下几点。

(1)曲线必须用坐标纸绘制，并选择种类合适的坐标纸。常用坐标纸有直角坐标纸、对数坐标纸等，应根据要表示的函数性质正确选用。

(2)标明坐标轴代表的物理量名称(或符号)和单位。一般以横轴代表自变量，纵轴代表因变量。

(3)根据实验数据确定坐标轴的起始点(原点)和对坐标轴进行分度，坐标轴分度就是选择坐标每刻度代表的数值大小。一般原则是：坐标轴最小刻度能表示出实验数据的有效数字，以保证数据中的有效数字都能在图上得到正确的反映。坐标轴的起始点不一定从零开始。

(4)标绘实验数据，应选用适当大小的坐标纸，使其能充分表示实验数据大小和范围。

(5)在图上用"×"或"+"等符号标出各实验数据点。若在同一张坐标纸上绘制不同的曲线时，要用不同的符号标示数据点。

(6)连线时应使用直尺或曲线板把点连成直线或光滑曲线；曲线并不一定通过所有的数据点，而应该使数据点大致均匀地分布在所绘曲线的两侧，对个别偏离大的数据点应进行分析，并删除。

(7)在横轴的下方或图的其他地方注明曲线名称。

由于手工绘图很容易受到人的主观影响，不同的人利用同一组数据绘图，其结果会有明显的差异；即使是同一个人，利用同一组数据，也不能保证每次作图的结果完全相同，这就限制了图解法的精度。随着计算机制图技术的发展与普及，用计算机绘制实验曲线已经非常普遍。常用的应用软件，如 Excel、FoxPro、Origin 等都可以处理实验数据和作图。

3. 最小二乘拟合法

通过实验获得测量数据后，可以求取有关物理量之间关系的经验公式。从几何上看，就是要选择一条曲线，使之与所获得的实验数据更好地吻合。因此，求取经验公式的过程也即是曲线拟合的过程。

有两类常用曲线拟合的方法：一是作图估计法，二是最小二乘拟合法。

作图估计法是凭眼力估测直线的位置，使直线两侧的数据均匀分布，其优点是简单、直观、作图快；缺点是图线不唯一，准确性较差，有一定的主观随意性。这是曲线拟合的粗略方法。

最小二乘拟合法是以严格的统计理论为基础，是一种科学而可靠的曲线拟合方法。最小二乘法的原理简单地说就是：被测量的最佳值是这样一个值，它与各次测量值之差的平方和为最小。采用最小二乘法可以从一组等精度的测量值中确定最佳值，也可以找出一条最合适的曲线使它能最好地拟合于各测量值。最小二乘法的原理和计算比较复杂，这里仅简单地说明如何应用最小二乘法进行一元线性拟合。

设物理量 y 和 x 之间满足线性关系，则函数形式为：

$$y = a + bx \tag{1-15}$$

最小二乘法就是要用实验数据来确定方程中的待定常数 a 和 b，即直线的斜率和截距。若每个测量值都是等精度的，且假定 x 和 y 值中只有 y 有明显的测量随机误差。由实验测量得到一组数据为$(x_i, y_i; i=1,2,\cdots,n)$，其中$x=x_i$时，对应的$y=y_i$。显然如果从$(x_i, y_i)$中任取两组实验数据就可得出一条直线，只不过这条直线的误差有可能很大。直线拟合的任务就是用数学分析的方法从这些观测到的数据中求出一个误差最小的最佳经验公式。按照这个最佳经验公式做出的曲线虽不一定能通过每一个实验点，但是它以最接近这些实验点的方式平滑地穿过它们。如各观测值y_i的误差互相独立且服从同一正态分布，当y_i的偏差的平方和为最小时，才能得到最佳经验式。据此可以求出常数a和b。

利用计算机和相应的计算程序很容易完成线性拟合的工作，为了检查实验数据的函数关系与得到的拟合直线符合的程度，数学上引进了线性相关系数r来进行判断。如果r很接近于1，则各实验点均在一条直线上，表示实验数据的线性关系良好；相反，相关系数$r=0$或趋近于零，说明实验数据很分散，无线性关系。

第二章 基本操作与技能训练实验

实验一 摩尔气体常数的测定

一、实验目的

(1) 掌握一种测定气体常数的原理和方法。
(2) 掌握理想气体状态方程和分压定律的应用。
(3) 学习量气管和气压计的使用方法。

二、实验原理

由理想气体状态方程可知,理想气体的气体常数 R 可以由下式表示:

$$R = \frac{pV}{nT} \tag{2-1}$$

因此,若能在一定的温度和压力条件下,测出一定量的气体所占体积,则可以求得气体常数。

本实验通过金属镁(也可用铝或锌代替)置换盐酸中的氢来测定气体常数 R。

$$Mg + 2HCl = MgCl_2 + H_2 \uparrow$$

在一定温度和压力下,用已知质量的镁条与过量的盐酸反应,则可以测出反应所放出的氢气的体积。反应生成的氢气的物质的量可以通过反应中镁条的质量来求得。

$$n(H_2) = \frac{m(H_2)}{M(H_2)} = \frac{m(Mg)}{M(Mg)} \tag{2-2}$$

式中,$M(H_2)$ 和 $M(Mg)$ 分别为氢气和金属镁的摩尔质量。

由气压计测得的压力是干态氢气的分压 $p(H_2)$ 和相应温度下水的饱和蒸气压 $p(H_2O)$ 的和。

$$p = p(H_2) + p(H_2O) \tag{2-3}$$

则

$$p(H_2) = p - p(H_2O) \tag{2-4}$$

相应温度下水的饱和蒸气压 $p(H_2O)$ 可在手册中查出,将相关数据代入理想气体状态方程,可以得到理想气体的气体常数。

三、仪器与试剂

仪器:测定气体常数的装置一套(图 2-1),10cm³ 量筒,长颈漏斗,电子天平,气压计,细砂纸,搅拌棒。

试剂:6mol·dm^{-3} HCl 溶液,镁条 3 根(0.0300~0.0400g/根)。

四、实验内容

1. 称量

取三份镁条,用砂纸擦去镁条表面的氧化膜,在电子天平上准确称出每根镁条的质量(准确至 0.0001g),记录镁条的质量。

2. 检查实验装置的气密性

按图 2-1 装置实验仪器。注意将万用夹装在滴定管夹的下面以便可以移动水准管。往量气管中装入水,使水位略低于刻度"0"的位置。上下移动水准瓶,以赶尽附着于胶管和量气管内壁的气泡。然后塞紧连接反应管和量气管的塞子。将水准瓶下移到量气管 30 刻度左右,此时可见量气管的液面下降,但下降一小段后就不再下降。继续观察几分钟,确认液面不再下降,说明实验装置不漏气,可以进行下面的操作。若液面继续下降,甚至降到水准瓶的高度,说明实验装置漏气,应检查和调整各连接处的严密性,再重复试验,直至不漏气为止。

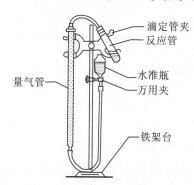

图 2-1 测定气体常数的装置

3. 加酸,放置镁条

取下反应管,量取 5cm^3 6 mol·dm^{-3} 的 HCl,用漏斗注入反应管中(不能将盐酸沾在反应管上部),然后将镁条沾少许水贴在倾斜的反应管内壁,确保镁条不与盐酸接触。再将反应管固定,调节量气管内的液面至合适高度,塞紧橡皮塞,并再次检查装置是否漏气。

4. 氢气的发生和量取

调整水准瓶的位置,使量气管的液面与水准瓶的液面在同一水平面上。记下量气管中水面读数 V_1。轻轻摇动反应管,使镁条落入酸中。反应产生的氢气使量气管中的水面下降,为避免氢气压力过大而使装置漏气,在量气管水面下降的同时,水准瓶也相应地向下移动,使两者水面保持在同一水平面上。反应停止后,待试管冷却至室温(约 10min 左右),再移动水准瓶,使两液面处于同一水平面,记下量气管中水面读数 V_2。

5. 用另两份已称重的镁条重复实验

6. 测量并记录实验温度 t 和大气压 p

将实验数据和处理结果记入下表(表 2-1)。

表 2-1　实验数据和实验结果

室温_____　　　　　　　　　　　大气压_____

实验序号		1	2	3
镁条质量/g				
反应前量气管内液面读数 V_1/cm³				
反应后量气管内液面读数 V_2/cm³				
氢气的体积 $V_2 - V_1$/cm³				
氢气的物质的量 $n(H_2)$				
水的饱和蒸汽压 $p(H_2O)$/Pa				
摩尔气体常数 R/ J·K⁻¹·mol⁻¹	测定值			
	平均值			
误差 = $\dfrac{R(实验值) - R(理论值)}{R(理论值)} \times 100\%$				

五、思考题

(1) 为什么必须检查装置是否漏气？本实验检查漏气的方法基于什么原理？

(2) 读取量气管内液面读数时，为什么要使水准管中液面与量气管中的液面相同？

(3) 实验中测得氢气的体积 V 与相同温度、相同压力下等摩尔干燥气体的体积是否相同？

(4) 讨论下列情况对实验结果有何影响：

　　① 量气管中的气泡没有赶净；

　　② 反应过程中实验装置漏气；

　　③ 镁条表面有氧化膜；

　　④ 反应过程中，如果从量气管中压入漏斗的水过多而使水从漏斗中溢出。

(5) 镁与盐酸作用完毕后，为什么要等试管冷却至室温时方可读数？

(6) 本实验造成误差的原因有哪些？哪几步是关键操作？

(7) 扩展实验，利用这套仪器还可以测哪些物理量？请设计相应的实验方案。

实验二 称量与酸碱滴定

一、实验目的

(1) 掌握电子分析天平的使用方法及基本称量操作。
(2) 学习标准溶液的配制方法。
(3) 掌握酸碱滴定的基本操作技能。

二、实验原理

滴定分析是用一种已知准确浓度的标准溶液与被测溶液进行化学反应,直至反应恰好进行完全,然后根据标准溶液的浓度、体积及待测溶液体积,求得被测试样中组分含量的一种方法。酸碱滴定是基于酸碱中和反应的滴定分析法。例如酸 A 和碱 B 发生以下中和反应:

$$a\text{A} + b\text{B} = c\text{C} + d\text{H}_2\text{O}$$

当两者恰好反应时,A 和 B 的物质的量 n_A 和 n_B 之间有如下关系:

$$n_A = \frac{a}{b} n_B \tag{2-5}$$

所以

$$c_A \times V_A = \frac{a}{b} c_B V_B$$

$$c_B = \frac{b}{a} \times \frac{c_A \times V_A}{V_B} \tag{2-6}$$

通过酸碱滴定,确定酸碱中和时消耗的酸碱各自的体积,如其中一种溶液浓度已确定,即可计算出另外一种溶液的浓度($\text{mol} \cdot \text{dm}^{-3}$)。

酸碱中和反应的终点,常用酸碱指示剂的变色来确定。酸碱滴定中常用的指示剂是甲基橙和酚酞,甲基橙的变色范围是 pH=3.1(红)~4.4(黄)。本实验称取无水 Na_2CO_3 配制标准溶液,以甲基橙为指示剂,滴定未知 HCl 溶液浓度。

三、仪器与试剂

仪器:台秤,电子天平,称量瓶,干燥器,滴定管(50cm³),锥形瓶(250cm³),洗瓶,滴定管夹和铁架,小烧杯(100cm³),容量瓶(100cm³),移液管(25cm³),多用滴管,玻璃棒。

试剂:无水 Na_2CO_3(将无水 Na_2CO_3 置于烘箱内,在 180℃下干燥 2~3h,然后放到干燥器内冷却备用),HCl(约 $0.1\text{mol} \cdot \text{dm}^{-3}$),甲基橙(0.1%水溶液)。

四、实验内容

1. 基准物质的称取

在电子天平上,用减量法精确称取无水 Na_2CO_3 0.50~0.65g(精确至 0.0001g)于 100cm³ 烧杯中。

2. Na_2CO_3 标准溶液的配制

在装有无水 Na_2CO_3 的烧杯中,加入少量蒸馏水,用玻璃棒搅拌使 Na_2CO_3 完全溶解,而后转移到 100cm³ 容量瓶中,用少量蒸馏水洗涤玻璃棒及烧杯三次,洗涤液一并转移到容量瓶中,加蒸馏水至刻度,混匀。计算 Na_2CO_3 标准溶液的浓度(保留四位有效数字)。

3. HCl 溶液浓度的标定

将洗净的滴定管,用少量 HCl 溶液润洗 2~3 次,然后加入 HCl 溶液,排除滴定管下端尖嘴中的气泡,记录液面起始刻度(通常调节为零刻度)。

移取 25.00cm³ 标准 Na_2CO_3 溶液,置于锥形瓶中,加入 1~2 滴甲基橙指示剂,在不断摇动锥形瓶的情况下进行滴定操作。开始可稍快一些,但必须成滴而不能形成一股水流,当溶液的局部出现橙红色,并在摇动锥形瓶时,橙红色消失较慢时,表示已接近终点,这时应逐滴加入:每加一滴 HCl 溶液,都应观察在摇动锥形瓶时,颜色是否消褪,再决定是否续加 HCl 溶液,直到溶液由黄色变为橙色,即到达了滴定终点。取下滴定管,记录液面刻度,计算所消耗的 HCl 体积。

另取 25.00cm³ Na_2CO_3 溶液,用 HCl 溶液滴定。要求两次滴定所耗 HCl 的体积之差小于 0.05cm³,若超过 0.05cm³,则要滴定第三份。

实验数据填入表 2-2 并进行处理。

滴定过程中应注意以下问题。

(1)滴定开始及完成时,滴定管下端尖嘴外不应挂有液滴,尖嘴内不应留有气泡。

(2)滴定过程中,可能有 HCl 溶液溅到锥形瓶内壁的上部;最后半滴酸液也是由锥形瓶内壁滴下来,因此,接近终点时,应该用洗瓶以少量蒸馏水淋洗锥形瓶内壁。

表 2-2 实验数据记录及处理

实验编号		1	2	3
Na_2CO_3 溶液的浓度/mol·dm⁻³				
Na_2CO_3 溶液的用量/cm³				
HCl 溶液的用量/cm³	始读数/cm³			
	终读数/cm³			
	净用量/cm³			
HCl 溶液的浓度/mol·dm⁻³				
HCl 溶液平均浓度/mol·dm⁻³				

五、思考题

(1)下列情况对称量结果有无影响?

① 用手直接拿取砝码或称量物品;

② 未关天平门;

③ 天平称量前未归零。

(2)使用称量瓶应注意什么?从称量瓶向外取样品时应怎样操作,为什么?

(3)为什么移液管和滴定管必须用欲装入的溶液润洗?锥形瓶是否也须如此?

实验三 平衡常数的测定

一、实验目的

(1) 学会测定 $I_3^- \rightleftharpoons I_2 + I^-$ 的平衡常数。
(2) 掌握化学平衡和平衡移动的原理。
(3) 巩固滴定操作。

二、实验原理

I_2 溶于 KI 溶液中形成离子 I_3^-，并建立下列平衡：

$$I_3^- \rightleftharpoons I_2 + I^- \tag{2-7}$$

在一定温度条件下，其平衡常数为：

$$K^{\ominus} \approx \frac{c(I^-)c(I_2)}{c(I_3^-)} \tag{2-8}$$

通过测定平衡时的 $c(I^-)$、$c(I_2)$、$c(I_3^-)$，可以得到式(2-7)的平衡常数。硫代硫酸钠可以与 I_2 及 I_3^- 发生反应：

$$2S_2O_3^{2-} + I_2 \Longrightarrow 2I^- + S_4O_6^{2-}$$

$$2S_2O_3^{2-} + I_3^- \Longrightarrow 3I^- + S_4O_6^{2-}$$

用 $Na_2S_2O_3$ 标准溶液滴定。由于溶液中存在 $I_3^- \rightleftharpoons I_2 + I^-$ 的平衡，所以用 $Na_2S_2O_3$ 溶液滴定，最终测到的是平衡时 I_2 和 I_3^- 的总浓度。设这个浓度为 $c(总)$，则：

$$c(总) = c(I_2) + c(I_3^-) \tag{2-9}$$

在相同温度条件下，过量固体 I_2 与水处于平衡时，溶液中 I_2 的浓度 c' 可近似代替反应式 (2-7) 达平衡时 I_2 的浓度，即：

$$c(I_2) = c' \tag{2-10}$$

将式(2-10)带入式(2-9)，得：

$$c(I_3^-) = c(总) - c(I_2) = c(总) - c' \tag{2-11}$$

从反应式(2-7)可以看出，形成一个 I_3^- 就需要一个 I^-，所以平衡时 $c(I_2)$ 为：

$$c(I^-) = c_0 - c(I_3^-) \tag{2-12}$$

式中，c_0 为 KI 的起始浓度。

将 $c(I_2)$、$c(I_3^-)$ 和 $c(I^-)$ 代入式(2-8)即可求得在此温度条件下反应式(2-7)的平衡常数 $K^{\ominus}$。

三、仪器与试剂

仪器：磁力搅拌器，碘量瓶($100cm^3$, $250cm^3$)，移液管($10cm^3$, $50cm^3$)，滴定管($25cm^3$)，锥形瓶($250cm^3$)，量筒($100cm^3$)，台秤。

试剂：KI 溶液($0.0100 mol \cdot dm^{-3}$, $0.0200 mol \cdot dm^{-3}$)，I_2(s)，淀粉溶液(0.2%)，标准 $Na_2S_2O_3$ 溶液($0.005\,000 mol \cdot dm^{-3}$)。

四、实验内容

(1) 取两只干燥的 100cm³ 碘量瓶和一只干燥的 250cm³ 碘量瓶,分别标上 1、2、3 号。用量筒分别取 80cm³ 0.0100mol·dm⁻³ 的 KI 溶液加入 1 号瓶,取 80cm³ 0.0200mol·dm⁻³ KI 溶液加入 2 号瓶,取 200cm³ 蒸馏水加入 3 号瓶。然后在每个瓶内各加入 0.5g 研细的 I_2,盖好瓶塞。

(2) 将 3 只碘量瓶于室温下在磁力搅拌器上搅拌 30min,静置 10min,待过量固体 I_2 完全沉于瓶底后,取上层清液进行滴定。

(3) 用 10cm³ 移液管吸取两份 10cm³ 1 号瓶的上层清液,分别注入 250cm³ 锥形瓶中,再各加入 40cm³ 蒸馏水,用 0.005 000mol·dm⁻³ 的标准 $Na_2S_2O_3$ 溶液滴定,当溶液呈淡黄色时(注意不要滴过量),加入 4cm³ 0.2% 淀粉溶液,此时溶液应呈蓝色,继续滴定,至蓝色刚好消失。记下所消耗的 $Na_2S_2O_3$ 溶液的体积数 $V(KI-I_2)$。由于 I_2 容易挥发,吸取清液后应尽快滴定,不要放置太久,在滴定时不宜过于剧烈地摇动溶液。

按照 3 的操作方法,滴定 2 号瓶上层的清液。

(4) 用 50cm³ 移液管吸取两份 50cm³ 3 号瓶的上层清液,用 0.005 000mol·dm⁻³ 的标准 $Na_2S_2O_3$ 溶液滴定,方法同上。记下所消耗的 $Na_2S_2O_3$ 溶液的体积数 $V(H_2O-I_2)$。

用式(2-13)计算相应 I_2 的浓度:

$$1、2 号瓶\ c(总) = \frac{c(Na_2S_2O_3)V(Na_2S_2O_3)}{2V(KI-I_2)} \tag{2-13}$$

$$3 号瓶\ c' = \frac{c(Na_2S_2O_3)V(Na_2S_2O_3)}{2V(H_2O-I_2)} \tag{2-14}$$

将实验数据和数据处理结果一并记入表 2-3 中。

表 2-3 数据记录和数据处理

实验编号		1	2	3
取样体积 V/cm^3		10.00	10.00	50.00
$Na_2S_2O_3$ 溶液的用量/cm^3	Ⅰ			
	Ⅱ			
	平均			
$Na_2S_2O_3$ 溶液的浓度/mol·dm⁻³				
$c(I_2)$ 和 $c(I_3^-)$ 的总浓度/mol·dm⁻³				
水溶液中碘的平衡浓度 c'/mol·dm⁻³				
$c(I_2)$/mol·dm⁻³				
$c(I_3^-)$/mol·dm⁻³				
c_0/mol·dm⁻³				
$c(I^-)$/mol·dm⁻³				
$K^{\ominus}$				
$K^{\ominus}$ 平均值				

注:本实验测定 $K^{\ominus}$ 值在 $1.0×10^{-3} \sim 2.0×10^{-3}$ 范围内合格(文献值 $K=1.5×10^{-3}$)。

五、思考题

(1) 由于 I_2 易挥发,所以在取溶液和滴定操作上要注意什么?

(2) 本实验中固体 I_2 和 KI 溶液反应时,如果 I_2 的量不够,对结果有影响吗?为什么?

(3) 实验中碘的用量是否要准确称取?配制平衡体系是用量筒量取 KI 溶液,而滴定分析时却要用移液管准确移取碘溶液,为什么?

(4) 以淀粉为指示剂,加指示剂时的注意事项?

(5) 本实验在配制 $I_2(s)$ 的饱和 KI 溶液时为什么花时较多,需要在室温下搅拌 30min,并静止 10min 待 I_2 沉于瓶底,再取上层清液滴定?

实验四　醋酸解离度与解离常数的测定(pH 法和电导率法)

一、实验目的

(1)学习测定醋酸解离度和解离常数的基本原理和方法。
(2)学会正确使用酸度计和电导率仪。
(3)进一步掌握滴定管、移液管的使用等定量分析的基本操作技能。

二、实验原理

醋酸(HAc)是弱电解质,在水溶液中存在着解离平衡:

$$HAc + H_2O \rightleftharpoons H_3O^+ + Ac^-$$

在一定的温度下,HAc 在水溶液中达到解离平衡时,其解离常数 $K_a^\ominus$、解离度 α 和 HAc 的起始浓度 c_0 有如下关系:

$$K_a^\ominus = \frac{c_0 \alpha^2}{1-\alpha} \qquad (2-15)$$

HAc 的解离度 α 是平衡时,HAc 溶液的氢离子浓度 $c(H^+)$ 与 HAc 的起始浓度的比值,可以表示为:

$$\alpha = \frac{c(H^+)}{c_0} \qquad (2-16)$$

利用式(2-15)和式(2-16),就可以通过实验的方法测定 HAc 的解离度 α 和解离常数 $K_a^\ominus$。测定 HAc 的解离度 α 和解离常数 $K_a^\ominus$ 的方法很多,本实验只介绍三种测定方法。

1. pH 值法

在一定温度下,利用酸碱滴定法,可以准确测定 HAc 的起始浓度;利用酸度计可以测定平衡时 HAc 溶液的氢离子浓度 $c(H^+)$,因此,在一定的温度下,配制一系列不同浓度的 HAc 溶液,并用酸度计测量 HAc 溶液的氢离子浓度 $c(H^+)$,代入式(2-15)和式(2-16),就可以计算得到 HAc 解离度 α 和解离常数 $K_a^\ominus$。这种测定 HAc 解离常数的方法称为 pH 值法。

2. 半中和法

缓冲溶液的 pH 值可用下式计算:

$$pH = pK_a^\ominus - \lg\frac{c(HAc)}{c(Ac^-)} \qquad (2-17)$$

用 NaOH 标准溶液滴定 HAc 溶液时,若消耗的 NaOH 标准溶液的量正好等于 HAc 溶液起始量的一半时,其混合溶液为缓冲溶液,且有 $c(HAc) = c(Ac^-)$,于是用酸度计测量此缓冲溶液的 pH 值可以得到醋酸的解离常数。这种方法称为半中和法。

3. 电导率法

电解质溶液的导电能力可以用电导 G 来衡量。电导为电阻 R 的倒数,其单位为西(S)。温度一定时,两电极间溶液的电导与电极间的距离 l 成反比,与电极的面积 A 成正比。

$$G = \kappa \frac{A}{l} \tag{2-18}$$

式中,κ 称为电导率,即在相距 1m,面积为 $1m^2$ 的两个电极之间所包含的电解质溶液的电导。它与温度和电解质溶液的浓度有关,当温度一定时,若两电极间溶液的体积为 $1m^3$,且电解质的物质的量为 1mol,则此时电解质溶液的电导率称为摩尔电导率,用 Λ_m 表示,其单位为 $S \cdot m^2 \cdot mol^{-1}$。摩尔电导率 Λ_m 与电导率 κ 的关系为:

$$\Lambda_m = \frac{1000\kappa}{c} \tag{2-19}$$

式中,c 为电解质溶液的物质的量浓度($mol \cdot dm^{-3}$)。

溶液无限稀释时的摩尔电导率称为极限摩尔电导率 Λ_m^∞。一定温度下,当溶液无限稀释时,弱电解质可看作全部解离,此时测得的电导率为弱电解质的极限摩尔电导率。表 2-4 是 HAc 的极限摩尔电导率。

表 2-4 HAc 的极限摩尔电导率

T/K	273	291	298	303
$\Lambda_m^\infty / S \cdot m^2 \cdot mol^{-1}$	245×10^{-4}	349×10^{-4}	390.7×10^{-4}	421.8×10^{-4}

对于某一弱电解质,其解离度 α 等于浓度为 c 的摩尔电导率和无限稀释时的极限电导率之比:

$$\alpha = \frac{\Lambda_m}{\Lambda_m^\infty} \tag{2-20}$$

将式(2-20)代入式(2-15)得:

$$K_a^\ominus = \frac{c(\Lambda_m)^2}{\Lambda_m^\infty(\Lambda_m^\infty - \Lambda_m)} \tag{2-21}$$

将式(2-19)代入式(2-21)得:

$$K_a^\ominus = \frac{\kappa^2}{10^3 \Lambda_m^\infty(10^3 c\Lambda_m^\infty - \kappa)} \tag{2-22}$$

所以只要测定 HAc 溶液的浓度和相应的电导率,便可以求得 HAc 的解离度和解离常数。

三、仪器与试剂

仪器:滴定管 1 支,移液管($20cm^3$)1 支,吸量管($5cm^3$,$10cm^3$)各 1 支,锥形瓶($250cm^3$)3 个,烧杯($10cm^3$)4 个,容量瓶($50cm^3$)3 个,酸度计,电导率仪。

药品:待测醋酸溶液(约 $0.1mol \cdot dm^{-3}$),标准 NaOH 溶液(约 $0.1mol \cdot dm^{-3}$),NaAc 溶液($0.10mol \cdot dm^{-3}$),酚酞指示剂,标准缓冲溶液(pH=4.00)。

四、实验内容

1. 醋酸溶液浓度的测定

用移液管分别吸取 $20.00cm^3$ 待测醋酸溶液,分别放入 3 个 $250cm^3$ 锥形瓶中,各加酚酞指示剂 1~2 滴,用标准 NaOH 溶液分别滴定至溶液呈微红色并半分钟不褪色为止(注意每次滴定都从 0.00cm³ 开始),将所用 NaOH 溶液的体积和相应数据记入表 2-5。

表 2-5 醋酸溶液浓度的测定表

滴定序号		1	2	3
标准 NaOH 溶液浓度/mol·dm⁻³				
HAc 溶液的体积/cm³				
标准 NaOH 溶液的体积/cm³				
HAc 溶液的浓度/mol·dm⁻³	测定值			
	平均值			

2. 配制不同浓度的醋酸溶液

分别取 2.50cm³ 和 5.00cm³、20.00cm³ 待测 HAc 溶液,放入三支洗净干燥的 50cm³ 容量瓶中,用蒸馏水稀释至刻度,摇匀,待用。

3. 测定醋酸溶液的 pH 值

将上面得到的三种醋酸溶液和一种未经稀释的待测醋酸溶液,分别装入 4 个干燥的 10cm³ 烧杯中,按照酸度计的使用方法(见第一章第十节),用酸度计由稀到浓的测定它们的 pH 值,将实验数据、室温以及计算结果一并填入表 2-6。

表 2-6 pH 值法测醋酸的解离度和解离常数

室温_____

编号	$c(HAc)/mol·dm^{-3}$	pH 值	$c(H^+)/mol·dm^{-3}$	α	$K_a^\ominus$	
					测定值	平均值
1						
2						
3						
4						

4. 测定醋酸溶液的电导率

按照电导率仪的使用方法(见第一章第九节),用电导率仪由稀到浓的测定实验 3 中 4 份溶液的电导率,将实验数据、室温以及计算结果一并填入表 2-7。

5. 测定缓冲溶液的 pH 值

用 5cm³ 吸量管取 5.00cm³ 待测 HAc 溶液和 5.00cm³ 的 0.10mol·dm⁻³ NaAc 溶液于 10cm³ 干燥的烧杯中,混合均匀,测量其 pH 值,记录实验数据,并计算醋酸解离常数。

表 2-7 电导率法测醋酸的解离度和解离常数

室温_____

编号	$c(HAc)/mol \cdot dm^{-3}$	$k/S \cdot m^{-1}$	$\Lambda_m/S \cdot m^2 \cdot mol^{-1}$	α	$K_a^{\ominus}$ 测定值	$K_a^{\ominus}$ 平均值
1						
2						
3						
4						

五、思考题

(1) 根据实验结果讨论 HAc 解离度和解离常数与其浓度的关系,如果改变温度,对 HAc 的解离度和解离常数有何影响?

(2) 烧杯是否必须烘干?还可以做怎样处理?做好本试验的操作关键是什么?

(3) "解离度越大,酸度就越大。"这句话正确吗?为什么?

(4) 配制不同浓度的醋酸溶液有哪些注意之处?为什么?

(5) 简述用电导率法、中和法测 HAc 解离度和解离常数的基本原理。

实验五 $PbCl_2$ 标准溶度积常数的测定

一、实验目的

(1) 了解离子交换法测难溶电解质标准溶度积常数的原理和方法。
(2) 进一步练习酸碱滴定等基本操作。

二、实验原理

$PbCl_2$ 是难溶电解质,在含过量 $PbCl_2(s)$ 的饱和溶液中存在如下平衡:

$$PbCl_2(s) \rightleftharpoons Pb^{2+} + 2Cl^-$$

其标准溶度积常数:

$$K_{sp}^{\ominus}(PbCl_2) = [c(Pb^{2+})/c^{\ominus}][c(Cl^-)/c^{\ominus}]^2 \tag{2-23}$$

本实验采用离子交换树脂与 $PbCl_2$ 饱和溶液进行离子交换,测定室温下 $PbCl_2$ 溶液中 Pb^{2+} 的浓度,从而计算其标准溶度积常数。

离子交换树脂是人工合成的不溶性高分子聚合物,含有特定的活性基团,能选择性地与溶液中的某些离子进行交换。能与正离子进行离子交换的树脂称阳离子交换树脂,通常含有磺基、羧基等活性基团;能与负离子交换的树脂称阴离子交换树脂,一般具有胺基、季胺基等碱性基团。最常用的阳离子交换树脂,其活性基团一般是强酸性,如聚苯乙烯磺酸型树脂,用 $R-SO_3H$ 表示(R 为高聚物母体)。在交换柱中,与一定量的饱和 $PbCl_2$ 溶液充分接触后,发生如下交换过程:

$$2R-SO_3H(s) + Pb^{2+} \rightleftharpoons (R-SO_3)_2Pb(s) + 2H^+$$

本实验精确移取一定体积的 $PbCl_2$ 饱和溶液,使之与阳离子交换树脂充分交换后,通过酸碱滴定确定其交换出的酸的量,进而求出 $PbCl_2$ 饱和溶液中 Pb^{2+} 的准确浓度,从而计算 $PbCl_2$ 的标准溶度积常数。

$$K_{sp}^{\ominus}(PbCl_2) = [c(Pb^{2+})/c^{\ominus}][c(Cl^-)/c^{\ominus}]^2 = 4[c(Pb^{2+})/c^{\ominus}]^3 \tag{2-24}$$

市售阳离子交换树脂多为钠型($R-SO_3Na$),为使之能与 $PbCl_2$ 完全交换,使用前需将树脂用稀酸处理,转换为酸型,该过程称为转型。使用过的树脂,也需用稀酸浸泡或淋洗,重新转化为酸型,此过程称为再生。

三、仪器与试剂

仪器:碱式滴定管($50cm^3$),移液管($25cm^3$),锥形瓶($250cm^3$),量筒($20cm^3$,$50cm^3$),烧杯($100cm^3$),漏斗及漏斗架,滴定管架及管夹,螺丝夹,滤纸,玻璃棒,玻璃纤维。

试剂:阳离子交换树脂,$PbCl_2$ 饱和溶液或固体(A.R.),HCl($1.0 mol \cdot dm^{-3}$),标准 NaOH 溶液(约 $0.05 mol \cdot dm^{-3}$),甲基红指示剂,pH 试纸。

四、实验内容

1. $PbCl_2$ 饱和溶液的配制(可由实验室统一进行)

称取 1g 左右分析纯 $PbCl_2$ 固体于烧杯中,加 $70cm^3$ 经煮沸除 CO_2 的蒸馏水溶解,加热并充分搅拌 15min,冷至室温后过滤(所用器皿均需干燥),即得 $PbCl_2$ 饱和溶液。

2. 树脂转型

取酸型阳离子交换树脂($R-SO_3Na$),加适量 $1.0 mol \cdot dm^{-3}$ HCl 浸泡 24h,转型为 $R-SO_3H$,然后用蒸馏水反复洗至中性,供装柱用。

3. 装柱

取一支碱式滴定管,取出玻璃珠,换为螺丝夹。在管的底部塞适量玻璃纤维,固定在滴定管架上,先在柱中加蒸馏水适量,除去底部气泡,用螺丝夹调适当流速,再将已转型的树脂与水调成的糊状物通过漏斗加入管中,注意使树脂充填紧密,不留气泡,否则将影响交换效果。在任何情况下,树脂上方应保持一定量的溶液,以免气泡进入树脂层。交换树脂层高 25cm 即可。

装柱后,由滴定管上方加入蒸馏水淋洗树脂,直至 pH=6~7。旋紧螺丝夹,备用。

4. 再生

若交换柱系循环使用,则用过的树脂需再生,即将吸附的 Pb^{2+} 离子交换下来,使树脂重新转化为酸型。可用 $20cm^3$ 浓度 $0.1 mol \cdot dm^{-3}$ 的 HNO_3 以每分钟 40 滴的流速通过交换柱,再用蒸馏水洗至 pH=6~7。

5. 交换

用移液管移取 $25.00cm^3$ $PbCl_2$ 饱和溶液小心注入交换柱内,使溶液以 25~30 滴/min 的流速通过交换柱,流出液用 $250cm^3$ 锥瓶承接。当 $PbCl_2$ 溶液接近树脂层表面时,再用约 $50cm^3$ 蒸馏水分批淋洗树脂至 pH=6~7。在此过程中应控制流速并不得让树脂暴露于空气中,也不宜频繁用试纸检测溶液的 pH 值。

6. 滴定

向锥形瓶中加 2 滴甲基红指示剂(变色范围 4.4~6.2),用标准 NaOH 溶液滴至终点(溶液由红色变为黄色),记录所用体积。将相关实验数据填入表 2-8 中,并计算 $K_{sp}^{\ominus}(PbCl_2)$。

表 2-8 数据记录及处理

实验温度/K	
所取 $PbCl_2$ 饱和溶液体积/cm^3	
标准 NaOH 溶液浓度/$mol \cdot dm^{-3}$	
滴定前 NaOH 液面刻度/cm^3	
滴定后 NaOH 液面刻度/cm^3	
标准 NaOH 溶液用量/cm^3	
$PbCl_2$ 饱和溶液中 Pb^{2+} 浓度/$mol \cdot dm^{-3}$	
$K_{sp}^{\ominus}(PbCl_2)$	

五、思考题

(1) 过滤 $PbCl_2$ 饱和溶液用的漏斗、承接容器及在交换过程中承接交换液的锥瓶是否均需干燥？

(2) 再生及交换过程中，若流出液 pH 值未洗至 6~7，对结果有何影响？

(3) 本实验中树脂再生时所用为 HNO_3，能否用 HCl 代替？

(4) 制备 $PbCl_2$ 饱和溶液时，为什么要使用已除去 CO_2 的蒸馏水？

(5) 进行离子交换时，为何需 $PbCl_2$ 溶液接近树脂层表面时，再用蒸馏水分批淋洗？

(6) 离子交换时，为何要控制流速？

实验六 电导率法测 $BaSO_4$ 溶度积

一、实验目的

(1) 学习电导法测定 $BaSO_4$ 溶度积的方法。
(2) 巩固电导测定原理与方法。

二、实验原理

在难溶电解质 $BaSO_4$ 的饱和溶液中,存在下列平衡:

$$BaSO_4(s) \rightleftharpoons Ba^{2+}(aq) + SO_4^{2-}(aq)$$

若难溶电解质 $BaSO_4$ 在纯水中的溶解度为 $c(BaSO_4)$,则其溶度积为:

$$K_{sp}^{\ominus}(BaSO_4) = \left[\frac{c(BaSO_4)}{c^{\ominus}}\right]^2 \tag{2-25}$$

由于难溶电解质的溶解度很小,很难直接测定,本实验利用浓度与电导率的关系,通过测定溶液的电导率,计算 $BaSO_4$ 的溶解度,从而得到其溶度积。

难溶电解质的饱和溶液可近似地看成无限稀释溶液,离子间的影响可忽略不计。这时溶液的摩尔电导为极限摩尔电导,以 Λ_m^{∞} 表示。Λ_m^{∞} 可由物理化学手册查得。因此只要测得 $BaSO_4$ 饱和溶液的电导率 κ,根据下式,就可以计算出 $BaSO_4$ 溶解度 $c(BaSO_4)$ ($mol \cdot dm^{-3}$):

$$c(BaSO_4) = \frac{\kappa(BaSO_4)}{1000\Lambda_m^{\infty}(BaSO_4)} \tag{2-26}$$

则:

$$K_{sp}^{\ominus}(BaSO_4) = \left[\frac{\kappa(BaSO_4)}{1000\Lambda_m^{\infty}(BaSO_4)}\right]^2 \tag{2-27}$$

由于测得的 $BaSO_4$ 电导率 κ 包括水的电导率,因此真正的 $BaSO_4$ 电导率为:

$$\kappa(BaSO_4) = \kappa - \kappa(H_2O) \tag{2-28}$$

25℃时,$\Lambda_m^{\infty}(BaSO_4) = 286.88 \times 10^{-4} S \cdot m^2 \cdot mol^{-1}$。

三、仪器与试剂

仪器:电导率仪,量筒($10\ cm^3$),烧杯($50\ cm^3$),恒温水浴锅。

试剂:H_2SO_4 溶液($0.05\ mol \cdot dm^{-3}$),$BaCl_2$ 溶液($0.05\ mol \cdot dm^{-3}$),$AgNO_3$ 溶液($0.10\ mol \cdot dm^{-3}$)。

四、实验内容

1. $BaSO_4$ 饱和溶液的制备

用量筒分别量取 $10\ cm^3$ $0.05\ mol \cdot dm^{-3}$ 的 H_2SO_4 溶液和 $10\ cm^3$ $0.05\ mol \cdot dm^{-3}$ 的 $BaCl_2$ 溶液置于 $50\ cm^3$ 烧杯中,加热近沸(到刚有气泡出现),在搅拌下趁热将 $BaCl_2$ 慢慢滴到 H_2SO_4 溶液中(每秒钟约 2~3 滴),然后将盛有沉淀的烧杯放置于沸水浴中加热,并搅拌 10 min,静置冷却 20 min,用倾析法去掉清液,再用近沸的蒸馏水洗涤 $BaSO_4$ 沉淀,重复洗涤沉淀 3~4 次,直到检验清液中无 Cl^- 为止(为了提高洗涤效果,每次应尽量不留母液)。最后在洗涤后的 $BaSO_4$ 沉淀中加入 20 cm³ 蒸馏水,煮沸 3~5min,并不断搅拌,冷却至室温。

2. 电导率的测定

用电导率仪测定上面制得的 $BaSO_4$ 饱和溶液和蒸馏水的电导率,为了保证 $BaSO_4$ 饱和溶液的饱和度,在测定其电导率时,盛有 $BaSO_4$ 饱和溶液的小烧杯下层一定要有 $BaSO_4$ 晶体,上层为清液。如未等 $BaSO_4$ 沉淀沉降,就测定 $\kappa(BaSO_4)$,不仅污染了电极而且造成测定误差。

将测量数据记录到表 2-9。

表 2-9 实验记录与结果

室温_____

测定值	第一次	第二次	平均值	$K_{sp}^{\ominus}(BaSO_4)$
$\kappa(BaSO_4)/S \cdot m^{-1}$				
$\kappa(H_2O)/S \cdot m^{-1}$				

五、思考题

(1)为什么在制得的 $BaSO_4$ 沉淀中要反复洗涤至溶液中无 Cl^- 存在?如果不这样洗对实验结果有何影响?

(2)为什么要测纯水电导率?

(3)怎样制备 $BaSO_4$ 沉淀?为了减少实验误差,对制得的 $BaSO_4$ 沉淀有何要求?

实验七 银氨配离子配位数及稳定常数的测定

一、实验目的

(1) 应用配位平衡和沉淀-溶解平衡原理测定银氨配离子 $[Ag(NH_3)_n]^+$ 的配位数并计算稳定常数。

(2) 掌握滴定操作。

(3) 练习作图法处理实验数据。

二、实验原理

在 $AgNO_3$ 溶液中,加入过量的 $NH_3 \cdot H_2O$ 生成稳定的银氨配离子 $[Ag(NH_3)_n]^+$。

$$Ag^+ + nNH_3 \rightleftharpoons [Ag(NH_3)_n]^+ \tag{2-29}$$

$$K^\ominus_{\text{稳}} = \frac{c\{[Ag(NH_3)_n]^+\}/c^\ominus}{[c(Ag^+)/c^\ominus][c(NH_3)/c^\ominus]^n} \tag{2-30}$$

向此溶液中加入 KBr 溶液,直到刚出现的 AgBr 沉淀不消失为止。这时,在混合溶液中同时存在着溶解-沉淀平衡。

$$Ag^+(aq) + Br^-(aq) \rightleftharpoons AgBr(s) \tag{2-31}$$

$$K^\ominus_{sp}(AgBr) = [c(Ag^+)/c^\ominus][c(Br^-)/c^\ominus] \tag{2-32}$$

由反应式(2-29)至式(2-31)得:

$$[Ag(NH_3)_n]^+(aq) + Br^-(aq) \rightleftharpoons nNH_3(aq) + AgBr(s) \tag{2-33}$$

其平衡常数为:

$$K^\ominus = \frac{[c(NH_3)/c^\ominus]^n}{[c\{[Ag(NH_3)_n]^+\}/c^\ominus][c(Br^-)/c^\ominus]}$$

$$= \frac{1}{K^\ominus_{\text{稳}}\{[Ag(NH_3)_n]^+\} K^\ominus_{sp}(AgBr)} \tag{2-34}$$

式(2-34)中 $c\{[Ag(NH_3)_n]^+\}$、$c(NH_3)$ 和 $c(Br^-)$ 都是平衡浓度,可以通过下述近似方法计算得到:设每份混合溶液最初取用的 $AgNO_3$ 的体积为 $V(Ag^+)$(每份相同),其浓度为 $c_0(Ag^+)$,每份加入的氨水(大量过量)和 KBr 溶液的体积分别为 $V(NH_3)$ 和 $V(Br^-)$,它们的浓度分别为 $c_0(NH_3)$ 和 $c_0(Br^-)$;混合溶液的总体积为 $V(\text{总})$,则混合后达到平衡时:

$$c\{[Ag(NH_3)_n]^+\} = \frac{c_0(Ag^+) \cdot V(Ag^+)}{V(\text{总})} \tag{2-35}$$

$$c(Br^-) = \frac{c_0(Br^-) \cdot V(Br^-)}{V(\text{总})} \tag{2-36}$$

$$c(NH_3) = \frac{c_0(NH_3) \cdot V(NH_3)}{V(\text{总})} \tag{2-37}$$

将式(2-35)、式(2-36)、式(2-37)代入式(2-34),经整理后得:

$$V(Br^-) = \frac{K_{sp}^{\ominus}(AgBr) K_{稳}^{\ominus}\{[Ag(NH_3)_n]^+\} \left[\dfrac{c(NH_3)}{c^{\ominus}V(总)}\right]^n [V(NH_3)]^n}{\dfrac{c(Br^-)}{c^{\ominus}V(总)} \cdot \dfrac{c(Ag^+)V(Ag^+)}{c^{\ominus}V(总)}} \quad (2-38)$$

式(2-38)等号右边除了$[V(NH_3)]^n$外，其他皆为常数，故式(2-38)可写为：

$$V(Br^-) = K' \cdot [V(NH_3)]^n \quad (2-39)$$

将式(2-39)两边取对数得：

$$\lg\{V(Br^-)\} = n\lg[V(NH_3)] + \lg\{K'\} \quad (2-40)$$

三、仪器与试剂

仪器：锥形瓶(150cm³)，滴定管(25cm³)，移液管(5cm³,10cm³)。

试剂：$AgNO_3$溶液($0.010\ mol \cdot dm^{-3}$)，KBr溶液($0.010\ mol \cdot dm^{-3}$)，$NH_3 \cdot H_2O$($2.0\ mol \cdot dm^{-3}$)。

四、实验内容

将$4.00\ cm^3$ $0.010\ mol \cdot dm^{-3}$ $AgNO_3$溶液，$8\ cm^3$ $2.0\ mol \cdot dm^{-3}$ $NH_3 \cdot H_2O$和$8\ cm^3$蒸馏水放入$150\ cm^3$锥形瓶中。在不断摇动下，从滴定管滴加$0.010\ mol \cdot dm^{-3}$ KBr，直至溶液刚开始出现浑浊并不再消失为止。记下所消耗的KBr溶液的体积$V(Br^-)$和溶液的总体积$V(总)$。

重复上述方法，按表2-10所示的各试剂的用量进行其他各组实验，从第2组实验开始，当滴定接近终点时应补加适量的蒸馏水使溶液的总体积都与第1组的总体积基本相同。

表2-10 记录与结果

实验编号	$V(Ag^+)$ /cm³	$V(NH_3)$ /cm³	$V(H_2O)$ /cm³	$V(Br^-)$ /cm³	$V(总)$ /cm³	$\lg[V(NH_3)]$	$\lg[V(Br^-)]$
1	4.00	8.00	8.00				
2	4.00	7.00	9.00+				
3	4.00	6.00	10.00+				
4	4.00	5.00	11.00+				
5	4.00	4.00	12.00+				

以$\lg[V(Br^-)]$为纵坐标，$\lg[V(NH_3)]$为横坐标作图，求出直线斜率n，由直线在纵坐标上的截距和式(2-38)，求得$K_{稳}^{\ominus}\{[Ag(NH_3)_n]^+\}$。将实验数据和处理结果一并记入表2-10。

五、思考题

(1)在重复滴定操作过程中，为什么要补加一定量的蒸馏水使溶液的总体积$V(总)$与第一个组实验的$V(总)$相同？

(2)在计算平衡浓度$c(Br^-)$、$c\{[Ag(NH_3)_n]^+\}$和$c(NH_3)$时，为什么可以忽略生成AgBr沉淀时所消耗的Br^-离子和Ag^+离子的浓度，同时也可以忽略$[Ag(NH_3)_n]^+$解离出来的Ag^+离子浓度以及生成$[Ag(NH_3)_n]^+$时所消耗的NH_3的浓度？

实验八　磺基水杨酸合铁(Ⅲ)配合物的组成和稳定常数的测定

一、实验目的

(1) 了解分光光度法测定配合物的组成和稳定常数的原理和方法。
(2) 学习分光光度计的使用及有关实验数据的处理方法。

二、实验原理

磺基水杨酸与 Fe^{3+} 离子可形成稳定的配合物(图2-2)。配合物的组成随 pH 值不同而发生变化：pH=2～3 时，生成紫红色螯合物(含1个配位体)；pH=4～9 时，生成红色螯合物(含2个配位体)；pH=9～11.5 时，生成黄色螯合物(含3个配位体)。pH＞12 时，有色螯合物被破坏，生成 $Fe(OH)_3$ 沉淀。

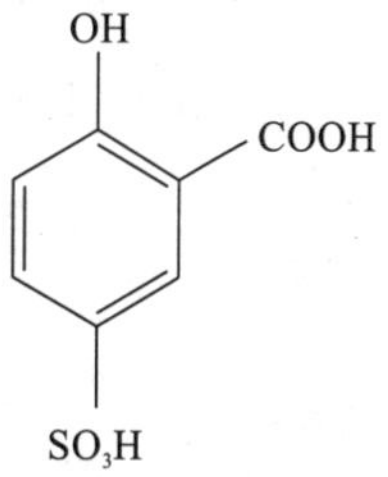

设中心离子和配体分别以 M 和 L 表示，且在给定条件下只生成一种有色配离子 ML_n(略去电荷符号)，反应式如下：

$$M + nL \Longrightarrow ML_n$$

图2-2　磺基水杨酸的分子结构

若 M 和 L 都无色而只有 ML_n 有色，则溶液的吸光度 A 与有色配合物的浓度 c 成正比。本实验用等物质的量连续变更法(也叫浓度比递变法)测定配合物的组成，即在保持金属离子与配体两物质的总量不变的前提下，改变金属离子和配体的相对比例，配制一系列溶液。显然在此系列溶液中，有些溶液中的金属离子是过量的，而另一些溶液中配体是过量的。在这两部分溶液中，配合物的浓度都不可能达到最大值，只有当溶液中金属离子与配体两物质的量之比恰与配合物的组成一致时，所生成的配合物的浓度才会最大，因而有最大吸光度。故可借测定该系列溶液的吸光度，求此配合物的组成和稳定常数，具体方法如下。

配制一系列含有中心离子 M 和配体 L 的溶液，M 和 L 两物质的总量相等，但各自的物质的量分数连续变更。例如，使溶液中 L 的物质的量分数依次为 0.0, 0.1, 0.2, 0.3, …, 0.9, 1.0 (为方便计，计算量分数时只考虑 M 和 L)，而 M 的物质的量依次作相应递减。然后在配合物的最大吸收波长，分别测定此系列溶液的吸光度。显然，有色配合物的浓度越大，溶液颜色越深，其吸光度越大。当 M 和 L 恰好全部形成配合物时(不考虑配合物的离解)，ML_n 的浓度最大，吸光度也最大。

以溶液吸光度 A 为纵坐标，以配体的物质的量分数 x_L 为横坐标作图，得一曲线(图2-3)，所得曲线出现一个高峰 M 点。将曲线两边的直线部分延长，相交于 N 点，N 点即假定配合物无离解时的最大吸收处。由 N 点对应的横坐标即可算出配合物中心离子与配体的物质的量之比，从而确定配合物的组成。

若 N 点对应的 $x_L=0.5$，则中心离子物质的量分数为 $1.0-0.5=0.5$，所以：

$$\text{配体数} = \frac{\text{配体物质的量}}{\text{中心离子物质的量}} = \frac{\text{配体的量分数}}{\text{中心离子的量分数}} = \frac{0.5}{0.5} = 1 \tag{2-41}$$

由此可知,该配合物组成为 ML 型。

配合物的稳定常数也可根据图 2-3 求得。从图 2-3 可看出,对于 ML 型配合物,若它全部以 ML 形式存在,则其最大吸光度应在 N 处,吸光度为 A_1,但由于配合物有一部分离解,其实际浓度要稍小些,所以实测的最大吸光度在 M 处,吸光度 A_2。配合物的解离度 α 为:

$$\alpha = \frac{A_1 - A_2}{A_1} \quad (2-42)$$

配离子(或配合物)的表观稳定常数 K_f^e(表观)与离解度 α 的关系如下:

$$\text{ML} \rightleftharpoons \text{M} + \text{L}$$

起始浓度 c_0 0   0

平衡浓度 $c_0 - c_0\alpha$ $c_0\alpha$ $c_0\alpha$

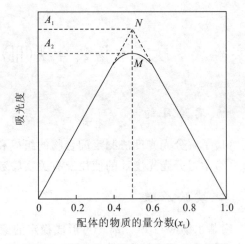

图 2-3 配体的物质的量分数-吸光度图

$$K_f^e(\text{表观}) = \frac{1-\alpha}{c_0\alpha^2} \quad (2-43)$$

式中,c_0 表示 N 点所对应配离子的浓度(假定配离子未离解时)。

本实验用 $HClO_4$ 控制溶液的 pH 值,在 pH=2~3 的条件下,测定磺基水杨酸合铁(Ⅲ)的组成和稳定常数。实验测得的稳定常数是没有考虑溶液中 Fe^{3+} 的水解及磺基水杨酸解离平衡的表观稳定常数。如考虑到这两个因素,则需对所测常数加以校正。pH=2 时,

$$K_f^e = K_f^e(\text{表观}) \times 10^{10.297} \quad (2-44)$$

三、仪器与试剂

仪器:比色管($10cm^3$),移液管($5cm^3$),容量瓶($50cm^3$),洗耳球,镜头纸,滤纸片,坐标纸,分光光度计。

试剂:$HClO_4$($0.01 mol \cdot dm^{-3}$,将 $4.4cm^3$ 70% $HClO_4$ 加到 $50cm^3$ 水中,稀释至 $5000cm^3$);$(NH_4)Fe(SO_4)_2$($0.0100 mol \cdot dm^{-3}$,将准确称取的分析纯 $(NH_4)Fe(SO_4)_2 \cdot 12H_2O$ 晶体溶于 $0.01 mol \cdot dm^{-3}$ $HClO_4$ 中配制而成);磺基水杨酸($0.0100 mol \cdot dm^{-3}$,将准确称取的分析纯磺基水杨酸溶于 $0.01 mol \cdot dm^{-3}$ $HClO_4$ 中配制而成)。

四、实验内容

1. 溶液的配制

(1)配制 $0.00100 mol \cdot dm^{-3}$ Fe^{3+} 溶液:用移液管移取 $5.00cm^3$ $0.0100 mol \cdot dm^{-3}$ $(NH_4)Fe(SO_4)_2$ 溶液,注入 $50cm^3$ 容量瓶中,用 $0.01mol \cdot dm^{-3}$ $HClO_4$ 溶液稀释至刻度,摇匀备用。

(2)配制 $0.00100 mol \cdot dm^{-3}$ 磺基水杨酸溶液:用移液管准确移取 $5.00cm^3$ $0.0100 mol \cdot dm^{-3}$ 磺基水杨酸溶液注入 $50cm^3$ 容量瓶中,用 $0.01mol \cdot dm^{-3}$ $HClO_4$ 溶液稀释至刻度,摇匀备用。

2. 测定系列溶液的吸光度

(1) 用移液管按表 2-11 的用量取各溶液,分别放入已编号的洗净且干燥的 11 支 $10cm^3$ 比色管中,用 $0.01mol \cdot dm^{-3}$ 的 $HClO_4$ 稀释至刻度,使总体积为 $10.00cm^3$,摇匀各溶液。

(2) 接通分光光度计电源,调整好仪器,选择测定波长为 500nm。

(3) 取 4 只厚度为 1cm 的比色皿,往其中一只中加入约比色皿 3/4 体积的参比溶液(可用 $0.01mol \cdot dm^{-3}$ $HClO_4$ 溶液或表 2-11 中的 11 号溶液),放在比色架中的第一格内,其余 3 只依次分别加入各编号的待测溶液。测定各待测溶液的吸光度,将实验数据记录于表 2-11 中。

表 2-11 系列溶液的配制及吸光度测定

溶液编号	$0.00100mol \cdot dm^{-3}$ Fe^{3+} 的体积 V_M/cm^3	$0.00100mol \cdot dm^{-3}$ 磺基水杨酸的体积 V_L/cm^3	磺基水杨酸物质的量分数 x_L	吸光度 A
①	5.00	0.00		
②	4.50	0.50		
③	4.00	1.00		
④	3.50	1.50		
⑤	3.00	2.00		
⑥	2.50	2.50		
⑦	2.00	3.00		
⑧	1.50	3.50		
⑨	1.00	4.00		
⑩	0.50	4.50		
⑪	0.00	5.00		

以配合物吸光度 A 为纵坐标,磺基水杨酸的物质的量分数 x_L 为横坐标作图(图 2-3)。对配体物质的量分数-吸光度图进行相关处理,获取所需数据,算出磺基水杨酸合铁(Ⅲ)配离子的组成和稳定常数。

五、思考题

(1) 本实验测定配合物的组成及稳定常数的原理是什么?

(2) 何谓连续变更法?如何用作图法来计算配合物的组成和稳定常数?

(3) 连续变更法测定配离子组成时,如所配系列溶液中没有恰与配合物组成相同的溶液,还能否用此法进行测定?

(4) 使用比色皿时,操作上有哪些应注意的问题?

(5) 本实验为何选用 500nm 波长的光源来测定溶液的吸光度?在使用分光光度计时应注意哪些事项?

实验九　氧化还原反应与电极电势的测定

一、实验目的

(1) 了解测定电极电势的原理与方法。
(2) 掌握用酸度计测定原电池电动势的方法。
(3) 掌握电极电势和氧化还原反应的关系。
(4) 掌握浓度、酸度对电极电势和氧化还原反应的影响。

二、实验原理

测量某一电对的电极电势，是将该电对组成的电极与标准氢电极构成原电池，测量该原电池的电动势。原电池的电动势 E 与电极电势有如下关系：

$$E = E^+ - E^- \tag{2-45}$$

根据测量得到的电动势，可以求出该电对的电极电势，然后利用能斯特方程式：

$$E = E^\ominus + \frac{0.0592\text{V}}{n} \lg \frac{c(氧化型)}{c(还原型)} \tag{2-46}$$

求得该电对的标准电极电势。

本实验用酸度计测量原电池的电动势。

在实际测量电极电势时，由于标准氢电极使用不太方便，因此常用甘汞电极（当 KCl 为饱和溶液，温度为 298K 时，其电势值为 0.2415V）作为参比电极，以代替标准氢电极。

测定锌电极的电极电势时，可以将锌电极与甘汞电极组成原电池，测出该原电池的电动势 E，即能求出锌电极的电极电势：

$$E = E_+ - E_- = E(甘汞) - E(\text{Zn}^{2+}/\text{Zn}) \tag{2-47}$$

$$E(\text{Zn}^{2+}/\text{Zn}) = E(甘汞) - E = 0.2415 - E \tag{2-48}$$

由能斯特方程式可知，对于任意一个电极反应，溶液中离子浓度的变化将影响电极电势的数值，因此改变电极中还原态或氧化态的浓度，都可以使电极的电极电势发生变化。而对于有氢离子或者氢氧根离子参加的电极反应，氢离子或者氢氧根离子浓度变化也会影响电极电势的数值。

氧化还原反应是物质间发生电子转移的一类重要反应。氧化剂在反应中得到电子，还原剂失去电子，其得、失电子能力的大小，即氧化、还原能力的强弱，可用其电极电势的相对高低来衡量。电对的电极电势越高，其氧化型物质的氧化能力越强，而还原型物质的还原能力越弱，反之亦然。当氧化剂所对应电对的电极电势与还原剂所对应电对的电极电势的差值：①大于 0 时，反应能自发进行；②等于 0 时，反应处于平衡状态；③小于 0 时，反应不能进行。通常用标准电极电势进行比较，当代数差值小于 0.2 时，则考虑反应物浓度、介质酸碱性对电极电势的影响，用能斯特方程计算来确定氧化还原反应的方向，因此反应物浓度、介质酸碱性对氧化还原反应的方向和反应产物均有重要影响。

三、仪器与试剂

仪器：烧杯（10cm³，50cm³），试管，试管架，井穴板，表面皿，盐桥，导线（带 Zn 棒和 Cu 棒），砂纸，温度计，酸度计，甘汞电极，量筒（10cm³）。

试剂：H_2SO_4（$1.0mol \cdot dm^{-3}$，$2.0mol \cdot dm^{-3}$），NaOH（$2.0mol \cdot dm^{-3}$，$6.0mol \cdot dm^{-3}$），$CuSO_4$ 溶液（$0.1mol \cdot dm^{-3}$），$ZnSO_4$ 溶液（$0.1mol \cdot dm^{-3}$），$KMnO_4$ 溶液（$0.01mol \cdot dm^{-3}$），Na_2SO_3 溶液（$0.5mol \cdot dm^{-3}$），饱和 KCl 溶液，$NH_3 \cdot H_2O$（$6mol \cdot dm^{-3}$），NH_4F 固体，$K_3[Fe(CN)_6]$（$0.50mol \cdot dm^{-3}$），H_2O_2（12.3%），KBr 溶液（$0.1mol \cdot dm^{-3}$），KI 溶液（$0.1mol \cdot dm^{-3}$），$K_2Cr_2O_7$ 溶液（$0.1mol \cdot dm^{-3}$），$FeCl_3$ 溶液（$0.1mol \cdot dm^{-3}$），$MnSO_4$ 溶液（$0.2mol \cdot dm^{-3}$），淀粉溶液（0.5%），酸性 KIO_3 溶液（$0.2mol \cdot dm^{-3}$），丙二酸-$MnSO_4$-淀粉混合溶液，CCl_4，Br_2 水，I_2 水。

四、实验内容

1. Zn^{2+}/Zn 电极电势测定

取两只干燥的 10cm³ 烧杯，在一个烧杯中加入 4cm³ $0.1mol \cdot dm^{-3}$ 的 $ZnSO_4$ 溶液，将锌电极插入到 $ZnSO_4$ 溶液中，另一个烧杯中加入 4cm³ 饱和 KCl 溶液，插入饱和甘汞电极，用盐桥将两个烧杯中的溶液连通起来，组成原电池（装置见图 2-4）。

将准备好的待测电池的两极分别与调试好的酸度计的两极联接，然后按酸度计电极电势测定法测量待测电池的电动势。根据测得的电动势，计算锌电极在 $0.1mol \cdot dm^{-3}$ 的 $ZnSO_4$ 溶液中的电极电势，并利用能斯特方程式计算出锌电极的标准电极电势。

做完实验后，将 $ZnSO_4$、$CuSO_4$ 溶液留做下面实验 2 中的（1）和（3）。

2. 浓度对电极电势的影响

（1）在 5cm³ 井穴板中分别加入约 2cm³ $0.1mol \cdot dm^{-3}$ 的 $ZnSO_4$ 溶液和 $0.1mol \cdot dm^{-3}$ 的 $CuSO_4$ 溶液，将锌棒和铜棒分别插入 $ZnSO_4$ 和 $CuSO_4$ 溶液中，放入盐桥组成原电池，用酸度计测量原电池电动势 E。

（2）取出盐桥和铜棒，在 $CuSO_4$ 溶液中滴加 $6mol \cdot dm^{-3}$ 的 $NH_3 \cdot H_2O$ 并不断搅拌，直至生成的浅蓝色沉淀全部消失，生成深蓝色溶液，放入盐桥和铜棒，测其电动势 E。

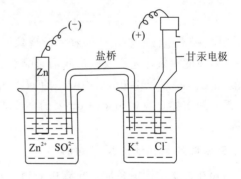

图 2-4　原电池装置图
(-)Zn|$ZnSO_4$($0.1mol \cdot dm^{-3}$)‖饱和 KCl|Hg_2Cl_2|Hg,Pt(+)

（3）取出盐桥和锌棒，在 $ZnSO_4$ 溶液中滴加 $6mol \cdot dm^{-3}$ 的 $NH_3 \cdot H_2O$ 并不断搅拌至沉淀完全消失，形成透明溶液，放入盐桥和锌棒，测其电动势 E。从电动势的变化说明浓度对电极电势的影响。

3. 电极电势和氧化还原反应

（1）往试管中加入 5 滴 $0.1mol \cdot dm^{-3}$ 的 KI 溶液和 2 滴 $0.1mol \cdot dm^{-3}$ 的 $FeCl_3$ 溶液，摇匀后加入 3 滴 CCl_4，充分振荡，观察 CCl_4 层有无变化（若 CCl_4 层看不清楚，可往试管中补加少

量水稀释一下)。

用同浓度的 KBr 溶液代替 KI 溶液进行相同的实验,观察反应能否发生,为什么? 根据实验结果,定性比较 Br_2/Br^-、I_2/I^-、Fe^{3+}/Fe^{2+} 三个电对电极电势的相对高低,并指出三者中哪个物质是最强的氧化剂,哪个是最强的还原剂。

(2) 分别用 5 滴碘水和溴水同 2 滴 $0.1 mol \cdot dm^{-3}$ 的 $FeCl_3$ 溶液反应,观察 CCl_4 层有无变化。

根据上面的实验结果说明电极电势与氧化还原反应方向的关系。

4. 酸度对氧化还原反应的影响

(1) 酸度对某些物质氧化还原能力的影响。试管中加入 5 滴 $0.1 mol \cdot dm^{-3}$ 的 KI 溶液和 $0.1 mol \cdot dm^{-3}$ 的 $K_2Cr_2O_7$ 溶液,混合均匀后,加入 5 滴去离子水和 5 滴 CCl_4,振荡,观察 CCl_4 层有何变化? 再加入数滴 $1 mol \cdot dm^{-3}$ 的 H_2SO_4 溶液,观察 CCl_4 层有何变化? 写出反应方程式,并用能斯特公式解释上述实验现象。配平下列反应离子方程式:

$$Cr_2O_7^{2-} + SO_3^{2-} + H^+ \longrightarrow Cr^{3+}(绿色) + SO_4^{2-}$$

试管中加入 5 滴 $0.2 mol \cdot dm^{-3}$ 的 $MnSO_4$ 溶液,加入 5 滴 $2.0 mol \cdot dm^{-3}$ 的 NaOH,观察实验现象,放置后再观察。用电极电势解释所观察到的现象。

(2) 酸度对氧化还原反应方向的影响(卤素在不同介质中的歧化反应及其逆反应)。

试管中加入 5 滴碘水,滴加 $6.0 mol \cdot dm^{-3}$ 的 NaOH 至颜色刚好褪去,然后再往其中滴加 $2.0 mol \cdot dm^{-3}$ 的 H_2SO_4 溶液,观察颜色的变化(如果现象不明显,可往其中滴入 1 滴淀粉溶液)。配平下列方程式:

$$I_2 + OH^- \longrightarrow IO_3^- + I^-$$

$$IO_3^- + I^- + H^+ \longrightarrow I_2$$

并用标准电极电势定性解释实验现象。

(3) 酸度对氧化还原反应产物的影响。三只试管中各加入 5 滴 $0.01 mol \cdot dm^{-3}$ 的 $KMnO_4$ 溶液,依次加入 2 滴 $2.0 mol \cdot dm^{-3}$ 的 H_2SO_4、2 滴 H_2O、2 滴 $6.0 mol \cdot dm^{-3}$ 的 NaOH 溶液,再分别滴加 5 滴 $0.5 mol \cdot dm^{-3}$ 的 Na_2SO_3 溶液,观察实验现象有何不同。写出有关反应方程式。

5. 浓度对氧化还原反应的影响

(1) 在 2 支试管中各加入 5 滴 $0.1 mol \cdot dm^{-3}$ 的 KI 溶液和 2 滴 $0.1 mol \cdot dm^{-3}$ 的 $FeCl_3$ 溶液,再向其中 1 支试管中加入少量 NH_4F 固体,摇动试管,观察两支试管的颜色有什么不同(加入 NH_4F 固体后将有配离子 FeF^{2+} 生成,使反应物 F^- 的浓度减小)。

(2) 往小试管中加入 0.5mL $0.1 mol \cdot dm^{-3}$ 的 KI 溶液、2 滴 $0.50 mol \cdot dm^{-3}$ 的 $K_3[Fe(CN)_6]$ 和 2 滴 CCl_4,振荡,观察有无 I_2 生成? 再往其中加入几滴 $0.1 mol \cdot dm^{-3}$ 的 $ZnSO_4$ 溶液,充分震荡后静置,观察现象,配平下列反应式:

$$[Fe(CN)_6]^{3-} + I^- + Zn^{2+} \longrightarrow Zn_2[Fe(CN)_6](s)(白) + I_2$$

用电极电势解释实验现象。

6. 摇摆反应

在小烧杯中先加入 $10 cm^3$ 12.3% H_2O_2 溶液,然后再同时加等体积的 $0.2 mol \cdot dm^{-3}$ 的

酸性 KIO_3 溶液和丙二酸-$MnSO_4$-淀粉混合液（调至 22～23℃），观察溶液颜色的变化。说明 H_2O_2 在反应中的作用。

五、思考题

(1) 如何用酸度计测量原电池的电动势？
(2) 如果没有电表，你将如何用简便的方法辨认原电池的正负极？
(3) 介质的 pH 值、浓度对电极电势有何影响？
(4) 如何根据标准电极电势判断氧化还原反应的方向及程度、氧化剂、还原剂的相对强弱？

实验十　化学反应级数与活化能的测定

一、实验目的

(1) 掌握浓度、温度和催化剂对化学反应速率的影响。
(2) 测定$(NH_4)_2S_2O_8$(过二硫酸铵)与KI(碘化钾)反应的平均反应速率和反应级数。
(3) 测定不同温度下的速度常数并计算反应的活化能。
(4) 学习数据处理的一般方法及作图方法。

二、实验原理

在水溶液中$(NH_4)_2S_2O_8$与KI发生如下反应

$$(NH_4)_2S_2O_8 + 3KI = (NH_4)_2SO_4 + K_2SO_4 + KI_3 \tag{2-49}$$

其速率方程为：

$$r = kc^m(S_2O_8^{2-})c^n(I^-) \tag{2-50}$$

式中，r是瞬时速率。但在实验中只能测定在一段时间内反应的平均速率。

$$\bar{r} = \frac{-\Delta c(S_2O_8^{2-})}{\Delta t} \tag{2-51}$$

因此近似地用平均速率代替瞬时速率：

$$\bar{r} \approx \frac{-\Delta c(S_2O_8^{2-})}{\Delta t} \approx kc_0^m(S_2O_8^{2-})c_0^n(I^-) \tag{2-52}$$

为了能测出反应在Δt时间内$S_2O_8^{2-}$浓度的改变量，需要在混合$(NH_4)_2S_2O_8$和KI溶液的同时，加入一定体积已知浓度的$Na_2S_2O_3$(硫代硫酸钠)溶液和淀粉溶液，这样在反应(2-49)进行的同时还进行着下面的反应：

$$2S_2O_3^{2-} + I_3^- = S_4O_6^{2-} + 3I^- \tag{2-53}$$

反应(2-53)速率非常快，几乎是瞬间完成，反应(2-49)比反应(2-53)慢很多。因此，反应(2-49)生成的I_3^-立即与$S_2O_3^{2-}$反应，生成无色的$S_4O_6^{2-}$(连四硫酸根)离子和I^-离子，这样就观察不到碘与淀粉呈现的特征蓝色。一旦$S_2O_3^{2-}$消耗完全，反应(2-49)所生成的微量I_3^-遇到淀粉，使溶液呈现蓝色。从反应开始到溶液出现蓝色这一段时间Δt里，$S_2O_3^{2-}$已全部耗尽，$S_2O_3^{2-}$浓度的改变值就是反应开始时$Na_2S_2O_3$的浓度：

$$-\Delta c(S_2O_3^{2-}) = c_0(S_2O_3^{2-}) \tag{2-54}$$

由反应(2-49)和反应(2-53)的化学计量关系可以看出，$S_2O_8^{2-}$消耗的量等于$S_2O_3^{2-}$消耗量的一半：

$$\Delta c(S_2O_8^{2-}) = \frac{\Delta c(S_2O_3^{2-})}{2} \tag{2-55}$$

因此，反应(2-49)的平均反应速率$\bar{r}$：

$$\bar{r} = \frac{-\Delta c(S_2O_8^{2-})}{\Delta t} = \frac{-\Delta c(S_2O_3^{2-})}{2\Delta t} = \frac{c_0(S_2O_3^{2-})}{2\Delta t} \tag{2-56}$$

将式(2-52)两边同时取对数得：
$$\lg \bar{r} = \lg k + m \lg c_0(S_2O_8^{2-}) + n \lg c_0(I^-) \tag{2-57}$$

可见，当 $S_2O_8^{2-}$ 浓度不变时，以 $\lg \bar{r}$ 对 $\lg c_0(I^-)$ 作图，得一直线，斜率为 n；同理 I^- 的浓度固定时，以 $\lg \bar{r}$ 对 $\lg c_0(S_2O_8^{2-})$ 作图，可求得 m。

将 $\bar{r}$、m 和 n 代入反应的速率方程可以求得反应速率常数。

温度对反应速率影响十分显著，一般有以下关系：
$$\lg k = A - E_a / 2.303RT \tag{2-58}$$

式中，E_a 为反应的活化能 $(J \cdot mol^{-1})$；R 为气体常数 $(8.314 J \cdot K^{-1} \cdot mol^{-1})$；$T$ 为热力学温度(K)；A 为常数。

由实验测得不同 T 时的 k 值，再以 $\lg k$ 为纵坐标，$1/T$ 为横坐标作图，可以得到一条直线。由直线的斜率可以得到反应的活化能。

Cu^{2+} 可以加快 $(NH_4)_2S_2O_8$ 与 KI 反应的速率，Cu^{2+} 的加入量不同，反应速率也不同。

三、仪器与试剂

仪器：试管，玻璃棒，秒表，温度计，恒温水浴，坐标纸 3 张，烧杯($50 cm^3$)，量筒($10 cm^3$，$5 cm^3$)。

药品：KI 溶液($0.20 mol \cdot dm^{-3}$)，淀粉溶液(0.5%)，$Na_2S_2O_3$ 溶液($0.010 mol \cdot dm^{-3}$)，KNO_3 溶液($0.20 mol \cdot dm^{-3}$)，$(NH_4)_2S_2O_8$ 溶液($0.20 mol \cdot dm^{-3}$)，$(NH_4)_2SO_4$ 溶液($0.20 mol \cdot dm^{-3}$)，$Cu(NO_3)_2$ 溶液($0.02 mol \cdot dm^{-3}$)。

四、实验内容

1. 浓度对化学反应速率的影响

用专用量筒(每种试剂所用的量筒必须作标记)，按表 2-12 的次序分别量取 KI、淀粉、$Na_2S_2O_3$、KNO_3 或 $(NH_4)_2SO_4$ 溶液加入烧杯中，摇匀。再用量筒量取 $(NH_4)_2S_2O_8$ 溶液，迅速倒入上述烧杯中，并立即按表计时，并不断摇动烧杯，注意观察，当溶液刚呈现蓝色时，立刻停止秒表，记录反应时间(Δt)于表 2-12 中。

重复上述实验，按表 2-12 所示的各试剂的用量进行其他各组实验，最后计算各反应速率 $\bar{r}$ 和速率常数 k。用表 2-12 中实验Ⅰ、Ⅱ、Ⅲ的数据，以 $\lg \bar{r}$ 对 $\lg c_0(S_2O_8^{2-})$ 作图，求出 m；用实验Ⅰ、Ⅳ、Ⅴ的数据，以 $\lg \bar{r}$ 对 $\lg c_0(I^-)$ 作图，求出 n。将最后结果一并记入表 2-12 中。

2. 温度对反应速率的影响

(1) 记录室温 t，并将水浴温度调至比室温高 10K。

(2) 按表 2-12 编号Ⅱ的药品用量，将装有 KI、$Na_2S_2O_3$、$(NH_4)_2SO_4$ 和淀粉的烧杯与装有 $(NH_4)_2S_2O_8$ 溶液的烧杯，同时放在比室温高 10K 的恒温水浴中，恒温 5~10min。再将 $(NH_4)_2S_2O_8$ 与 KI 等混合溶液混合，同时计时并不断搅拌，当溶液刚出现蓝色时，立即停表，记录反应时间。此实验编号记为Ⅵ。

将水浴温度调至高于室温 20K，重复上述实验，记录反应温度和时间。此实验编号记为Ⅶ。利用实验数据，以 $\lg k$ 为纵坐标，$1/t$ 为横坐标作图，得到一条直线，由直线的斜率可以得到反应的活化能，将活化能的处理数据记入表 2-13。

表 2-12 浓度对反应速率的影响

室温 _____

实验 编 号		I	II	III	IV	V
试剂用量 /cm³	0.20mol·dm⁻³ KI	10.0	10.0	10.0	5.0	2.50
	0.010mol·dm⁻³ Na$_2$S$_2$O$_3$	3.0	3.0	3.0	3.0	3.0
	0.5%淀粉溶液	1.0	1.0	1.0	1.0	1.0
	0.20mol·dm⁻³ KNO$_3$	0	0	0	5.0	7.5
	0.20mol·dm⁻³ (NH$_4$)$_2$SO$_4$	0	5.0	7.5	0	0
	0.20mol·dm⁻³ (NH$_4$)$_2$S$_2$O$_8$	10.0	5.0	2.5	10.0	10.0
混合液中反应物的起始浓度 /mol·dm⁻³	(NH$_4$)$_2$S$_2$O$_8$					
	KI					
	Na$_2$S$_2$O$_3$					
	反应时间 Δt/s					
	S$_2$O$_8^{2-}$ 的浓度变化 Δc(S$_2$O$_8^{2-}$)/mol·dm⁻³					
	反应速率 $\bar{r}$/mol·dm⁻³·s⁻¹					
	lg$\bar{r}$					
	lgc_0(S$_2$O$_8^{2-}$)					
	lgc_0(I⁻)					
	m					
	n					
	反应速率常数 k/dm³·mol⁻¹·s⁻¹					

表 2-13 温度对反应速率的影响

实 验 编 号	II	VI	VII
反应温度 t/℃			
反应时间 Δt/s			
反应速率 $\bar{r}$/mol·dm⁻³·s⁻¹			
反应速率常数 k/dm³·mol⁻¹·s⁻¹			
lg$k$			
$\dfrac{1}{T}$			
反应活化能 E_a/J·mol⁻¹			

3. 催化剂对化学反应速率的影响

按表 2-12 编号 Ⅱ 的药品用量，把 KI、$Na_2S_2O_3$、$(NH_4)_2SO_4$ 和淀粉加入烧杯中，再加入 2 滴 $0.02 mol \cdot dm^{-3}$ $Cu(NO_3)_2$ 溶液，摇匀。再用量筒量取 $(NH_4)_2S_2O_8$ 溶液，迅速倒入上述烧杯中，并立即按表计时，将此实验数据与表 2-12 中编号 Ⅱ 的反应速率进行定性的比较，可以得到什么结论？

五、思考题

(1) 测定 $(NH_4)_2S_2O_8$ 与 KI 反应速率实验中，为什么可以由溶液出现蓝色的时间长短来计算反应速率？溶液出现蓝色后，反应是否就终止？说明加 $Na_2S_2O_3$ 和淀粉各起什么作用。

(2) 本实验 $Na_2S_2O_3$ 的用量过多或过少，对实验结果有何影响？

(3) 取 $(NH_4)_2S_2O_8$ 试剂的量筒没有专用，对实验有何影响？

(4) 反应液中为什么要加入 KNO_3、$(NH_4)_2SO_4$？

(5) 由反应方程式能否确定反应级数？为什么？试用本实验结果说明。

(6) 下列操作情况对反应结果有何影响？

　　① 先加 $(NH_4)_2S_2O_8$ 溶液，后加 KI 溶液；

　　② 慢慢加入 $(NH_4)_2S_2O_8$ 溶液。

第三章 元素及化合物性质实验

实验十一 碱金属和碱土金属

一、实验目的

(1) 比较碱金属、碱土金属的活泼性，了解过氧化钠的性质。
(2) 试验碱土金属氢氧化物的生成和性质。
(3) 试验碱金属、碱土金属的某些难溶盐的生成及应用。
(4) 了解锂盐与镁盐的相似性。
(5) 了解焰色反应的操作并熟悉使用金属钾、钠的安全措施。
(6) 将 Mg^{2+}、Ca^{2+}、Ba^{2+} 等离子进行分离和检出，并了解分离与检出条件。

二、实验原理

碱金属、碱土金属分属周期系第ⅠA、ⅡA 族，价电子构型 ns^1、ns^2，属 s 区元素。其单质是最活泼的金属和还原剂，在同一族中金属活泼性由上而下逐渐增强；在同一周期中从左至右逐渐减弱。在空气中能迅速地与 O_2、CO_2 作用（Rb、Cs 在空气中自燃），需保存在煤油或液体石蜡中（Be、Mg 由于生成致密氧化膜而除外）。在空气中燃烧时，锂、碱土金属生成正常氧化物；钠主要生成过氧化物；而钾、铷、铯则主要生成超氧化物。Na_2O_2 为淡黄色粉末状物质，与水或稀酸反应生成氢氧化钠或钠盐，同时产生 H_2O_2。H_2O_2 会立即分解放出 O_2，所以 Na_2O_2 具有强碱性和强氧化性，但遇到强氧化剂（如 $KMnO_4$）时，则有一定的还原性。

碱金属和碱土金属能直接或间接地与电负性较大的非金属元素反应，除 Be、Mg 由于表面形成致密氧化物保护膜而对水稳定，只能与水蒸气及热水发生反应外，其他元素都易与冷水反应生成相应氢氧化物，放出氢气。碱金属与水反应剧烈。Na、K、Rb、Cs 与水反应随其金属性递增、单质熔点的减小，而剧烈程度加强。

碱金属的氢氧化物除 LiOH 溶解度较小外，其余都很大，且都是强碱。碱土金属的氢氧化物除 $Be(OH)_2$ 呈两性外，其余也都是碱性，但溶解度不如碱金属，碱性相对较弱，但从上到下，碱性是增强的，这与它们氢氧化物溶解度增大的趋势相一致。

碱金属盐类最大的特点是易溶于水。绝大多数碱金属所形成的盐都是可溶的，并与水形成水合离子，仅有少数碱金属盐是难溶的，如 LiF、Li_2CO_3、Li_3PO_4、$K[B(C_6H_5)_4]$ 四苯基硼酸钾（白色）、$K_2Na[Co(NO_2)_6]$ 六亚硝酸根合钴(Ⅲ)酸钠钾（亮黄色）、$KHC_4H_4O_6$ 酒石酸氢钾（白色）、$Na[Sb(OH)_6]$ 六羟基锑(Ⅴ)酸钠（白色）、$NaAc·ZnAc_2·3UO_2Ac_2·9H_2O$ 醋酸铀酰锌钠(淡黄色)等均为微溶或难溶物。

碱土金属盐类的重要特征是它们的难溶性,除氯化物、硝酸盐、硫酸镁、铬酸镁、铬酸钙易溶于水外,其余碳酸盐、硫酸盐、草酸盐、铬酸盐皆难溶于水。

锂与镁的氟化物、碳酸盐、磷酸盐均难溶,氢氧化物都属于中强碱,不易溶于水。

s 区元素的离子不呈现颜色,除非阴离子有色,化合物一般也无色,但其单质和挥发性化合物能使火焰呈现特征颜色,因而广泛用于检验这些元素的存在。表 3-1 列出了一些常见金属焰色反应的特征颜色,注意 K 的焰色需用钴玻璃片观看。

表 3-1 一些常见金属焰色反应的特征颜色

Li	Na	K	Rb	Cs	Ca	Sr	Ba
玫瑰红	黄	紫	紫红	紫红	橙红	洋红	黄绿

三、仪器与试剂

仪器:离心机,镊子,坩埚,坩埚钳,砂纸,镍丝,滤纸,点滴板,钴玻璃片,酒精灯,试管夹,pH 试纸,试管。

试剂:H_2SO_4 溶液($1.0 mol \cdot dm^{-3}$),$KMnO_4$ 溶液($0.01 mol \cdot dm^{-3}$),LiCl 溶液($2.0 mol \cdot dm^{-3}$),NaF 溶液($1.0 mol \cdot dm^{-3}$),Na_2CO_3 溶液($1.0 mol \cdot dm^{-3}$),Na_2HPO_4 溶液($1.0 mol \cdot dm^{-3}$),NaCl 溶液($2.0 mol \cdot dm^{-3}$),六羟基锑酸钾(饱和),KCl 溶液($2.0 mol \cdot dm^{-3}$),四苯基硼酸钠溶液($0.1 mol \cdot dm^{-3}$),$MgCl_2$ 溶液($2.0 mol \cdot dm^{-3}$),$CaCl_2$ 溶液($2.0 mol \cdot dm^{-3}$),$BaCl_2$ 溶液($2.0 mol \cdot dm^{-3}$),HAc 溶液($2.0 mol \cdot dm^{-3}$),HCl 溶液($2.0 mol \cdot dm^{-3}$,浓),NH_4Cl 溶液(饱和),$NH_3 \cdot H_2O$($1.0 mol \cdot dm^{-3}$,$2.0 mol \cdot dm^{-3}$),$(NH_4)_2C_2O_4$ 溶液(饱和),$(NH_4)_2CO_3$ 溶液($0.5 mol \cdot dm^{-3}$,饱和),$SrCl_2$ 溶液($2.0 mol \cdot dm^{-3}$),K_2CrO_4 溶液($1.0 mol \cdot dm^{-3}$),Na_2SO_4 溶液($1.0 mol \cdot dm^{-3}$),$(NH_4)_2SO_4$ 溶液(饱和),HNO_3 溶液(浓),$NaHCO_3$ 溶液($1.0 mol \cdot dm^{-3}$),Na_3PO_4 溶液($0.5 mol \cdot dm^{-3}$),含有 Mg^{2+}、Ca^{2+}、Ba^{2+} 离子的混合溶液,奈斯勒试剂,$NH_3 \cdot H_2O$-NH_4Cl 缓冲溶液(pH=9,浓度各为 $1.0 mol \cdot dm^{-3}$),HAc-NH_4Ac 缓冲溶液(pH=5,浓度各为 $1.0 mol \cdot dm^{-3}$),金属钠,镁条。

四、实验内容

1. 碱金属、碱土金属活泼性比较

(1)与空气中氧气的作用。取一小块金属钠(绿豆大小),用滤纸吸干表面的煤油,立即放在干燥的小坩埚中,加热。当金属钠开始燃烧时,停止加热,观察反应情况和产物的颜色、状态,写出反应式。产物冷却后,用玻璃棒轻轻捣碎产物,转移到试管中,加入少许水使其溶解、冷却,观察有无气体放出,检验溶液 pH 值。以 $1.0 mol \cdot dm^{-3}$ H_2SO_4 酸化溶液后,加 1 滴 $0.01 mol \cdot dm^{-3}$ $KMnO_4$ 溶液,观察现象,写出反应式。

取一小段镁条,用砂纸除去表面氧化层,点燃,观察现象,并用实验证实是否生成了 Mg_3N_2(氮化镁),写出相关反应方程式。

(2)与水的作用。分别取一小块金属钠(绿豆大小),用滤纸吸干表面煤油后,放入盛有水的烧杯中,用大小合适的漏斗盖好,观察现象,检验反应后溶液的酸碱性,并证明产物是否为过氧化物,写出相关反应方程式。

取两小段镁条,除去表面氧化膜后,分别放入盛有冷水和热水的两支试管中,对比反应的不同,检验反应后溶液的酸碱性,写出相关反应方程式。

2. 碱金属的难溶盐

(1)锂盐。取三支试管分别各加入 2 滴 $2.0 mol \cdot dm^{-3}$ LiCl 溶液,与 $1.0 mol \cdot dm^{-3}$ NaF、Na_2CO_3 及 Na_2HPO_4 溶液反应,解释现象,写出相关反应方程式(必要时可微热试管观察)。

(2)钠盐(Na^+ 离子的鉴定反应)。取 2 滴 $1.0 mol \cdot dm^{-3}$ NaCl 溶液加入试管中,加入等量的六羟基锑(V)酸钾饱和溶液,用玻璃棒摩擦试管壁,观察现象。白色的 $Na[Sb(OH)_6]$ 沉淀出现,表示有 Na^+ 存在,此反应可用作 Na^+ 的鉴定反应。

(3)钾盐(K^+ 离子的鉴定反应)。取 1 滴 $2.0 mol \cdot dm^{-3}$ KCl 溶液于点滴板上,加 2 滴四苯基硼酸钠溶液,观察现象。白色的 $K[B(C_6H_5)_4]$ 沉淀的出现,表示 K^+ 离子存在。此反应可作为 K^+ 离子的鉴定反应。

3. 碱土金属难溶盐

(1)碳酸盐。在三支试管中分别加入 2 滴 $2.0 mol \cdot dm^{-3}$ $MgCl_2$、$CaCl_2$ 和 $BaCl_2$ 溶液,加 2 滴 $1.0 mol \cdot dm^{-3}$ Na_2CO_3 溶液,制得的沉淀经离心分离后,分别与 $2.0 mol \cdot dm^{-3}$ HAc 及 $2.0 mol \cdot dm^{-3}$ HCl 反应,观察沉淀有何变化?

在三支试管中分别加入 2 滴 $2.0 mol \cdot dm^{-3}$ $MgCl_2$、$CaCl_2$ 和 $BaCl_2$ 溶液,加 1 滴饱和 NH_4Cl 溶液,2 滴 $1.0 mol \cdot dm^{-3}$ $NH_3 \cdot H_2O$ 和 2 滴 $0.5 mol \cdot dm^{-3}$ $(NH_4)_2CO_3$ 溶液,观察沉淀是否生成?写出相关反应方程式,解释实验现象。

(2)草酸盐(Ca^{2+} 离子的鉴定反应)。在各装有 2 滴 $2.0 mol \cdot dm^{-3}$ $MgCl_2$、$CaCl_2$ 和 $BaCl_2$ 溶液的三支试管中,滴加饱和 $(NH_4)_2C_2O_4$ 溶液,制得的沉淀经离心分离后,分别与 $2.0 mol \cdot dm^{-3}$ HAc 及 $2.0 mol \cdot dm^{-3}$ HCl 反应,观察实验现象,写出相关反应方程式。

(3)铬酸盐。在各装有 2 滴 $2.0 mol \cdot dm^{-3}$ $CaCl_2$、$SrCl_2$ 和 $BaCl_2$ 溶液的三支试管中,逐滴加入 $1.0 mol \cdot dm^{-3}$ K_2CrO_4 溶液,是否有沉淀生成?沉淀经离心分离后,分别与 $2.0 mol \cdot dm^{-3}$ HAc 及 $2.0 mol \cdot dm^{-3}$ HCl 反应,观察实验现象,写出相关反应方程式。

(4)硫酸盐(Ba^{2+} 离子的鉴定反应)。在各装有 2 滴 $2.0 mol \cdot dm^{-3}$ $MgCl_2$、$CaCl_2$ 和 $BaCl_2$ 溶液的三支试管中,逐滴加入 $1.0 mol \cdot dm^{-3}$ Na_2SO_4 溶液,是否生成沉淀?沉淀经离心分离后,分别与饱和 $(NH_4)_2SO_4$ 及浓 HNO_3 反应,观察实验现象,写出相关反应方程式。

(5)磷酸镁铵的生成(Mg^{2+} 离子的鉴定反应)。在装有 2 滴 $2.0 mol \cdot dm^{-3}$ $MgCl_2$ 溶液的试管中,加入 1 滴 $2.0 mol \cdot dm^{-3}$ HCl,2 滴 $1.0 mol \cdot dm^{-3}$ Na_2HPO_4 溶液和 1 滴 $2.0 mol \cdot dm^{-3}$ $NH_3 \cdot H_2O$,振荡试管,观察 $Mg(NH_4)PO_4$ 白色沉淀的生成,此反应可作为 Mg^{2+} 离子的鉴定反应。

4. 锂盐、镁盐的相似性

(1)在装有 $2.0 mol \cdot dm^{-3}$ LiCl 和 $MgCl_2$ 溶液的两支试管中,滴加 $1.0 mol \cdot dm^{-3}$ NaF 溶液,观察现象,写出相关反应方程式。

(2)取 2 滴 2.0mol·dm^{-3} LiCl 溶液装入试管中,加 2 滴 1.0mol·dm^{-3} Na$_2$CO$_3$ 溶液;在另一支装有 2 滴 2.0mol·dm^{-3} MgCl$_2$ 溶液的试管中,加 2 滴 1.0mol·dm^{-3} NaHCO$_3$ 溶液,各有什么现象?写出相关反应方程式。

(3)在装有 2 滴 2.0mol·dm^{-3} LiCl 和 MgCl$_2$ 溶液的两支试管中,分别逐滴加入 0.5mol·dm^{-3} Na$_3$PO$_4$ 溶液,观察现象,写出相关反应方程式。

由以上实验说明锂盐、镁盐的相似性并给予解释。

5. 焰色反应

取一根镍丝,反复蘸取浓盐酸后在灯上烧至近于无色。然后分别蘸取 2.0mol·dm^{-3} LiCl、NaCl、KCl、CaCl$_2$、SrCl$_2$、BaCl$_2$ 溶液,在火焰上灼烧,观察火焰颜色。注意镍丝蘸取金属盐溶液前,都必须用浓盐酸清洗,并在灯上烧至近于无色;对于钾离子的焰色,应通过钴玻璃观察。

6. 未知物及离子的鉴别

混合溶液中可能含有:Mg^{2+}、Ca^{2+}、Ba^{2+} 离子,请设计分离检出步骤。

五、思考题

(1)如何分离 Ca^{2+}、Ba^{2+} 离子?是否可用硫酸分离 Ca^{2+}、Ba^{2+} 离子?为什么?

(2)如何分离 Ca^{2+}、Mg^{2+} 离子?Mg(OH)$_2$ 与 MgCO$_3$ 为什么都可溶于饱和 NH$_4$Cl 溶液中?

(3)用(NH$_4$)$_2$CO$_3$ 作沉淀剂沉淀 Ba^{2+} 等离子,为什么要加入氨水?

(4)列出碱金属、碱土金属的氢氧化物和各种难溶盐递变规律。

实验十二 p区元素(一)(卤族、氧族)

一、实验目的

(1) 学习掌握卤素单质及过氧化氢的氧化还原性。
(2) 学习掌握卤素及氧族元素常见含氧酸盐基本性质。
(3) 学习这两族元素某些常见离子的分离及鉴定方法。

二、实验原理

卤素元素是典型的非金属元素,单质具有强氧化能力,且按氟、氯、溴、碘依次减弱。而同周期对应的氧族元素单质氧化能力远弱于卤素。

卤素单质与水发生氧化与歧化两类反应。氟发生氧化,而氯、溴、碘主要发生歧化且产物各有不同。室温下,氯生成次氯酸(或盐),而溴、碘生成卤酸(或盐),加碱可促进歧化反应的进行,酸性条件下又会使反应逆向进行。

$$Cl_2 + H_2O \rightleftharpoons HOCl + HCl$$

$$3Br_2 + 6OH^- \rightleftharpoons 5Br^- + BrO_3^- + 3H_2O$$

$$3I_2 + 6OH^- \rightleftharpoons 5I^- + IO_3^- + 3H_2O$$

卤素常见的含氧酸盐有次卤酸盐、卤酸盐及高卤酸盐,在酸性条件下都是强氧化剂,且氧化能力通常随氧化数升高而有所下降。

$$2ClO^- + Mn^{2+} \rightleftharpoons MnO_2 \downarrow + Cl_2 \uparrow$$

$$ClO_3^- + 6I^- + 6H^+ \rightleftharpoons Cl^- + 3I_2 \downarrow + 3H_2O$$

$$2IO_3^- + 5SO_3^{2-} + 2H^+ \rightleftharpoons I_2 \downarrow + 5SO_4^{2-} + H_2O$$

(偏)高碘酸、过二硫酸是很强的氧化剂,可在酸性介质中将 Mn^{2+} 氧化为 MnO_4^-,常用于 Mn^{2+} 的鉴定。

$$5S_2O_8^{2-} + 2Mn^{2+} + 8H_2O \rightleftharpoons 2MnO_4^- + 10SO_4^{2-} + 16H^+$$

氧族元素常见有亚硫酸盐、硫代硫酸盐、硫酸盐及过二硫酸盐。前两者有较强的还原能力,后两者有较强的氧化性,硫代硫酸根还是一种常见的配位体。

$$2Ag^+ + S_2O_3^{2-} \rightleftharpoons Ag_2S_2O_3 \downarrow$$

$$Ag_2S_2O_3 + 3S_2O_3^{2-} \rightleftharpoons 2[Ag(S_2O_3)_2]^{3-}$$

$$S_2O_3^{2-} + 2H^+ \rightleftharpoons SO_2 \uparrow + S \downarrow + H_2O$$

H_2O_2 是一种重要的氧化剂及还原剂,在酸性、中性及碱性条件下都是较强的氧化剂,只有与强氧化剂作用时才表现出还原性,因其反应产物不会给反应体系引入杂质而广为使用。

$$4H_2O_2 + PbS \rightleftharpoons PbSO_4 \downarrow + 4H_2O$$

$$5H_2O_2 + 2MnO_4^- + 6H^+ \rightleftharpoons 2Mn^{2+} + 5O_2\uparrow + 8H_2O$$

Cl^-、Br^-、I^-能与Ag^+反应生成难溶于水的$AgCl$(白)、$AgBr$(淡黄)、AgI(黄)沉淀,它们的溶解度依次减小,可分别溶于稀、浓氨水及浓硫代硫酸盐溶液中,可用于这些离子的分离。

三、仪器与试剂

仪器:离心机,离心试管,滤纸,试管夹,恒温水浴,冰箱(制备冰块)。

试剂:$HCl(2mol\cdot dm^{-3})$,$HNO_3(6mol\cdot dm^{-3})$,$H_2SO_4(6mol\cdot dm^{-3}, 2mol\cdot dm^{-3})$,$NaOH(2mol\cdot dm^{-3})$,$NH_3\cdot H_2O$(浓,$2mol\cdot dm^{-3}$),$NaCl(0.1mol\cdot dm^{-3})$,$KBr(0.1mol\cdot dm^{-3})$,$KI(0.1mol\cdot dm^{-3})$,$AgNO_3(0.1mol\cdot dm^{-3})$,$Pb(NO_3)_2(0.1mol\cdot dm^{-3})$,$BaCl_2(0.1mol\cdot dm^{-3})$,$H_2O_2(3\%)$,银氨溶液,$Cl_2$水,$Br_2$水,$I_2$水,$Cl^-$、$Br^-$、$I^-$混合试液,$KI(0.1mol\cdot dm^{-3})$,$KIO_3(0.1mol\cdot dm^{-3})$,$Na_2S_2O_3(0.1mol\cdot dm^{-3}, 0.5mol\cdot dm^{-3})$,$MnSO_4(0.002mol\cdot dm^{-3}, 0.1mol\cdot dm^{-3})$,$KMnO_4(0.01mol\cdot dm^{-3})$,$K_2CrO_4(0.1mol\cdot dm^{-3})$,$Na_2SO_3(0.1mol\cdot dm^{-3}, 0.5mol\cdot dm^{-3})$,$Na_2S(0.5mol\cdot dm^{-3})$,$CCl_4$,$NaClO$溶液,$Zn$粉,$KClO_3(s)$,$K_2S_2O_8(s)$,淀粉溶液(1‰),乙醚,淀粉-KI试纸,广范pH试纸。

四、实验内容

1. 卤素单质的性质

(1)卤素单质的氧化性。取5滴$0.1mol\cdot dm^{-3}$ KBr溶液,逐滴加入氯水,振荡,有何现象?再加入$0.5cm^3$ CCl_4,充分振荡,又有何现象?

取5滴$0.1mol\cdot dm^{-3}$ KI溶液,逐滴加入溴水,振荡,有何现象?再加入$0.5cm^3$ CCl_4,充分振荡,又有何现象?

写出上述有关反应式并总结卤素单质氧化性规律。用相关电对的电极电势解释。

(2)卤素单质的歧化反应。取5滴溴水放入试管中,滴加$2mol\cdot dm^{-3}$ NaOH溶液,观察有何现象,颜色有何变化?待颜色褪去后,再滴加$2mol\cdot dm^{-3}$ H_2SO_4溶液酸化,观察颜色有何变化?解释现象。

取5滴碘水放入试管中,进行如上操作,观察有何现象发生,如何解释?

写出上述有关反应式。

2. 过氧化氢的性质

(1)过氧化氢的氧化性。取5滴$0.1mol\cdot dm^{-3}$ $Pb(NO_3)_2$,加入2滴$0.5mol\cdot dm^{-3}$ Na_2S溶液,有何现象?离心分离,然后往沉淀中滴加$3\%H_2O_2$溶液,观察沉淀有何变化,试解释。

取5滴$3\%H_2O_2$溶液,加入5滴$2mol\cdot dm^{-3}$ H_2SO_4溶液,再加入2滴$0.1mol\cdot dm^{-3}$ KI溶液,观察现象,并检验产物。

写出上述有关反应方程式。

(2)过氧化氢的还原性。取5滴$0.01mol\cdot dm^{-3}$ $KMnO_4$溶液,滴加数滴$2mol\cdot dm^{-3}$ H_2SO_4溶液酸化,再加数滴$3\%H_2O_2$溶液,观察溶液颜色变化。

(3)过氧化氢的鉴定。取H_2O_2溶液$2cm^3$放入试管,加入$0.5cm^3$乙醚和$1cm^3$的$2mol\cdot dm^{-3}$ H_2SO_4溶液,再加入3~5滴$0.1mol\cdot dm^{-3}$ K_2CrO_4溶液,振荡试管,分别观察水层和乙

醚层的颜色有何不同,写出相关反应方程式。

3. 次卤酸盐和卤酸盐的氧化性

(1)取 2 份 NaClO 溶液,分别滴加 $0.1mol \cdot dm^{-3}$ $MnSO_4$ 溶液及用 $2mol \cdot dm^{-3}$ H_2SO_4 酸化过的淀粉-KI 溶液,观察现象。

(2)取少量 $KClO_3(s)$,用 $1\sim2cm^3$ 蒸馏水溶解后,加入 10 滴 CCl_4 及 $0.1mol \cdot dm^{-3}$ KI 溶液 5 滴,摇动试管,观察试管内水相和有机相有何变化?再加入 $6mol \cdot dm^{-3}$ H_2SO_4 溶液,又有何变化?

(3)取 5 滴 $0.1mol \cdot dm^{-3}$ KIO_3 溶液,加 5 滴 $2mol \cdot dm^{-3}$ H_2SO_4 酸化后,再加 2 滴淀粉溶液,滴加 $0.1mol \cdot dm^{-3}$ Na_2SO_3 溶液,观察现象;若不加 H_2SO_4 酸化,现象如何?

写出上述有关反应式。

4. 硫代硫酸盐的性质

(1)硫代硫酸盐的还原性。取 $1cm^3$ $0.5mol \cdot dm^{-3}$ $Na_2S_2O_3$ 溶液,加入 2 滴 $2mol \cdot dm^{-3}$ NaOH 溶液,再加入 $2cm^3$ Cl_2 水,充分振荡,检验溶液中有无 SO_4^{2-} 生成。

取 $1cm^3$ $0.5 mol \cdot dm^{-3}$ $Na_2S_2O_3$ 溶液,加入 I_2 水,边加边振荡,有何现象?能否检出 SO_4^{2-}?

比较上述反应不同之处,写出上述有关反应方程式。

(2)硫代硫酸盐的配位反应。取 2 滴 $0.1mol \cdot dm^{-3}$ $AgNO_3$ 溶液,连续滴加 $0.5mol \cdot dm^{-3}$ $Na_2S_2O_3$ 溶液,边加边振荡,直至所生成的沉淀完全溶解,解释所观察的现象,写出有关反应方程式。

(3)硫代硫酸盐与酸反应。取 5 滴 $0.5mol \cdot dm^{-3}$ $Na_2S_2O_3$ 溶液,滴加 $2mol \cdot dm^{-3}$ HCl 溶液,观察现象,写出有关反应方程式。

5. 过二硫酸盐的氧化性

取 2 滴 $0.002mol \cdot dm^{-3}$ $MnSO_4$ 溶液,加入 $2cm^3$ $2mol \cdot dm^{-3}$ H_2SO_4 溶液,$5cm^3$ 蒸馏水,混合均匀后,把该溶液分成两份,每份之中均加入等量的少量 $K_2S_2O_8(s)$,并且在其中一份加 1 滴 $0.1mol \cdot dm^{-3}$ $AgNO_3$ 溶液,然后把两支试管同时放在水浴中加热,现象有何区别?写出有关反应方程式。

6. 卤素离子的分离鉴定

(1)卤化银的溶解性。取 $0.1mol \cdot dm^{-3}$ NaCl 溶液、$0.1mol \cdot dm^{-3}$ KBr 溶液、$0.1mol \cdot dm^{-3}$ KI 溶液各 5 滴分别置于 3 支试管中,各加入 $0.1mol \cdot dm^{-3}$ $AgNO_3$ 溶液 5 滴,观察并比较产物的颜色、状态。微热后,离心分离,弃去溶液,将每种沉淀分为 3 份,分别滴加 $2mol \cdot dm^{-3}$ $NH_3 \cdot H_2O$、浓 $NH_3 \cdot H_2O$、$0.1mol \cdot dm^{-3}$ $Na_2S_2O_3$ 溶液,充分振荡,观察溶解情况。写出上述有关反应方程式并比较卤化银沉淀溶解度相对大小。

(2)Cl^-、Br^-、I^- 混合离子的分离和鉴定:结合卤化银的溶解性特点及卤素单质的性质内容设计合理的实验方案对混合离子进行分离及鉴定(AgBr、AgI 可用 Zn 粉在酸性条件下还原,使 Br^-、I^- 离子进入溶液再加以鉴定)。

五、思考题

(1)在 Br^-、I^- 混合溶液中,加 CCl_4 后滴加氯水,CCl_4 层颜色如何变化?写出有关反应方程式。

(2) 用 $AgNO_3$ 溶液检出卤离子时,要同时加些 HNO_3 溶液,起何作用?若向一个未知溶液中加入 $AgNO_3$,结果没有沉淀产生,能否以此说明不存在卤离子?

(3) 在水溶液中,$AgNO_3$ 与 $Na_2S_2O_3$ 反应,有的同学实验中出现黑色沉淀,有的却无沉淀产生。为何出现这种情况?

实验十三　p区元素(二)(氮族、碳族)

一、实验目的

(1) 掌握氮、磷、硅含氧酸及其盐的重要化学性质。
(2) 掌握锡、铅、锑、铋氢氧化物的生成及其酸碱性。
(3) 掌握锑(Ⅲ)、锡(Ⅱ)的还原性与铋(Ⅴ)、铅(Ⅳ)的氧化性。
(4) 熟悉锑、铋、锡、铅的硫化物和硫代酸盐的特性。
(5) 掌握铅(Ⅱ)的难溶盐及其性质。

二、实验原理

氮族元素包括 N、P、As、Sb、Bi 五种元素,而碳族元素包括 C、Si、Ge、Sn、Pb 五种元素。N、P、C、Si 是典型的非金属元素,Sn、Pb、Sb、Bi 是 p 区元素中有代表性的金属元素。

HNO_2 是不稳定酸,但其盐却是稳定的。HNO_2 及其盐在化学性质上主要表现为氧化还原性。一方面,HNO_2 是强氧化剂(氧化能力超过 HNO_3),它在水溶液中能将 I^- 氧化为 I_2。

$$2HNO_2 + 2I^- + 2H^+ = 2NO\uparrow + I_2 + 2H_2O$$

此反应可用于定量测定亚硝酸盐。

另一方面,HNO_2 又是弱还原剂。当 HNO_2 及其盐遇到更强的氧化剂时,也可被氧化。例如:

$$5NO_2^- + 2MnO_4^- + 6H^+ = 5NO_3^- + 2Mn^{2+} + 3H_2O$$

该反应可用来区别 HNO_3 和 HNO_2。

正磷酸盐(磷酸一氢盐、磷酸二氢盐和磷酸盐)比较重要的性质是:溶解性、水解性和稳定性。磷酸的钠、钾、铵盐以及所有的磷酸二氢盐都易溶于水,而磷酸一氢盐和磷酸盐,除钠、钾、铵盐外,都不溶于水。

碳酸为弱酸。碳酸盐有正盐和酸式盐之分。

硅酸是比碳酸还弱的酸。硅酸钠水解作用明显,它在一定条件下分别与 CO_2、HCl 或 NH_4Cl 作用,都能形成硅酸凝胶。例如:

$$Na_2SiO_3 + 2HCl = H_2SiO_3 + 2NaCl$$

通过金属盐与硅酸钠反应,生成不同颜色的金属硅酸盐胶体(大多数硅酸盐难溶于水),在固体、液体的接触面形成半透膜,由于渗透压的关系,水不断渗入膜内,胀破半透膜使盐又与硅酸钠接触,生成新的胶状金属硅酸盐。反复渗透,硅酸盐生成芽状或树枝状,从而可产生水中花园的现象。

Sn、Pb、Sb、Bi 能形成两种价态的氢氧化物。低氧化态的氢氧化物中 $Sn(OH)_2$、$Pb(OH)_2$、$Sb(OH)_3$ 都显两性,只有 $Bi(OH)_3$ 为碱性氢氧化物。

从氧化值的稳定性来看 Sn(Ⅳ)的稳定性大于 Sn(Ⅱ),而 Pb(Ⅱ)的稳定性大于 Pb(Ⅳ)。故 Sn(Ⅱ)化合物有明显的还原性,$SnCl_2$ 是实验室常用的还原剂,而 PbO_2 是常用的强氧化剂。

$SnCl_2$ 将 $HgCl_2$ 还原为 Hg_2Cl_2，过量时可再将 Hg_2Cl_2 还原为单质 Hg，反应式如下：

$$2HgCl_2 + SnCl_2 = SnCl_4 + Hg_2Cl_2\downarrow(白色)$$

$$Hg_2Cl_2 + SnCl_2 = SnCl_4 + 2Hg\downarrow(黑色)$$

在碱性介质中 $[Sn(OH)_2]^{2-}$（或 SnO_2^{2-}）的还原性更强。例如在碱性溶液中 SnO_2^{2-} 可将 Bi^{3+} 还原成黑色的金属铋，这是鉴定 Bi^{3+} 的一种方法。

$$2Bi^{3+} + 6OH^- + 3[Sn(OH)_4]^{2-} = 2Bi\downarrow + 3[Sn(OH)_6]^{2-}$$

PbO_2 在酸性介质中能将 Mn^{2+} 氧化成紫红色的 MnO_4^-，

$$5PbO_2 + 2Mn^{2+} + 4H^+ = 2MnO_4^- + 5Pb^{2+} + 2H_2O$$

对 As、Sb、Bi 而言，正三价化合物被氧化为正五价化合物依次困难。例如，砷(Ⅲ)、锑(Ⅲ)在 pH=5~9 条件下，可被 I_2 氧化，而三价 Bi 需在强碱性条件下，用强氧化剂才能被氧化。与此相反，砷、锑、铋的正五价化合物的氧化能力是按照砷(Ⅴ)<锑(Ⅴ)<铋(Ⅴ)的顺序增大。

例如，五价的铋呈强氧化性，在硝酸介质中 $NaBiO_3$ 也能将 Mn^{2+} 氧化成 MnO_4^-。

$$5NaBiO_3 + 2Mn^{2+} + 14H^+ = 2MnO_4^- + 5Bi^{3+} + 5Na^+ + 7H_2O$$

砷、锑、铋的三价硫化物中，As_2S_3 是酸性硫化物；Sb_2S_3 是两性硫化物；Bi_2S_3 是碱性硫化物。As_2S_3 和 Sb_2S_3 可溶于金属硫化物(Na_2S)生成相应的硫代亚砷(锑)酸盐，As_2S_3 和 Sb_2S_3 也具有还原性，它们能与多硫化物反应生成硫代砷(锑)酸盐。所有的硫代酸盐只能存在于中性和碱性介质中，遇酸分解为相应的硫化物和硫化氢。

$$M_2S_3 + 3Na_2S = 2Na_3MS_3$$

$$M_2S_3 + 3Na_2S_2 = 2Na_3MS_4 + S$$

$$2Na_3MS_3 + 6HCl = 6NaCl + M_2S_3 + 3H_2S$$

$$2Na_3MS_4 + 6HCl = 6NaCl + M_2S_5 + 3H_2S$$

（方程式中的 M 为 As 或 Sb）

锡(Ⅱ、Ⅳ)、铅(Ⅱ)遇 H_2S 分别生成棕色的 SnS 沉淀、黄色的 SnS_2 沉淀和黑色的 PbS 沉淀。SnS_2 显酸性，能和 Na_2S 反应，生成硫代锡酸盐，SnS_2 不溶于稀 HCl，但能和浓酸反应。

$$SnS_2 + Na_2S = Na_2SnS_3$$

$$SnS_2 + 4H^+ + 6Cl^- = SnCl_6^{2-} + 2H_2S$$

SnS 显碱性，不能和 Na_2S 反应，但可以溶于中等强度的酸。

$$SnS + 2H^+ + 4Cl^- = SnCl_4^{2-} + H_2S$$

PbS 显碱性，不溶于 Na_2S 中，但溶于浓盐酸或浓硝酸中。

$$3PbS + 8H^+ + 2NO_3^- = 3Pb^{2+} + 3S + 2NO + 4H_2O$$

所有的硫代酸盐遇酸会分解为相应的硫化物和 H_2S。

$$SnS_3^{2-} + 2H^+ = SnS_2 + H_2S$$

Pb^{2+}有多种难溶盐,且有特征的颜色,如$PbCrO_4$(黄)、PbI_2(黄)、$PbSO_4$(白)、PbS(黑),可利用Pb^{2+}生成难溶盐的反应(一般用$PbCrO_4$)来鉴定Pb^{2+}的存在。$PbCl_2$虽难溶于冷水,却可以溶于热水,其溶解度随温度变化较大。

实验室常用硫代乙酰胺代替饱和硫化氢溶液生成硫化物沉淀,这是因为硫代乙酰胺水解可生成硫化氢,水解反应如下:

$$CH_3CSNH_2 + H_2O \Longrightarrow CH_3CONH_2 + H_2S$$

硫代乙酰胺的水解速度随温度升高而加快,因此沉淀反应一般在沸水浴中进行。另外,采用硫代乙酰胺作为沉淀剂,以均匀沉淀的方式得到的金属硫化物较纯净,共沉淀少,便于分离。

三、仪器与试剂

仪器:试管,离心机,离心管,点滴板,烧杯,试管夹,水浴锅,滴管,玻璃棒。

药品:$NaNO_2$(s),PbO_2(s),$NaBiO_3$(s),$CuSO_4 \cdot 5H_2O$(s),$CaCl_2$(s),$ZnSO_4$(s),$CoCl_2$(s),$NiSO_4$(s),$MnSO_4$(s),$FeCl_3$(s),H_2SO_4溶液($2mol \cdot dm^{-3}$,1∶1),HCl溶液($2mol \cdot dm^{-3}$,$6mol \cdot dm^{-3}$,浓),HNO_3溶液($2mol \cdot dm^{-3}$,$6mol \cdot dm^{-3}$),NaOH溶液($2mol \cdot dm^{-3}$),$NaNO_2$溶液($0.1mol \cdot dm^{-3}$),Na_2S溶液($0.5mol \cdot dm^{-3}$),$AgNO_3$溶液($0.1mol \cdot dm^{-3}$),KI溶液($0.1mol \cdot dm^{-3}$),$MnSO_4$溶液($0.1mol \cdot dm^{-3}$),$KMnO_4$溶液($0.01mol \cdot dm^{-3}$),$BiCl_3$溶液($0.1mol \cdot dm^{-3}$),$Bi(NO_3)_3$溶液($0.1mol \cdot dm^{-3}$),Na_3PO_4溶液($0.1mol \cdot dm^{-3}$),Na_2HPO_4溶液($0.1mol \cdot dm^{-3}$),NaH_2PO_4溶液($0.1mol \cdot dm^{-3}$),$SbCl_3$溶液($0.1mol \cdot dm^{-3}$),$NaHCO_3$溶液($1mol \cdot dm^{-3}$),$Pb(NO_3)_2$溶液($0.1mol \cdot dm^{-3}$),K_2CrO_4溶液($0.1mol \cdot dm^{-3}$),水玻璃(20%),$SnCl_4$溶液($0.1mol \cdot dm^{-3}$),$HgCl_2$溶液($0.1mol \cdot dm^{-3}$),$SnCl_2$溶液($0.1mol \cdot dm^{-3}$),I_2水,硫代乙酰胺溶液($0.1mol \cdot dm^{-3}$),pH试纸。

四、实验内容

1. 亚硝酸和亚硝酸盐

(1)亚硝酸的生成和分解:取少量$NaNO_2$固体于试管中,然后加入约5滴冷却后的1∶1 H_2SO_4溶液,混合均匀,观察亚硝酸的生成及颜色。然后将试管自冰水中取出并放置一段时间,观察亚硝酸在室温下的分解。

(2)亚硝酸的氧化性和还原性:在一支试管中加入5滴$0.1mol \cdot dm^{-3}$ $NaNO_2$溶液,再加入2滴$0.1mol \cdot dm^{-3}$ KI溶液,有无变化?再滴加$2.0mol \cdot dm^{-3}$ H_2SO_4溶液,有何现象?写出反应方程式。

(3)亚硝酸的还原性:在一支试管中加入5滴$0.1mol \cdot dm^{-3}$ $NaNO_2$溶液,再加入2滴$0.01mol \cdot dm^{-3}$ $KMnO_4$溶液,有无变化?再滴加$2.0mol \cdot dm^{-3}$ H_2SO_4溶液,有何现象?写出反应方程式。

2. 正磷酸盐的性质

取三支试管,分别滴入Na_3PO_4、Na_2HPO_4、NaH_2PO_4溶液,并检验其pH。然后在三支试管中各加入三倍体积的$AgNO_3$($0.1mol \cdot dm^{-3}$)溶液,观察黄色磷酸银沉淀的生成。再分别用pH试纸检查上清液的酸碱性,前后对比,有何变化?用方程式解释。

3. 硅酸及硅酸盐

(1) 硅酸凝胶的生成。在少量水玻璃溶液中,滴加 $6mol\cdot dm^{-3}$ HCl 溶液,观察现象。如无凝胶生成可微热,写出反应方程式。

(2) 微溶性硅酸盐的生成——"水中花园"。在小烧杯中加入约 2/3 体积的 20% Na_2SiO_3 溶液,用角匙撒一薄层粉状的 $CuSO_4\cdot 5H_2O$ 固体,然后再向烧杯中各投一粒 $CaCl_2$、$ZnSO_4$、$CoCl_2$、$NiSO_4$、$MnSO_4$、$FeCl_3$ 固体,观察各种微溶性硅酸盐的生成。

4. 锡、铅、锑、铋氢氧化物的生成及其酸碱性

用浓度均为 $0.1mol\cdot dm^{-3}$ 的 $SnCl_2$、$Pb(NO_3)_2$、$SbCl_3$、$BiCl_3$ 溶液和 $2mol\cdot dm^{-3}$ 的 NaOH,制得 2 份沉淀物。并用浓度均为 $2mol\cdot dm^{-3}$ 的 NaOH、HCl 或 HNO_3 试验它们的酸碱性。比较试验现象,对其氢氧化物的酸碱性作出结论。

5. 锡、铅、锑、铋化合物的氧化还原性

(1) Sn(Ⅱ)、Sb(Ⅲ)的还原性。

① 往 $0.1mol\cdot dm^{-3}$ $HgCl_2$ 溶液中逐滴加入 $0.1mol\cdot dm^{-3}$ $SnCl_2$ 溶液,观察有何变化?继续滴加 $SnCl_2$,又有什么变化?写出反应方程式。此反应用来鉴定 Sn^{2+} 或 Hg^{2+}。

② 往 $0.1mol\cdot dm^{-3}$ $SnCl_2$ 溶液中,加入 $0.1mol\cdot dm^{-3}$ $Bi(NO_3)_3$ 溶液,观察有何现象;再加入过量的 $2mol\cdot dm^{-3}$ NaOH 溶液,又有何现象发生?写出反应方程式。此反应用来鉴定 Sn^{2+} 或 Bi^{3+}。

③ 分别取少量 $0.1mol\cdot dm^{-3}$ $SnCl_2$ 和 $SbCl_3$ 溶液,用 $2mol\cdot dm^{-3}$ NaOH 溶液将 pH 调至微酸性,改用 $NaHCO_3$($1mol\cdot dm^{-3}$)溶液调至 pH=8~9,滴加数滴 I_2 水,观察现象;然后再加浓 HCl,又有何变化?写出反应方程式。

(2) Pb(Ⅳ)、Bi(Ⅴ)的氧化性。取 1 滴 $0.1mol\cdot dm^{-3}$ $MnSO_4$ 溶液,加入 $2cm^3$ $2mol\cdot dm^{-3}$ HNO_3 溶液,然后加入少量 PbO_2,微热,静置,溶液澄清后观察溶液的颜色。写出反应方程式。

取两滴 $0.1mol\cdot dm^{-3}$ $MnSO_4$ 溶液和 $2cm^3$ $6mol\cdot dm^{-3}$ HNO_3,然后加入少量固体 $NaBiO_3$,用玻璃棒搅动并微热。观察现象,写出反应方程式。

比较上面几个实验,你对 Sn、Pb、Sb、Bi 各价态的氧化还原性有何认识?

6. 锡、铅、锑、铋的硫化物及硫代酸盐

往 3 支离心试管中各加入 5 滴 $0.1mol\cdot dm^{-3}$ $SnCl_2$ 溶液,然后分别滴入硫代乙酰胺溶液,并水浴加热,观察生成物的颜色和状态。离心分离,弃去清液,分别加入 $2mol\cdot dm^{-3}$ HCl、浓 HCl 及 $0.5mol\cdot dm^{-3}$ Na_2S 溶液,观察沉淀是否溶解。若加入 Na_2S 溶液后沉淀溶解,则再用 $2mol\cdot dm^{-3}$ HCl 酸化,观察有何变化?写出反应方程式。

分别用浓度均为 $0.1mol\cdot dm^{-3}$ 的 $SnCl_4$、$Pb(NO_3)_2$、$SbCl_3$、$BiCl_3$ 代替 $SnCl_2$ 溶液,重复上述操作,记录有关现象。

比较以上各种硫化物的性质。

7. Pb^{2+} 的难溶盐

在四支试管中各加入 10 滴 $0.1mol\cdot dm^{-3}$ $Pb(NO_3)_2$ 溶液,然后分别加入 $2mol\cdot dm^{-3}$ HCl、$2mol\cdot dm^{-3}$ H_2SO_4、$0.1mol\cdot dm^{-3}$ KI、$0.1mol\cdot dm^{-3}$ K_2CrO_4 溶液至沉淀生成,观察

沉淀的颜色。

将 $PbCl_2$ 沉淀连同溶液一起加热,沉淀是否溶解？再把溶液冷却,又有什么变化？

通常用 Pb^{2+} 与 CrO_4^{2-} 生成 $PbCrO_4$,黄色沉淀的反应鉴定 Pb^{2+} 的存在。

五、思考题

(1) 在化学反应中,为什么一般不用 HNO_3 和 HCl 作酸性介质？

(2) 设计实验方案对 $SbCl_3$ 和 $Bi(NO_3)_3$ 混合溶液进行分离鉴定。

(3) 实验室中配制氯化亚锡溶液,往往既加盐酸,又加锡粒,为什么？久置此溶液,其中的 Sn^{2+}、H^+ 浓度能否保持不变,为什么？

(4) 如何鉴别 $SnCl_4$ 和 $SnCl_2$？如何分离 PbS 和 SnS？

实验十四　铬、锰、铁、钴、镍

一、实验目的

(1)学习掌握元素氢氧化物制备及其性质。
(2)学习掌握部分元素常见化合物的氧化还原性。
(3)了解部分化合物水解性质。
(4)掌握相关元素离子鉴定方法。

二、实验原理

铁、钴、镍常见+2、+3两种氧化数,其氢氧化物皆为难溶物,不溶于碱,各具不同颜色,其中 $CoCl_2$ 与碱首先生成的是蓝色的碱式盐 $Co(OH)Cl$ 沉淀,与过量碱震荡后生成粉红色 $Co(OH)_2$。

+2氧化数的铁、钴、镍都具有一定还原能力且还原能力依次减弱,在碱性条件下还原能力更强:在空气中,$Fe(OH)_2$ 能被迅速氧化,$Co(OH)_2$ 被缓慢氧化,而 $Ni(OH)_2$ 只能被更强的氧化剂如次氯酸盐、溴水等所氧化。+3氧化数物质在酸性条件下有较强的氧化能力,且+2氧化数物质还原能力越弱,其相应的+3氧化数物质氧化能力越强,铁(III)不能氧化浓盐酸,钴(III)、镍(III)能与浓盐酸生成氯气。

$$4Fe(OH)_2 + O_2 + 2H_2O == 4Fe(OH)_3 \downarrow$$

$$4Co(OH)_2 + O_2 + 2H_2O == 4Co(OH)_3 \downarrow$$

$$2Ni(OH)_2 + Br_2 + 2OH^- == 2Ni(OH)_3 \downarrow + 2Br^-$$

$$2Co(OH)_3 + 6H^+ + 10Cl^- == 2CoCl_4^{2-} + Cl_2 \uparrow + 6H_2O$$

$$2Ni(OH)_3 + 6H^+ + 2Cl^- == 2Ni^{2+} + Cl_2 \uparrow + 6H_2O$$

铬常见氧化数有+3、+6两种,锰较为常见氧化数有+2、+4、+6、+7,其中+6的 MnO_4^{2-} 只能在强碱性条件下存在。上述元素每种氧化数在酸性及碱性条件下常具有不同的存在形式、特征的颜色及氧化还原特性。不同氧化数物质之间的转化反应及反应现象反映出物质的重要性质。由于高氧化数的铬、锰在酸性条件下具有很强的氧化能力,故通常在碱性条件下将低氧化数的物质氧化为高价物质。

$Cr(OH)_3$ 在碱性条件下易被氧化为 CrO_4^{2-},而酸性条件下又可被还原为 Cr^{3+}。利用相关反应可鉴定 Cr^{3+} 的存在。

$$Cr(OH)_3 + OH^- == Cr(OH)_4^-$$

$$2Cr(OH)_4^- + 3H_2O_2 + 2OH^- == 2CrO_4^{2-} + 8H_2O$$

$$Cr_2O_7^{2-} + 3H_2O_2 + 8H^+ == 2Cr^{3+} + 3O_2 \uparrow + 7H_2O$$

MnO_4^- 是强氧化剂,其被还原的产物随介质的酸碱性而异。酸性条件下,MnO_2 在反应中通常表现出氧化性,但在碱中熔融条件下可被氧化。$Mn(OH)_2$ 在碱性条件下极易被氧化为 MnO_2。

$$2MnO_4^- + SO_3^{2-} + 2OH^- = 2MnO_4^{2-} + SO_4^{2-} + H_2O$$

$$2MnO_4^- + 3SO_3^{2-} + H_2O = 2MnO_2\downarrow + 3SO_4^{2-} + 2OH^-$$

$$2MnO_4^- + 5SO_3^{2-} + 6H^+ = 2Mn^{2+} + 5SO_4^{2-} + 3H_2O$$

三、仪器与试剂

仪器:离心机,离心试管,滤纸,试管夹,恒温水浴锅,酒精灯。

试剂:HCl(浓,6mol·dm^{-3},2mol·dm^{-3}),H$_2$SO$_4$(6mol·dm^{-3},2mol·dm^{-3},1mol·dm^{-3}),HNO$_3$(6mol·dm^{-3},2mol·dm^{-3}),NaOH(6mol·dm^{-3},2mol·dm^{-3}),NH$_3$·H$_2$O(6mol·dm^{-3},2mol·dm^{-3}),CrCl$_3$(0.1mol·dm^{-3}),MnSO$_4$(0.1mol·dm^{-3}),(NH$_4$)$_2$Fe(SO$_4$)$_2$(0.1mol·dm^{-3}),FeCl$_3$(0.1mol·dm^{-3}),CoCl$_2$(0.1mol·dm^{-3}),NiSO$_4$(0.1mol·dm^{-3}),KMnO$_4$(0.1mol·dm^{-3}),CuCl$_2$(0.1mol·dm^{-3}),Na$_2$SO$_3$(0.5mol·dm^{-3}),Na$_2$CO$_3$(0.5mol·dm^{-3}),Na$_2$S(0.5mol·dm^{-3}),Br$_2$水,H$_2$O$_2$(3%),BaCl$_2$(0.1mol·dm^{-3}),K$_4$[Fe(CN)$_6$](0.1mol·dm^{-3}),K$_3$[Fe(CN)$_6$](0.1mol·dm^{-3}),戊醇,丁二酮肟(1%),KSCN(饱和),MnO$_2$(s),(NH$_4$)$_2$Fe(SO$_4$)$_2$(s),Zn(s),NaBiO$_3$(s),淀粉-碘化钾试纸,醋酸铅试纸。

四、实验内容

1. 氢氧化物的制备与性质

分别向 CrCl$_3$、MnSO$_4$、(NH$_4$)$_2$Fe(SO$_4$)$_2$、FeCl$_3$、CoCl$_2$ 和 NiSO$_4$ 溶液中,滴加 2mol·dm^{-3} 的 NaOH 溶液至产生沉淀,放置一段时间,观察沉淀颜色有无变化。写出有关反应方程式。

2. 化合物的氧化还原性

(1) Fe(Ⅱ)、Co(Ⅱ)、Ni(Ⅱ)的还原性。分别在(NH$_4$)$_2$Fe(SO$_4$)$_2$、CoCl$_2$ 和 NiSO$_4$ 溶液中加入几滴溴水,观察现象,写出有关反应方程式。

分别在(NH$_4$)$_2$Fe(SO$_4$)$_2$、CoCl$_2$ 和 NiSO$_4$ 溶液中加入 6mol·dm^{-3} 的 NaOH 溶液,所生成沉淀中再各加入几滴溴水,沉淀有何变化(沉淀保留供下一步之用)?写出反应方程式,比较 Fe(Ⅱ)、Co(Ⅱ)、Ni(Ⅱ)还原性在不同介质中的差别。

(2) Fe(Ⅲ)、Co(Ⅲ)、Ni(Ⅲ)的氧化性。用上步所制取的 Fe(OH)$_3$、NiO(OH) 及 CoO(OH),分别加入浓 HCl,观察现象,检查有无氯气产生? 写出反应方程式,比较 Fe(Ⅲ)、Co(Ⅲ)、Ni(Ⅲ)的氧化能力的差别。

(3) 锰化合物的氧化还原性。

① Mn(Ⅳ)、Mn(Ⅶ)氧化性比较。用固体 MnO$_2$、浓 HCl、0.1mol·dm^{-3} 的 KMnO$_4$、0.1mol·dm^{-3} 的 MnSO$_4$ 设计一组实验,验证 MnO$_2$、KMnO$_4$ 氧化性,写出反应方程式。可参考以下反应方程式。

$$2KMnO_4 + 3MnSO_4 + 2H_2O = K_2SO_4 + 5MnO_2\downarrow + 2H_2SO_4$$

$$MnO_2(s) + 4HCl(浓) = MnCl_2 + Cl_2\uparrow + 2H_2O$$

②Mn(Ⅶ)氧化性与介质的关系。分别试验 Na_2SO_3 溶液在酸性、中性及碱性介质中与 $KMnO_4$ 的反应,观察现象并写出反应方程式。

(4) Cr(Ⅲ)、Cr(Ⅵ)化合物的氧化还原性。利用 $CrCl_3$、H_2O_2、$2mol \cdot dm^{-3}$ NaOH、$2mol \cdot dm^{-3}$ H_2SO_4 等试剂设计系列试管实验,说明铬常见两种氧化数相互转化的条件及其存在形式在不同酸碱介质中的差异。观察现象,并写出有关反应方程式。

3. 金属离子的水解

(1) Fe(Ⅲ)的水解。在 $FeCl_3$ 溶液中逐滴加入 Na_2S 溶液,观察有何现象,检验生成的气体,写出有关反应方程式。

(2) Cr(Ⅲ)的水解。向 $CrCl_3$ 溶液中滴加 Na_2CO_3 溶液,观察现象,写出有关反应方程式。

4. 离子鉴定

(1) Cr^{3+} 的鉴定。取数滴试液加入 $2mol \cdot dm^{-3}$ 的 NaOH 至生成亮绿色 $[Cr(OH)_4]^-$ 溶液,加数滴 3% 的 H_2O_2 溶液,如生成黄色 CrO_4^{2-},初步证明含 Cr(Ⅲ);然后在此溶液中加入 $0.1mol \cdot dm^{-3}$ 的 $BaCl_2$ 溶液,如有黄色 $BaCrO_4$ 沉淀生成,证明原试液中含有 Cr^{3+}。试写出有关反应方程式。

也可以用下述方法鉴定溶液中是否有 Cr^{3+}:生成黄色 CrO_4^{2-} 后加 $1mol \cdot dm^{-3}$ 的 H_2SO_4 酸化至溶液转为橙色后,加入 H_2O_2 和乙醚,如乙醚层有蓝色过氧化物 $CrO(O_2)_2$ 生成,说明 Cr^{3+} 已被氧化为 Cr(Ⅵ),证明原试液中含有 Cr^{3+}。

(2) Mn^{2+} 的鉴定。取少量 Mn^{2+} 的试液,加入数滴 $6mol \cdot dm^{-3}$ 的 HNO_3 溶液,再加入少许 $NaBiO_3$ 固体,如果溶液放置后出现紫红色,说明试液中含有 Mn^{2+}。

$$2Mn^{2+} + 5NaBiO_3 + 14H^+ \longrightarrow 2MnO_4^- + 5Bi^{3+} + 5Na^+ + 7H_2O$$

注意:只可以用 HNO_3 作介质,不可以用 HCl,若有 Cl^- 存在,可将生成的 MnO_4^- 还原,紫色褪去;其次,试液中 Mn^{2+} 浓度应较低,过量的 Mn^{2+} 可将 MnO_4^- 还原。

(3) Fe^{2+}、Fe^{3+} 的鉴定。在点滴板穴内加 1 滴 Fe^{3+} 试液,加 1 滴 $2mol \cdot dm^{-3}$ HCl,再加 1 滴 $K_4[Fe(CN)_6]$ 试液,有蓝色沉淀,证明试液含有 Fe^{3+}。

在点滴板穴内加 1 滴 Fe^{2+} 试液,加 1 滴 $2mol \cdot dm^{-3}$ HCl,再加 1 滴 $K_3[Fe(CN)_6]$ 试液,有蓝色沉淀,证明试液含有 Fe^{2+}。

(4) Co^{2+}、Ni^{2+} 的鉴定。在含 Co^{2+} 的试液中加少量 KSCN 晶体,并加少量戊醇后震荡,若有机层呈蓝色,证明试液中存在 Co^{2+}。

在含 Ni^{2+} 的试液中加数滴 $2mol \cdot dm^{-3}$ $NH_3 \cdot H_2O$ 溶液,再加入 1% 丁二酮肟溶液,如有鲜红色沉淀,证明试液中存在 Ni^{2+}。

写出上述鉴定反应的反应方程式。

5. 混合离子的分离鉴定

未知液由 Cr(Ⅲ)、Mn(Ⅱ)、Fe(Ⅱ)、Co(Ⅱ)、Ni(Ⅱ)五种离子中的若干种混合而成,根据其性质设计合理的离子分离鉴定方案(通过预习查阅相关资料)。自行配制样品一份进行分析。

五、思考题

(1)在制备 $Fe(OH)_2$ 的相关实验中,为何要将有关溶液煮沸?

(2)$Cr(III)$-$Cr(VI)$、$Mn(II)$-$Mn(IV)$、$Mn(II)$-$Mn(VII)$、$Co(II)$-$Co(III)$的转化实验中,溶液酸碱性对反应有何影响?

(3)$CrCl_3$ 中加入 Na_2CO_3,产物是 $Cr_2(CO_3)_3$ 吗?如何证明?

(4)比较三价铬盐和铝盐的相似性。

实验十五　ds 区重要元素化合物性质及应用
（铜、银、锌、镉、汞）

一、实验目的

(1) 掌握 Cu^{2+}、Ag^+、Zn^{2+}、Cd^{2+}、Hg^{2+} 的氧化物和氢氧化物的性质。
(2) 掌握 Cu^{2+}、Ag^+、Zn^{2+}、Cd^{2+}、Hg^{2+} 的硫化物的性质。
(3) 掌握 Cu^{2+}、Ag^+、Zn^{2+}、Cd^{2+}、Hg^{2+} 的重要配合物的性质。
(4) 掌握与这些元素有关的重要氧化还原反应。

二、实验原理

在周期系中，Cu、Ag 属 ⅠB 族元素，Zn、Cd、Hg 为 ⅡB 族元素。它们化合物的重要性质如下。

1. 氢氧化物的酸碱性和脱水性

Cu^{2+}、Zn^{2+}、Cd^{2+} 都能与 NaOH 反应生成相应的氢氧化物沉淀。其中 $Cu(OH)_2$ 不稳定，当加热至 90℃时，生成 CuO；Ag^+ 与 NaOH 反应生成的 AgOH 更不稳定，在室温下迅速分解为 Ag_2O；在室温时 Hg^{2+} 与 NaOH 反应只生成 HgO。

$Zn(OH)_2$ 为两性氢氧化物，$Cu(OH)_2$ 呈较弱的两性（偏碱），其余氧化物或氢氧化物都显碱性。

2. 硫化物的性质

Cu^{2+}、Ag^+、Zn^{2+}、Cd^{2+}、Hg^{2+} 与 S^{2-} 反应生成有色的硫化物沉淀。其中 ZnS 能溶于稀 HCl；CdS 难溶于稀 HCl，但能溶于浓 HCl；Ag_2S 和 CuS 能溶于浓 HNO_3，HgS 只能溶于王水。

3. 配位性

Cu^{2+}、Ag^+、Zn^{2+}、Cd^{2+}、Hg^{2+} 等离子都有较强的接受配体的能力，能与多种配体形成配离子。例如，Cu^{2+}、Ag^+、Zn^{2+}、Cd^{2+} 都能与过量的 $NH_3 \cdot H_2O$ 生成配离子，Hg^{2+} 只在有大量 NH_4^+ 存在下，才和 $NH_3 \cdot H_2O$ 生成 $[Hg(NH_3)_4]^{2+}$ 配离子。

Hg^{2+} 与过量的 I^- 反应生成无色的 $[HgI_4]^{2-}$，它与 NaOH 的混合物称为奈斯勒试剂，可用来鉴定 NH_4^+ 离子。

Hg^{2+} 与过量的 KSCN 溶液反应生成 $[Hg(SCN)_4]^{2-}$ 配离子。$[Hg(SCN)_4]^{2-}$ 与 Co^{2+} 生成蓝紫色的 $Co[Hg(SCN)_4]$；与 Zn^{2+} 反应生成白色的 $Zn[Hg(SCN)_4]$，可用此反应来鉴定 Co^{2+} 和 Zn^{2+}。

$$Hg^{2+} + 2SCN^- \Longrightarrow Hg(SCN)_2 \downarrow \quad （白色）$$

$$Hg(SCN)_2 + 2SCN^- \Longrightarrow [Hg(SCN)_4]^{2-} \quad （无色）$$

4. 氧化性

Cu^{2+} 的氧化性：在加热的碱性溶液中，Cu^{2+} 能氧化醛或糖类，并有暗红色的 Cu_2O 生成。

$$2[Cu(OH)_4]^{2-}+C_6H_{12}O_6 =\!=\!= Cu_2O\downarrow+C_6H_{12}O_7+2H_2O+4OH^-$$

在较浓的 HCl 中，Cu^{2+} 能将 Cu 氧化成一价铜（$[CuCl_2]^-$），用水稀释生成白色的 CuCl 沉淀。Cu^{2+} 还能与 I^- 反应生成 CuI 沉淀，生成的 I_2 用 $Na_2S_2O_3$ 除去。

$$4I^-+2Cu^{2+}=\!=\!=2CuI\downarrow（白色）+I_2$$

$$I_2+2S_2O_3^{2-}=\!=\!=2I^-+S_4O_6^{2-}$$

Ag^+ 的氧化性：含有 $[Ag(NH_3)_2]^+$ 的溶液在加热时能将醛类和某些糖类氧化，本身被还原为 Ag。

Hg^{2+} 的氧化性：酸性条件下 Hg^{2+} 具有较强的氧化性。例如 $HgCl_2$ 与 $SnCl_2$ 反应生成 Hg_2Cl_2 白色沉淀，进一步生成黑色 Hg，这一反应用于 Hg^{2+} 或 Sn^{2+} 的鉴定。

三、仪器与试剂

仪器：试管，烧杯，离心管，离心机，点滴板，量筒，滴管。

试剂：HCl 溶液（$2mol\cdot dm^{-3}$，$6mol\cdot dm^{-3}$，浓），H_2SO_4 溶液（$1mol\cdot dm^{-3}$），HNO_3 溶液（$2mol\cdot dm^{-3}$，$6mol\cdot dm^{-3}$），王水，NaOH 溶液（$2mol\cdot dm^{-3}$，$6mol\cdot dm^{-3}$，40%），$NH_3\cdot H_2O$ 溶液（$2mol\cdot dm^{-3}$，$6mol\cdot dm^{-3}$，浓），$CuSO_4$ 溶液（$0.1mol\cdot dm^{-3}$），$AgNO_3$ 溶液（$0.1mol\cdot dm^{-3}$），KI 溶液（$0.2mol\cdot dm^{-3}$），$Na_2S_2O_3$ 溶液（$0.1mol\cdot dm^{-3}$），$ZnSO_4$ 溶液（$0.1mol\cdot dm^{-3}$），$CdSO_4$ 溶液（$0.1mol\cdot dm^{-3}$），$Hg(NO_3)_2$ 溶液（$0.1mol\cdot dm^{-3}$），$CoCl_2$ 溶液（$0.1mol\cdot dm^{-3}$），KSCN 溶液（$1mol\cdot dm^{-3}$），葡萄糖（10%），硫代乙酰胺溶液（$0.1mol\cdot dm^{-3}$）。

四、实验内容

1. 氢氧化物的生成和性质

（1）$Cu(OH)_2$ 的生成和性质：在三份 $0.1mol\cdot dm^{-3}$ $CuSO_4$ 溶液中分别加入 $2mol\cdot dm^{-3}$ NaOH 溶液，观察产物 $Cu(OH)_2$ 的颜色和状态。离心分离，弃去清液，并用蒸馏水洗涤沉淀 2～3 次。然后将其中一份沉淀加热观察有何变化。其余两份，一份加入 $1mol\cdot dm^{-3}$ H_2SO_4，另一份加入 $6mol\cdot dm^{-3}$ NaOH，观察有何变化。写出反应方程式。

（2）Ag_2O 的生成和性质：往三份盛有 $0.1mol\cdot dm^{-3}$ $AgNO_3$ 溶液的离心管中，慢慢滴加 $2mol\cdot dm^{-3}$ NaOH 溶液，观察沉淀的生成和变化。离心分离，弃去清液。一份加 $2mol\cdot dm^{-3}$ HNO_3，一份加 $6mol\cdot dm^{-3}$ $NH_3\cdot H_2O$，一份加 40%NaOH，观察反应现象。

（3）$Zn(OH)_2$ 的生成和性质：在两份 $0.1mol\cdot dm^{-3}$ $ZnSO_4$ 溶液中，分别逐滴加入 $2mol\cdot dm^{-3}$ NaOH 溶液直到有沉淀产生为止，观察产物 $Zn(OH)_2$ 的颜色和状态。离心分离，弃去清液。然后在一份沉淀中加入 $1mol\cdot dm^{-3}$ H_2SO_4，另一份沉淀中加入 $2mol\cdot dm^{-3}$ NaOH，观察各有何变化。

（4）$Cd(OH)_2$ 的生成和性质：在两份 $0.1mol\cdot dm^{-3}$ $CdSO_4$ 溶液中，分别加入 $2mol\cdot dm^{-3}$ NaOH 溶液，观察产物 $Cd(OH)_2$ 的颜色和状态。离心分离，弃去清液。然后在一份沉

淀中加入 1mol·dm^{-3} H$_2$SO$_4$,在另一份沉淀中加入 40％NaOH,观察有何变化。

(5)HgO 的生成和性质：在两份 0.1mol·dm^{-3} Hg(NO$_3$)$_2$ 溶液中,分别加入 2mol·dm^{-3} NaOH 溶液,观察产物 HgO 的颜色和状态。离心分离,弃去清液。然后在一份沉淀中加入 1mol·dm^{-3} H$_2$SO$_4$,另一份沉淀中加入 40％NaOH,观察有何变化。

通过实验,总结铜、银、锌、镉、汞氢氧化物或氧化物的性质。

2. 硫化物的生成和溶解性

用浓度均为 0.1mol·dm^{-3} 的 CuSO$_4$、AgNO$_3$、ZnSO$_4$、CdSO$_4$、Hg(NO$_3$)$_2$ 和少量的硫代乙酰胺溶液,水浴加热制备 CuS、Ag$_2$S、ZnS、CdS、HgS 沉淀,观察生成沉淀的颜色、状态。离心分离,弃去清液。现有 2mol·dm^{-3} HCl、6mol·dm^{-3} HCl、6mol·dm^{-3} HNO$_3$、王水,参考硫化物的溶度积常数,确定这些硫化物溶于何种酸中,并用实验验证。

3. 配合物的生成和性质

(1)Cu^{2+}、Ag$^+$、Zn^{2+}、Cd^{2+} 氨配合物的生成和性质：在 0.1mol·dm^{-3} CuSO$_4$ 溶液中,加入数滴 2mol·dm^{-3} NH$_3$·H$_2$O,观察生成沉淀的颜色、状态。继续滴加 2mol·dm^{-3} NH$_3$·H$_2$O 直到沉淀完全溶解为止,观察溶液的颜色。然后将所得溶液分成两份,一份逐滴加 1mol·dm^{-3} H$_2$SO$_4$,另一份加热至沸。观察各有何变化,并加以解释。

再分别以 AgNO$_3$、ZnSO$_4$、CdSO$_4$ 代替 CuSO$_4$ 进行实验。

(2)汞配合物的生成和性质。

①在 0.1mol·dm^{-3} Hg(NO$_3$)$_2$ 溶液中,滴加 0.2mol·dm^{-3} KI,观察沉淀的颜色,继续滴加 0.2mol·dm^{-3} KI,直到生成的沉淀又复溶解。然后再在溶液中加入少量 6mol·dm^{-3} NaOH 溶液至溶液微黄色又无明显的沉淀析出,此溶液就是奈斯勒试剂。用它如何检验 NH$_4^+$ 离子？

②在 0.1mol·dm^{-3} Hg(NO$_3$)$_2$ 溶液中,逐滴加入 1mol·dm^{-3} KSCN 溶液,观察沉淀的颜色、状态。再继续加入过量的 KSCN 溶液,沉淀溶解,形成配离子。将此溶液分成两份,一份加入 0.1mol·dm^{-3} ZnSO$_4$ 溶液,另一份加入 0.1mol·dm^{-3} CoCl$_2$ 溶液,观察 Zn[Hg(SCN)$_4$]和 Co[Hg(SCN)$_4$]沉淀(若反应慢可微热)的颜色、状态。此反应可定性鉴定 Zn^{2+} 和 Co^{2+}。

4. Cu^{2+}、Ag$^+$ 化合物的氧化性

(1)Cu$_2$O 的生成和性质：在 0.1mol·dm^{-3} CuSO$_4$ 溶液中加入过量的 6mol·dm^{-3} NaOH 溶液,使最初生成的沉淀完全溶解。再在溶液中加入数滴 10％的葡萄糖溶液,混匀,水浴加热,观察现象。离心分离,弃去清液。然后将沉淀分成三份,一份加浓 NH$_3$·H$_2$O,一份加浓 HCl,一份加 1mol·dm^{-3} H$_2$SO$_4$,观察现象,并总结 Cu$_2$O 的性质。

(2)CuI 的生成：在 0.1mol·dm^{-3} CuSO$_4$ 溶液中,加入数滴 0.2mol·dm^{-3} KI 溶液,观察有何变化？再滴加 0.1mol·dm^{-3} Na$_2$S$_2$O$_3$ 溶液(不宜过多),以除去反应生成的 I$_2$。离心分离,弃去清液。观察 CuI 的颜色和状态。

(3)银镜的制作：取一支干净的试管,加入几滴 0.1mol·dm^{-3} AgNO$_3$ 溶液,然后逐滴滴加 2mol·dm^{-3} NH$_3$·H$_2$O 至所有的氧化银沉淀刚好溶解为止,再加入数滴 10％葡萄糖溶液,在水浴上加热,观察试管壁上有何变化。

五、思考题

(1) 有人在进行 CuI 生成实验时,加入了过量的 KI 溶液,结果得到澄清的红棕色液体,试解释?

(2) AgCl 和 Hg_2Cl_2 都为不溶于水的白色沉淀,如何进行鉴别?

(3) 为何先将 $AgNO_3$ 制成 $[Ag(NH_3)_2]^+$ 离子,然后再用葡萄糖还原制取银镜?能否直接用葡萄糖还原 $AgNO_3$ 制得?镀在试管上的银镜如何洗掉?

实验十六 常见阴离子的分离与鉴定

一、实验目的

(1)掌握水溶液中常见阴离子分离、检出的一般原则、方法、步骤和相应的条件。
(2)熟悉常见阴离子的有关性质。
(3)检出未知液中的阴离子。

二、实验原理

在水溶液中,非金属元素常以简单阴离子(如 S^{2-}、Cl^- 等)或复杂阴离子(如 CO_3^{2-}、SO_4^{2-} 等)存在。由于酸碱性、氧化还原性等的限制,很多阴离子不能共存于同一溶液中,共存于溶液中的各离子彼此干扰较少,且许多阴离子有特征反应,故可采用分别分析法,即利用阴离子的分析特性,先对未知溶液进行一系列初步试验,分析并初步确定可能存在的阴离子,然后根据离子性质的差异和特征反应进行分离鉴定。

1.阴离子的检验分析

初步试验包括挥发性试验、沉淀试验、氧化还原试验等。阴离子初步检验的分析步骤如下。

(1)溶液酸碱性的检验,用 pH 试纸测定未知液的酸碱性。如果溶液呈强酸性,则不可能存在 CO_3^{2-}、NO_2^-、S^{2-}、SO_3^{2-}、$S_2O_3^{2-}$,如有 PO_4^{3-},也只能是以 H_3PO_4 形式存在。

如果试液是碱性,在试液中加入 $2mol \cdot dm^{-3}$ H_2SO_4 酸化,稍微加热,观察有无气泡生成;若有气泡生成,表示可能有 CO_3^{2-}、S^{2-}、SO_3^{2-}、$S_2O_3^{2-}$、NO_2^-。

(2)钡组阴离子的检验,在试液中加入 $6mol \cdot dm^{-3}$ 的 $NH_3 \cdot H_2O$,使溶液呈碱性,然后加入 $1mol \cdot dm^{-3}$ $BaCl_2$ 溶液,若有白色沉淀生成,则可能含有 CO_3^{2-}、SO_4^{2-}、SO_3^{2-}、PO_4^{3-}、$S_2O_3^{2-}$ (浓度大于 $0.04mol \cdot dm^{-3}$ 时);如不能产生白色沉淀,则这些离子不存在($S_2O_3^{2-}$ 不能确定)。

(3)银组阴离子的检验,取未知液 3~4 滴,加入数滴 $0.1mol \cdot dm^{-3}$ $AgNO_3$ 溶液,如果立即生成黑色沉淀,表示有 S^{2-} 存在,如果生成白色(或黄色)沉淀,且沉淀迅速变黄→棕→黑,表示有 $S_2O_3^{2-}$ 存在,离心分离,在沉淀中加入一定量 $6mol \cdot dm^{-3}$ HNO_3(必要时加热搅拌),若沉淀不溶或部分溶解,表示可能有 Cl^-、Br^-、I^- 存在。

(4)还原性阴离子的检验,用 $2mol \cdot dm^{-3}$ H_2SO_4 使试液酸化,加入数滴 $KMnO_4$ 溶液,若 MnO_4^- 的紫红色褪去,表示可能有 SO_3^{2-}、$S_2O_3^{2-}$、S^{2-}、Br^-、I^-、NO_2^- 等还原性离子存在。相应的反应方程式如下:

$$2MnO_4^- + 5SO_3^{2-} + 6H^+ = 2Mn^{2+} + 5SO_4^{2-} + 3H_2O$$

$$8MnO_4^- + 5S_2O_3^{2-} + 14H^+ = 10SO_4^{2-} + 8Mn^{2+} + 7H_2O$$

$$2MnO_4^- + 5S^{2-} + 16H^+ = 2Mn^{2+} + 5S\downarrow + 8H_2O$$

$$2MnO_4^- + 10Br^- + 16H^+ = 2Mn^{2+} + 5Br_2 + 8H_2O$$

$$2MnO_4^- + 10I^- + 16H^+ = 2Mn^{2+} + 5I_2 + 8H_2O$$

$$2MnO_4^- + 5NO_2^- + 6H^+ = 2Mn^{2+} + 5NO_3^- + 3H_2O$$

检出还原性离子后,再用淀粉-碘溶液进一步检验是否存在强还原性离子,若加入淀粉-碘溶液后,蓝色褪去,表示可能存在 S^{2-}、SO_3^{2-}、$S_2O_3^{2-}$ 等离子。相应的反应方程式如下:

$$S^{2-} + I_2 = S\downarrow + 2I^-$$

$$SO_3^{2-} + I_2 + H_2O = SO_4^{2-} + 2I^- + 2H^+$$

$$2S_2O_3^{2-} + I_2 = S_4O_6^{2-} + 2I^-$$

(5)氧化性阴离子的试验,在用 H_2SO_4 酸化后的试液中加入 CCl_4 和 1~2 滴 $1mol\cdot dm^{-3}$ KI 溶液,振荡试管,如果 CCl_4 层呈紫色,表示溶液中存在 NO_2^-。

根据初步试验结果,推断可能存在的阴离子,然后对阴离子进行个别鉴定。

某些离子在鉴定时会发生相互干扰,应先分离,后鉴定。例如,S^{2-} 的存在会干扰 SO_3^{2-} 和 $S_2O_3^{2-}$ 的鉴定,应先将 S^{2-} 除去。除去的方法是在含有 S^{2-}、SO_3^{2-}、$S_2O_3^{2-}$ 的混合溶液中,加入 $PbCO_3$ 或 $CdCO_3$ 固体,使它们转化为溶解度更小的硫化物而将 S^{2-} 分离出去,在清液中分别鉴定 SO_3^{2-}、$S_2O_3^{2-}$ 即可。

2. 常见阴离子的检出反应

(1) CO_3^{2-} 的鉴定。检测时 SO_3^{2-} 和 $S_2O_3^{2-}$ 有干扰,消除干扰的方法是在试液酸化前加 4~6 滴 3% H_2O_2,消除干扰离子后,在试液中加入等体积 $3mol\cdot dm^{-3}$ HCl,立即用附有滴管(滴管中盛有 1~2 滴澄清的饱和 $Ba(OH)_2$ 溶液)的软木塞将试管口塞紧,如有气泡发生,并使 $Ba(OH)_2$ 溶液变混浊,表示有 CO_3^{2-} 离子。

$$CO_3^{2-} + 2H^+ = CO_2\uparrow + H_2O$$

$$Ba(OH)_2 + CO_2 = BaCO_3\downarrow + H_2O$$

(2) NO_3^- 的鉴定。在点滴板中加入 1 滴试液和 1 小粒 $FeSO_4\cdot 7H_2O$ 晶体,然后沿晶体边缘滴加 1 滴浓 H_2SO_4,在 $FeSO_4$ 晶体四周形成棕色圆环,表示有 NO_3^- 离子,NO_2^- 有干扰,用尿素和 H_2SO_4 加热,可以消除 NO_2^- 的干扰。

$$3Fe^{2+} + NO_3^- + 4H^+ = 3Fe^{3+} + NO + 2H_2O$$

$$[Fe(H_2O)_6]^{2+} + NO = [Fe(NO)(H_2O)_5]^{2+}(棕色) + H_2O$$

(3) NO_2^- 的鉴定。取 2 滴试液于点滴板上,加 1 滴 $2mol\cdot dm^{-3}$ HAc 溶液酸化,再加 1 滴对氨基苯磺酸和 1 滴 α-萘胺。如有玫瑰红色出现,表示有 NO_2^- 存在。

(4) SO_4^{2-} 的鉴定。试液用 HCl 酸化,在所得清液中加入 $BaCl_2$ 溶液,生成白色 $BaSO_4$ 沉淀,表示有 SO_4^{2-} 存在。

$$SO_4^{2-} + Ba^{2+} = BaSO_4\downarrow$$

(5) SO_3^{2-} 的鉴定。在点滴板中加入 2 滴除去硫化物后的试液、饱和 $ZnSO_4$ 溶液、$0.1mol\cdot dm^{-3}$ $K_4[Fe(CN)_6]$、1% 亚硝酰铁氰化钠试剂和 $2mol\cdot dm^{-3}$ 的 $NH_3\cdot H_2O$ 各 1 滴,生成红色沉淀,表示有 SO_3^{2-}。

(6) $S_2O_3^{2-}$ 的鉴定。在与干扰离子分离后,加入过量的 $AgNO_3$,白色沉淀很快变为棕色,最后变成黑色,表示有 $S_2O_3^{2-}$ 离子。

$$2Ag^+ + S_2O_3^{2-} =\!\!=\!\!= Ag_2S_2O_3 \downarrow （白色沉淀）$$

$$Ag_2S_2O_3 + H_2O =\!\!=\!\!= Ag_2S \downarrow + H_2SO_4$$

(7) PO_4^{3-} 的鉴定。取 4 滴试液,加入 3～4 滴浓 HNO_3,煮沸,将还原性阴离子氧化,以消除干扰离子的干扰,再加 8～10 滴钼酸铵试剂,微热,用玻璃棒摩擦试管内壁,生成黄色晶形沉淀,表示有 PO_4^{3-} 离子。

$$PO_4^{3-} + 3NH_4^+ + 12MoO_4^{2-} + 24H^+ =\!\!=\!\!= (NH_4)_3PO_4 \cdot 12MoO_3 \cdot 6H_2O \downarrow + 6H_2O$$

(8) S^{2-} 的鉴定。取 1 滴试液于点滴板中,加 1 滴 $2mol \cdot dm^{-3}$ NaOH 溶液,再加 1 滴 1% 亚硝酰铁氰化钠试剂,如溶液变成紫色,表示有 S^{2-} 存在。

$$2Na^+ + S^{2-} + Na_2[Fe(CN)_5NO] =\!\!=\!\!= Na_4[Fe(CN)_5NOS]（紫色）$$

(9) Cl^- 的鉴定。

$$Ag^+ + Cl^- =\!\!=\!\!= AgCl \downarrow \quad 白色沉淀$$

$$AgCl + 2NH_3 \cdot H_2O =\!\!=\!\!= [Ag(NH_3)_2]Cl + 2H_2O$$

$$[Ag(NH_3)_2]Cl + 2HNO_3 =\!\!=\!\!= AgCl \downarrow + 2NH_4^+ + 2NO_3^-$$

(10) I^- 的鉴定。

$$2I^- + Cl_2 =\!\!=\!\!= I_2 + 2Cl^- \quad （CCl_4 层呈现紫红色）$$

$$I_2 + 5Cl_2 + 6H_2O =\!\!=\!\!= 2HIO_3 + 10HCl \quad （CCl_4 层的紫红色褪至无色）$$

(11) Br^- 的鉴定。

$$2Br^- + Cl_2 =\!\!=\!\!= Br_2 + 2Cl^- \quad （CCl_4 层出现黄色或橙红色,表示有 Br^- 存在）$$

三、仪器与试剂

仪器:离心机,试管,点滴板,玻璃棒,水浴锅,胶头滴管。

药品:$H_2SO_4(2mol \cdot dm^{-3},浓)$,HCl 溶液$(3mol \cdot dm^{-3}, 6mol \cdot dm^{-3})$,$HNO_3(2mol \cdot dm^{-3},浓,6mol \cdot dm^{-3})$,$HAc(2mol \cdot dm^{-3}, 6mol \cdot dm^{-3})$,$NH_3 \cdot H_2O(2mol \cdot dm^{-3}, 6mol \cdot dm^{-3})$,$Ba(OH)_2$(饱和),$NaOH(2mol \cdot dm^{-3})$,$KMnO_4$ 溶液$(0.1mol \cdot dm^{-3})$,$KI(1mol \cdot dm^{-3})$,$ZnSO_4$ 溶液(饱和),$K_4[Fe(CN)_6](0.1mol \cdot dm^{-3})$,$H_2O_2(3\%)$,$BaCl_2(1mol \cdot dm^{-3})$,对氨基苯磺酸溶液,$\alpha$-萘胺溶液,$Na_2[Fe(CN)_5NO](1\%,新配)$,$(NH_4)_2CO_3(12\%)$,$AgNO_3(0.1mol \cdot dm^{-3})$,$(NH_4)_2MoO_4$ 溶液(3%),$PbCO_3(s)$,$FeSO_4 \cdot 7H_2O(s)$,尿素,Cl_2水(饱和),CCl_4,淀粉-碘溶液,pH 试纸。含有 CO_3^{2-}、NO_2^-、NO_3^-、PO_4^{3-}、S^{2-}、SO_3^{2-}、SO_4^{2-}、$S_2O_3^{2-}$、Cl^-、Br^-、I^- 中部分阴离子的混合液。

四、实验内容

1. 阴离子的初步检验

取一份未知溶液,其中可能含有的阴离子是 CO_3^{2-}、NO_2^-、NO_3^-、PO_4^{3-}、S^{2-}、SO_3^{2-}、SO_4^{2-}、$S_2O_3^{2-}$、Cl^-、Br^-、I^- 等,按阴离子初步检验的方法,分析并初步确定可能存在的阴离子。

2. 阴离子的检验

经过以上的初步试验,对可能存在的阴离子,参照常见阴离子的检出反应,进行分离、检出,最后确定未知溶液中有哪些阴离子存在。

五、思考题

(1)一种能溶于水的混合物,已检出含 Ag^+ 和 Ba^{2+}。下列阴离子中哪几个可不必鉴定?

SO_3^{2-} Cl^- NO_3^- SO_4^{2-} CO_3^{2-} I^-

(2)加稀 H_2SO_4 或稀 HCl 溶液于固体试样中,如观察到有气泡产生,则该固体试样中可能存在哪些阴离子?

(3)有一阴离子未知液,用稀 HNO_3 调节其至酸性后,加入 $AgNO_3$ 试剂,发现并无沉淀生成,则可以确定哪几种阴离子不存在?

(4)请选用一种试剂区别下列 5 种溶液。

$NaNO_3$ Na_2S $NaCl$ $Na_2S_2O_3$ Na_2HPO_4

(5)在鉴定 CO_3^{2-} 离子时,如何消除 SO_3^{2-} 的干扰?

实验十七 水溶液中 Na^+、K^+、NH_4^+、Ca^{2+}、Mg^{2+}、Ba^{2+} 的分离与鉴定

一、实验目的

(1) 熟悉碱金属、碱土金属微溶盐的有关性质。
(2) 了解碱金属、碱土金属离子的鉴定方法。

二、实验原理

实验原理可用图 3-1 所示流程图表示。

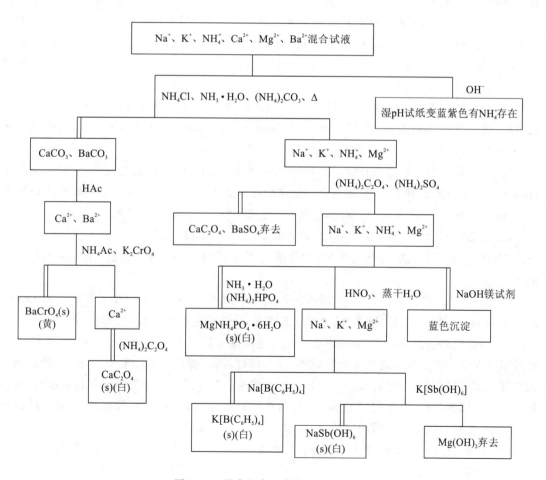

图 3-1 混合阳离子分离鉴定原理图

三、仪器与试剂

仪器:离心机,离心试管,滤纸,试管夹,恒温水浴锅,酒精灯,坩埚。

试剂：HAc（2mol·dm^{-3}），HNO$_3$（浓），NaOH（6mol·dm^{-3}），KOH（6mol·dm^{-3}），NH$_3$·H$_2$O（6mol·dm^{-3}），(NH$_4$)$_2$CO$_3$，K$_2$CrO$_4$，(NH$_4$)$_2$HPO$_4$，(NH$_4$)$_2$SO$_4$（浓度均为1mol·dm^{-3}），NH$_4$Cl，NH$_4$Ac（浓度均为3mol·dm^{-3}），(NH$_4$)$_2$C$_2$O$_4$（0.5mol·dm^{-3}），Na[B(C$_6$H$_6$)$_4$]溶液（5%），K[Sb(OH)$_6$]（饱和），奈斯勒试剂，镁试剂，广泛pH试纸。

四、实验内容

1. 已知混合液的分离检出

取Na$^+$、K$^+$、NH$_4^+$、Ca^{2+}、Mg^{2+}、Ba^{2+}试液各5滴，加到离心试管中，混合均匀后，按以下步骤进行分离检出。

（1）NH$_4^+$的检出。取3滴混合溶液加到小坩埚中，滴加6mol·dm^{-3} NaOH溶液至显强碱性，取一表面皿，在它的凸面上贴一块湿的pH试纸，将此表面皿盖在坩埚上，试纸较快地变成蓝色，说明试液中含NH$_4^+$。

（2）Ca^{2+}、Ba^{2+}的沉淀。在试液中加6滴3mol·dm^{-3} NH$_4$Cl溶液，并加入6mol·dm^{-3} NH$_3$·H$_2$O使溶液呈碱性，再多加3滴NH$_3$·H$_2$O，在搅拌下加入10滴1mol·dm^{-3} (NH$_4$)$_2$CO$_3$溶液，在60℃的热水中加热几分钟，然后离心分离，把清液转移到另一离心试管中，按（5）操作处理，沉淀供（3）用。

（3）Ba^{2+}的分离检出。（2）的沉淀用10滴热水洗涤，弃去洗涤液，用2mol·dm^{-3} HAc溶液溶解，需加热并不断搅拌，然后加入5滴3mol·dm^{-3} NH$_4$Ac溶液，加热后滴加1mol·dm^{-3} K$_2$CrO$_4$溶液，产生黄色沉淀，表示有Ba^{2+}，离心分离，清液留作检Ca^{2+}之用。

（4）Ca^{2+}的检出。如果（3）所得的清液呈橘黄色时，表明Ba^{2+}已沉淀完全，否则还需要加1mol·dm^{-3} K$_2$CrO$_4$使Ba^{2+}沉淀完全。往此清液中加入1滴6mol·dm^{-3} NH$_3$·H$_2$O和几滴0.5mol·dm^{-3} (NH$_4$)$_2$C$_2$O$_4$溶液，加热后产生白色沉淀，表示Ca^{2+}存在。

（5）残余Ba^{2+}、Ca^{2+}的除去。往（2）的清液中加入0.5mol·dm^{-3} (NH$_4$)$_2$C$_2$O$_4$和1mol·dm^{-3} (NH$_4$)$_2$SO$_4$各1滴，加热几分钟，如果溶液浑浊，离心分离，弃去沉淀，把清液转移到坩埚中。

（6）Mg^{2+}的检出。取几滴（5）的清液加到试管中，再加1滴6mol·dm^{-3} NH$_3$·H$_2$O和1滴1mol·dm^{-3} (NH$_4$)$_2$HPO$_4$溶液，摩擦试管内壁，产生白色晶形沉淀，表示有Mg^{2+}。

（7）铵盐的除去。小心将（5）中坩埚内的清液蒸发至只剩下几滴，再加8~10滴浓HNO$_3$，然后蒸发至干。在蒸发至最后1滴时，要移开酒精灯，借石棉网上的余热把它蒸干，最后用大火灼烧至不再冒白烟，冷却后往坩埚内加8滴蒸馏水。取1滴坩埚中的溶液加在点滴板中，再加2滴奈氏试剂，若不产生红褐色沉淀，表明铵盐已被除尽，否则还需要加浓HNO$_3$进行蒸发，以除尽铵盐。除尽铵盐后的溶液供（8）和（9）检出Na$^+$和K$^+$。

（8）K$^+$的检出。取2~3滴（7）的溶液加到试管中，加2滴Na[B(C$_6$H$_6$)$_4$]溶液，产生白色沉淀，表示有K$^+$存在。

（9）Na$^+$的检出。取2~3滴（7）的溶液加到离心试管中，加6mol·dm^{-3} KOH溶液至强碱性，加热后离心分离，弃去Mg(OH)$_2$沉淀，往清液中加等体积的饱和K[Sb(OH)$_6$]溶液，用玻璃棒摩擦试管壁，放置后有白色晶形沉淀，表示有Na$^+$，若没有沉淀产生，可放置较长时间再观察。

2. 未知溶液的鉴定

配制多种含不同上述离子组合的溶液,进行离子检出实验。

五、思考题

(1) 在用 $(NH_4)_2CO_3$ 沉淀 Ca^{2+}、Ba^{2+} 时,为什么既要加 NH_4Cl 溶液?又要加 $NH_3 \cdot H_2O$ 溶液?如果 $NH_3 \cdot H_2O$ 加得太多,对分离有何影响?为什么要加热至60℃?

(2) 溶解 $CaCO_3$、$BaCO_3$ 沉淀时,为什么用 HAc 而不用 HCl?

(3) 若沉淀 Ba^{2+}、Ca^{2+} 不完全,对 Mg^{2+}、Na^+ 等的检出有什么影响?

(4) 若在除去铵盐时不小心将坩埚钳上的铁锈带入坩埚中,当检验 NH_4^+ 是否除尽时,铁锈将干扰判断,为什么?

第四章 化合物的制备与提纯实验

实验十八 水的净化和纯度检测

一、实验目的

(1) 掌握离子交换法净化水的原理与方法。
(2) 掌握用配合滴定法测定水的硬度的基本原理和方法。
(3) 进一步练习滴定操作及离子交换树脂和电导率仪的使用方法。

二、实验原理

水是一种常用的溶剂,具有较强的溶解能力。天然水中含有许多杂质,除了不溶性的悬浮物、胶体类物质,还有大量可溶性物质。水的纯度会对实验结果产生很大的影响。因此,了解水的纯度、掌握检查水的纯度和净化水的方法是非常重要的。

天然水经过混凝、沉淀和消毒等工艺过程处理成为自来水,自来水中仍然含有一些可溶性离子,在将自来水用于化学实验以前仍需要进一步的纯化。水的纯化方法很多,主要有蒸馏法、电渗析法及离子交换法。本实验介绍离子交换法纯化水的原理和方法。

天然水在水圈循环中流过土地和硬水岩石时,会溶解少量的矿物质成分,钙和镁是其中最常见的两种可溶性离子,水中钙盐与镁盐含量作为评判水质的指标之一,被称为水的硬度,含有较多可溶性钙镁化合物的水称为硬水,其中 Ca^{2+}、Mg^{2+} 主要以酸式碳酸盐的形式存在时,称为暂时硬水;若主要以硫酸盐、氯化物、硝酸盐的形式存在时称为永久硬水。

水的硬度可按水中所含 CaO 的浓度(以 $mmol \cdot dm^{-3}$ 为单位)或者以每立方分米水中所含 CaO 的毫克数(即 $1mg \cdot dm^{-3} = 1 \times 10^{-6}$)表示。如表 4-1 所示。

表 4-1 水质的硬度分类

水 质	水的总硬度	
	$CaO/mg \cdot dm^{-3}$	$CaO/mmol \cdot dm^{-3}$
很软水	0~40	0~0.72
软 水	40~80	0.72~1.4
中等硬水	80~160	1.4~2.9
硬 水	160~300	2.9~5.4
很硬水	>300	>5.4

有许多测定水的硬度的方法,最常用的是 EDTA 配合滴定法(利用配合反应进行滴定的方法)。EDTA 是乙二胺四乙酸根离子的缩写,也可以简写为 H_2Y^{2-}。

在测定过程中,控制适当的 pH 值,用少量铬黑 T($C_{20}H_{12}O_7N_3SNa$,可缩写为 NaH_2EBT)作指示剂,水样中的少量 Mg^{2+}、Ca^{2+} 能与铬黑 T 反应,分别生成紫红色的配离子[Mg(EBT)]$^-$ 和[Ca(EBT)]$^-$,但其稳定性不及与 H_2Y^{2-} 所形成的配离子 MgY^{2-} 和 CaY^{2-}。上述各配离子的 $\lg K_f^{\ominus}$ 值及颜色见表 4-2。

表 4-2　一些钙、镁配离子的 $\lg K_f^{\ominus}$ 值和颜色

配离子	[Ca(EDTA)]$^{2-}$	[Mg(EDTA)]$^{2-}$	[Mg(EBT)]$^-$	[Ca(EBT)]$^-$
$\lg K_f^{\ominus}$	11.0	8.46	7.0	5.4
颜色	无色	无色	紫红色	紫红色

滴定时,EDTA 先与溶液中未配合的 Ca^{2+}、Mg^{2+} 结合,然后与[Mg(EBT)]$^-$、[Ca(EBT)]$^-$ 反应,从而游离出指示剂 EBT,使溶液颜色由紫红色变为蓝色,表明滴定达到终点。这一过程可用化学反应式表示(式中 Me^{2+} 表示 Ca^{2+} 或 Mg^{2+}):

$$HEBT^{2-}(aq) + Me^{2+}(aq) \xrightarrow{pH=10.0} [Me(EBT)]^- + H^+(aq)$$
　　　蓝色　　　　　　　　　　　　　　　紫红色

$$[Me(EBT)]^- + H_2Y^{2-}(aq) + OH^-(aq) = MeY^{2-} + HEBT^{2-}(aq) + H_2O(l)$$
　紫红色　　　无色　　　　　　　　　　无色　　　蓝色

根据下式可算出水样的总硬度。

$$\text{总硬度}/\text{mmol} \cdot \text{dm}^{-3} = 1000c(EDTA) \cdot V(EDTA)/V(H_2O) \quad (4-1)$$

或　　$$\text{总硬度}/\text{mg} \cdot \text{dm}^{-3} = 1000c(EDTA) \cdot V(EDTA) \cdot M(CaO)/V(H_2O) \quad (4-2)$$

式中,$c(EDTA)$ 为标准 EDTA 溶液的浓度($\text{mol} \cdot \text{dm}^{-3}$);$V(EDTA)$ 为滴定中消耗的标准 EDTA 溶液体积(cm^3);$V(H_2O)$ 为待测水样的体积(cm^3);$M(CaO)$ 为 CaO 的摩尔质量($\text{g} \cdot \text{mol}^{-1}$)。

本实验采用离子交换法纯化自来水,离子交换法是使水通过离子交换柱(内装阴、阳离子交换树脂)除去水中的杂质离子,实现净化水的方法,用此法得到的去离子水的纯度较高。对于含较高浓度 Ca^{2+}、Mg^{2+} 的硬水,在进行离子交换后 Ca^{2+}、Mg^{2+} 浓度降低,相当于对其进行软化。

离子交换树脂是一种人工合成的带有离子交换活性基团的多孔网状结构的高分子化合物,性质稳定,耐酸碱及一般有机溶剂。若树脂中的活性基团能与溶液中的阳离子进行交换,称为阳离子交换树脂;若树脂中的活性基团能与溶液中的阴离子进行交换,称为阴离子交换树脂;其化学反应式可表示如下(以杂质离子 Mg^{2+} 和 Cl^- 为例):

$$2R-SO_3H(s) + Mg^{2+}(aq) = (R-SO_3)_2Mg(s) + 2H^+(aq)$$

$$2R-N(CH_3)_3OH(s) + 2Cl^-(aq) = 2R-N(CH_3)_3Cl(s) + 2OH^-(aq)$$

纯水是一种极弱的电解质,水样中溶有可溶性电解质(杂质)后会使其导电能力增大。因

此,用电导率仪测定水样的电导率,可以确定去离子水的纯度。各种水样的电导率值大致范围见表 4-3。

表 4-3 各种水的电导率

水样	电导率/$S \cdot m^{-1}$	水样	电导率/$S \cdot m^{-1}$
自来水	$5.0 \times 10^{-1} \sim 5.3 \times 10^{-2}$	蒸馏水	$2.8 \times 10^{-4} \sim 6.3 \times 10^{-6}$
一般实验室用水	$5.0 \times 10^{-3} \sim 1.0 \times 10^{-4}$	最纯水	$\sim 5.5 \times 10^{-6}$
去离子水	$4.0 \times 10^{-4} \sim 8.0 \times 10^{-5}$		

水溶液的电导率和溶解固体量浓度成正比,电导率和溶解固体量浓度的关系近似表示为:$2\mu S \cdot cm^{-1} = 1mg \cdot dm^{-3}$。利用电导率仪或总固体溶解量计可以间接得到水的总硬度值。

注意事项:

(1)以电导率间接测算水的硬度,其理论误差约 $20 \sim 30 mg \cdot dm^{-3}$。

(2)溶液的电导率大小决定分子的运动,温度影响分子的运动,为了比较测量结果,测试温度一般定为 20℃ 或 25℃。

纯化后水中微量 Ca^{2+}、Mg^{2+},可用铬黑 T 指示剂进行定性检验。在 $pH = 8 \sim 11$ 的溶液中,铬黑 T 能与 Ca^{2+}、Mg^{2+} 生成紫红色配离子。

三、仪器与试剂

仪器:微型离子变换柱(砂板玻璃层析柱),烧杯($100cm^3$,$400cm^3$),锥形瓶($250cm^3$),铁架台,滴管,移液管($20cm^3$),洗耳球,碱式滴定管($50cm^3$),滴定管夹,白瓷板,量筒($10cm^3$),洗瓶,玻璃棒,滤纸,6 孔井穴板,德式十字夹,万能夹(配海绵做衬垫),凡士林,具柄玻璃量杯(灌装树脂),电导率仪,电导电极。

药品:$NH_3 - NH_4Cl$ 缓冲溶液,标准 EDTA 二钠盐溶液(约 $0.002 mol \cdot dm^{-3}$),铬黑 T 指示剂(0.5%),三乙醇胺 $N(CH_2CH_2OH)_3$(3%),强酸型阳离子交换树脂(001×7),强碱型阴离子交换树脂(201×7),$AgNO_3$ 溶液($0.1 mol \cdot dm^{-3}$),$BaCl_2$ 溶液($0.1 mol \cdot dm^{-3}$)。

四、实验内容

1. 水中钙镁含量测定——总硬度测定

用移液管吸取 $20.00 cm^3$ 自来水,置于 $250 cm^3$ 锥形瓶中,加入 2 滴三乙醇胺溶液和 2 滴 $NH_3 - NH_4Cl$ 缓冲溶液,摇匀后,加 $2 \sim 3$ 滴铬黑 T 指示剂,摇匀。用标准 EDTA 溶液滴定至溶液颜色由紫红色变为蓝色,即达滴定终点。记录所消耗标准 EDTA 溶液体积。

按照上述实验方法,平行测定 2 次,两次滴定误差应不大于 $0.08 cm^3$。计算水样的总硬度(以 $mmol \cdot dm^{-3}$ 或 $mg \cdot dm^{-3}$ 表示)。

2. 硬水的软化

(1)离子交换柱的准备。市售阳离子交换树脂是钠型,阴离子交换树脂是氯型,在用于硬水的软化处理时,需要将它们分别转型为游离酸型(H 型)和游离碱型(OH 型)。

阳离子交换树脂的转型方法是:将阳离子交换树脂在 1mol·dm^{-3} HCl 溶液中浸泡 12h,倾去 HCl 溶液,用蒸馏水洗至中性,用蒸馏水浸泡备用。阴离子交换树脂的转型方法是:将阴离子交换树脂在 1mol·dm^{-3} NaOH 溶液浸泡 12h,倾去 NaOH 溶液,用蒸馏水洗至中性,用蒸馏水浸泡备用。

将已经转型的阳离子交换树脂和阴离子交换树脂分别装入离子交换柱中,构成了阳离子交换柱和阴离子交换柱。

(2)离子交换柱的装柱。将离子交换柱相关组件搭建好,在交换柱中灌入少量蒸馏水,然后倾入带水的树脂 30g 左右,树脂下沉形成交换层。(装柱时应防止树脂层中夹有气泡,要保证树脂颗粒浸泡在水中,可以用干净的长玻璃棒轻轻疏通。)交换柱装好后,再用蒸馏水洗涤,关上活塞,以备使用。

(3)水的软化处理。将 30cm^3 自来水加到交换柱上,用活塞控制 30d/min 的流速进行交换。经过一段时间后(约流出 20cm^3),在到达始漏点时,接收流经阳离子交换柱的水样(约 30cm^3)。交换完毕,用 50cm^3 蒸馏水洗脱残存溶液。

(4)水的定性检验。用电导率仪分别测定以上流出水的电导率,并用铬黑 T 指示剂检测流出水中是否含有 Ca^{2+}、Mg^{2+} 离子。

用自来水和蒸馏水代替流出水,重复上述定性检测,并将检测结果与流出水的检测结果进行对照。

(5)离子交换柱的再生。已经使用的离子交换柱必须进行再生处理,使树脂完全转变为 H 型树脂或 OH 型树脂,否则会导致实验结果不理想。

转型的操作如下:用 30cm^3 1mol·dm^{-3} HCl 溶液,流过阳离子交换柱,调节流出液以 6~8 滴/分钟的速度流出。待柱中 HCl 溶液液面降至接近树脂层表面时(不得低于树脂层表面!),加入蒸馏水洗涤树脂,直到流出液呈中性(用 pH 试纸检验)。夹住螺旋夹,弃去流出液。用 1mol·dm^{-3} NaOH 溶液代替 HCl 溶液,重复上述操作,可以使阴离子交换柱再生。

五、思考题

(1)用 EDTA 配合滴定法测定水硬度的基本原理是怎样的?使用什么指示剂?滴定终点的颜色变化如何?

(2)用离子交换法使硬水软化和净化的基本原理是怎样的?操作中有哪些注意事项。

(3)为什么通常可用电导率值的大小来衡量水质的纯度?是否可以认为电导率值越小,水质的纯度越高?

实验十九　氯化钠的提纯

一、实验目的

(1)通过粗食盐提纯，了解盐类溶解度知识在无机物提纯中的应用。
(2)练习有关的基本操作：加热溶解、常压过滤、减压过滤、蒸发浓缩、结晶、干燥等。
(3)了解 Mg^{2+}、Ca^{2+}、Ba^{2+} 离子的鉴定和除去方法。

二、实验原理

一般粗食盐中含有泥沙等不溶性杂质及 SO_4^{2-}、Ca^{2+}、Mg^{2+} 和 K^+ 等可溶性杂质。氯化钠的溶解度随温度的变化很小，不能用重结晶的方法纯化，而需用化学法处理，使可溶性杂质都转化成难溶物，过滤除去。此方法的原理是，将粗食盐溶于水后，用过滤的方法除去不溶性杂质，利用稍过量的 $BaCl_2$ 与 NaCl 中的 SO_4^{2-} 反应转化为难溶的硫酸钡；再加 Na_2CO_3 与 Ca^{2+}、Mg^{2+} 及没有转变为 $BaSO_4$ 的 Ba^{2+} 生成碳酸盐沉淀，过量的 Na_2CO_3 会使产品呈碱性，将沉淀过滤后，加盐酸除去过量的 CO_3^{2-}，有关化学反应式如下：

$$Ba^{2+} + SO_4^{2-} =\!=\!= BaSO_4 \downarrow$$

$$Ca^{2+} + CO_3^{2-} =\!=\!= CaCO_3 \downarrow$$

$$2Mg^{2+} + 2OH^- + CO_3^{2-} =\!=\!= Mg_2(OH)_2CO_3 \downarrow$$

$$CO_3^{2-} + 2H^+ =\!=\!= CO_2 \uparrow + H_2O$$

至于用沉淀剂不能除去的其他可溶性杂质，如 K^+，在最后的浓缩结晶过程中，利用 KCl 的溶解度比 NaCl 的大而含量又少的特点，将溶液蒸发浓缩，则 NaCl 先结晶析出，KCl 仍留在母液内，从而达到提纯的目的。少量多余的 HCl，在干燥 NaCl 时，以氯化氢形式逸出。

三、仪器与试剂

仪器：台秤，烧杯，试管，酒精灯，电炉，抽滤瓶，蒸发皿。

试剂：粗食盐，$BaCl_2$ 溶液（$1mol \cdot dm^{-3}$），饱和 Na_2CO_3 溶液，HCl 溶液（$2mol \cdot dm^{-3}$），H_2SO_4 溶液（$3mol \cdot dm^{-3}$），NaOH 溶液（$2mol \cdot dm^{-3}$），饱和$(NH_4)_2C_2O_4$ 溶液，镁试剂。

四、实验内容

1. 粗盐的称量和溶解

在台秤上称取 8g 粗食盐，放入 $100cm^3$ 烧杯中，加 $30cm^3$ 水，加热搅拌使粗盐溶解。

2. SO_4^{2-} 离子的除去

加热溶液至沸，用小火维持微沸，一边搅拌，一边逐滴加入 $BaCl_2$ 溶液，要求将溶液中 SO_4^{2-} 离子全部变成 $BaSO_4$ 沉淀，继续加热 5min，使沉淀颗粒长大而易于沉降。为检查 SO_4^{2-} 是否除尽，将烧杯从石棉网上取下，待沉降后取少量上层溶液，再加 1~2 滴 $BaCl_2$ 溶液，如果有混浊,表示 SO_4^{2-} 尚未除尽,需要再加 $BaCl_2$ 溶液。如果不混浊,表示 SO_4^{2-} 已除尽。检验液未加其他药品,观察后可倒回原溶液中。常压过滤,过滤时,不溶性杂质和 $BaSO_4$ 沉淀尽量不要倒至漏斗中。

3. 除 Mg^{2+}、Ca^{2+}、Ba^{2+} 等阳离子

将上面滤液加热至近沸,用小火维持微沸,边搅拌边滴加饱和 Na_2CO_3 溶液,如上法,通过实验确定用量,为了检查 Ba^{2+} 是否除尽,取少量上层清液,加 1~2 滴 3mol·dm^{-3} H_2SO_4 溶液,如果有混浊,表示 Ba^{2+} 未除尽,需继续加 Na_2CO_3 溶液,直到除尽为止(检查液用后弃去)。确证 Mg^{2+}、Ca^{2+}、Ba^{2+} 转变为难溶的碳酸盐和碱式碳酸盐沉淀后,进行第二次常压过滤,弃去沉淀。整个过程中,应随时补充蒸馏水,维持原体积。

4. 用 HCl 调整酸度除去过量的 CO_3^{2-}

往溶液中滴加 2mol·dm^{-3} HCl 溶液,加热搅拌,中和至溶液的 pH=3~4。溶液经蒸发,CO_3^{2-} 转化为 CO_2 除去。

5. 浓缩、结晶

把溶液倒入蒸发皿,蒸发浓缩,当液面出现晶体时,改用小火并不断搅拌,以免溶液溅出。蒸发后期,再检查溶液的 pH 值,必要时,可加 1~2 滴 2mol·dm^{-3} HCl 溶液,保持溶液微酸性(pH 值约为 6)。当溶液蒸发至稀糊状时(切勿蒸干!),冷却结晶,减压过滤,尽量抽干。将 NaCl 晶体放入有把的蒸发皿内,用小火烘炒,以防止溅出与结块。待无水蒸气逸出后,再用大火灼烧 1~2min。得到的 NaCl 晶体应是洁白和松散的。冷却称量,计算收率。

6. 产品纯度的检验

称取粗食盐和提纯后的精盐各 1g,分别溶于 5cm^3 蒸馏水中,然后各分盛于 3 支试管中,用下述方法对照检验它们的纯度。

(1) SO_4^{2-} 离子的检验。加入 2 滴饱和 $BaCl_2$ 溶液,观察有无白色的 $BaSO_4$ 沉淀生成。

(2) Ca^{2+} 离子的检验。加入 2 滴饱和 $(NH_4)_2C_2O_4$ 溶液,观察有无白色的 CaC_2O_4 沉淀生成。

(3) Mg^{2+} 离子的检验。加入 2 滴 NaOH 溶液(2mol·dm^{-3}),再加入几滴镁试剂,如有蓝色沉淀产生,则表示有 Mg^{2+} 离子存在。

五、思考题

(1) $BaCl_2$ 毒性很大,能否用其他无毒盐如 $CaCl_2$ 等来去除 SO_4^{2-}?
(2) 去除可溶性杂质离子的先后次序是否合理,可否任意变换次序?
(3) 蒸发前为什么要用 HCl 将溶液的 pH 调至 3~4,能否用其他酸来调节?
(4) 蒸发时为什么不可将溶液蒸干?
(5) 加沉淀剂除杂质时,为了得到较大晶粒的沉淀,沉淀的条件是什么?

实验二十 硝酸钾的提纯与溶解度的测定

一、实验目的

(1) 了解水溶液中利用离子相互反应来制备无机化合物的一般原理和步骤。
(2) 了解结晶和重结晶的一般原理和操作方法。
(3) 掌握减压过滤的基本操作。
(4) 学习绘制及应用溶解度曲线。

二、实验原理

用工业级硝酸钠和氯化钾进行复分解反应可以制备 KNO_3。

$$NaNO_3 + KCl \Longrightarrow KNO_3 + NaCl$$

在 $NaNO_3$ 和 KCl 的混合溶液中,同时存在 Na^+、K^+、Cl^- 和 NO_3^- 四种离子。由这四种离子可以组成四种盐,这四种盐在不同温度下的溶解度如表 4-4 所示。

表 4-4 四种盐的溶解度   单位:g/100g 水

温度/℃	0	10	20	30	40	60	80	100
KNO_3	13.3	20.9	31.6	45.8	63.9	110	169	246
KCl	27.6	31.0	34.0	37.0	40.0	45.5	51.1	56.7
$NaNO_3$	73	80	88	96	104	124	148	180
NaCl	35.7	35.8	36.0	36.3	36.6	37.3	38.4	39.8

由表 4-4 可看出,在 20℃时,除硝酸钠以外,其他三种盐的溶解度都差不多,因此不能仅使硝酸钾晶体析出。但是随着温度的升高,氯化钠的溶解度几乎没有多大改变,而硝酸钾的溶解度却增大得很快。因此只要把硝酸钠和氯化钾的混合溶液加热,由于氯化钠的溶解度增加很少,随着浓缩,溶剂水减少,氯化钠晶体首先析出,趁热把它滤去,然后冷却滤液,则因硝酸钾的溶解度急剧下降而析出。过滤后可得含少量氯化钠等可溶性杂质的硝酸钾晶体。再经过重结晶提纯,可得硝酸钾纯品(这里需要指出的是,上述表中溶解度都是单组分体系的数据,混合体系中各物质的溶解度数据是会有差异的,但不影响为理解原理而进行的有关计算和讨论)。

大多数物质的溶解度都随着温度的升高而增大。测定某物质各种温度的溶解度,再以溶解度为纵坐标,温度为横坐标,作出溶解度随温度变化的曲线,即得该物质的溶解度曲线。从溶解度曲线很清楚地表示出温度对溶解度的影响。

三、仪器与试剂

仪器:石棉网,电炉,试管,温度计,橡皮塞,台秤,布氏漏斗,滤纸,剪刀,单孔橡皮塞,吸滤瓶,循环水多用真空泵,橡皮管,烧杯(50cm^3),20cm^3 量筒,玻璃棒。

药品：$NaNO_3$ 固体，KCl 固体，KNO_3 溶液（饱和），$AgNO_3$ 溶液（$0.1mol \cdot dm^{-3}$）。

四、实验内容

1. 硝酸钾的制备

在 $50cm^3$ 烧杯中加入 $8.5g\ NaNO_3$ 和 $7.5g\ KCl$，再加入 $15cm^3$ 蒸馏水。将烧杯放在石棉网上，用小火加热、搅拌，使其溶解，记下烧杯中液面的位置。继续加热蒸发至原体积的 $2/3$，这时烧杯内开始有较多晶体析出（什么晶体？）。趁热减压过滤（布氏漏斗在沸水中或烘箱中预热），滤液中很快出现晶体（这又是什么晶体？）。将滤液转移至烧杯中，并用 $8cm^3$ 热的蒸馏水分数次洗涤吸滤瓶，洗液转入盛滤液的烧杯中，记下此时烧杯中液面的位置。缓缓加热，蒸发至原有体积的 $2/3$，静置、冷却（可用冷水浴冷却），待结晶重新析出，再进行减压过滤。将晶体抽干、称量、计算实际产率。

将粗产品保留少许（$0.5g$）供纯度检验用，其余的产品进行重结晶提纯。

2. 硝酸钾的提纯

按重量比为 $KNO_3 : H_2O = 2 : 1$ 的比例，将粗产品溶于所需蒸馏水中，加热并搅拌，使溶液刚刚沸腾即停止加热（此时，若晶体尚未溶解完，可加适量蒸馏水使其刚好溶解完）。冷却到室温后，抽滤，并用饱和 KNO_3 溶液 $4\sim 6cm^3$ 洗涤，干燥，称量。

3. 产品纯度的检验

取少许粗产品和重结晶后所得 KNO_3 晶体分别置于两支试管，用蒸馏水配成溶液，然后各滴 2 滴 $0.1mol \cdot dm^{-3}\ AgNO_3$ 溶液，观察现象，并给出结论。

4. 硝酸钾溶解度的测定

准备一支干燥的大试管（高 $20cm$），并配备一个插入 $110℃$ 温度计的橡皮塞，调整好温度计的位置，使橡皮塞塞入大试管后，温度计的水银球距离试管底约 $5mm$。

称取固体硝酸钾样品约 $5g$（精确至 $0.1g$），倒入试管内。准确加入 $4.00cm^3$ 蒸馏水于试管中装上带有温度计的塞子。

取 $400mL$ 烧杯，盛水约 $300mL$，置于石棉网上。将水加热至沸。将试管放入烧杯内，使试管内的液面略低于烧杯内的液面。使试管内的固体全部溶解。若烧杯内的水一直保持沸腾，而试管内的固体并未完全溶解，则需在试管内再准确加入 $1.00cm^3$ 蒸馏水，使固体全部溶解。详细记录所加水量，加热时间不可过长，以免试管内溶液过分蒸发；待试管内固体全部溶解后，将试管离开水浴，任其冷却并不断搅动，记录晶体最初出现时的温度，重复上述操作，使得两次记录的晶体最初出现时的温度差不超过 $0.5℃$。

五、思考题

（1）$NaNO_3$ 和 KCl 的水溶液中有 Na^+、NO_3^-、K^+、Cl^- 四种离子，可组成四种可溶性的盐，不符合复分解反应的条件，而本实验为什么又能得到 KNO_3？也叫做复分解反应？

（2）实验中第一次固-液分离时为什么需要趁热过滤？

（3）将趁热过滤后的滤液冷却时，KCl 能否析出，为什么？

（4）如果实验中制得的 KNO_3 不纯，杂质是什么？如何将其提纯？

实验二十一 硫酸亚铁铵的制备

一、实验目的

(1) 了解$(NH_4)_2Fe(SO_4)_2$的制备方法及复盐的特性。
(2) 练习水浴加热、蒸发浓缩、结晶、减压过滤等无机制备的基本操作。
(3) 了解用目视比色法检验产品的质量等级的方法。

二、实验原理

$(NH_4)_2Fe(SO_4)_2$为浅绿色透明晶体,易溶于水,俗称莫尔盐,空气中比一般的亚铁盐稳定,不易被氧化。

由于$(NH_4)_2Fe(SO_4)_2$在水中 0~60℃的溶解度比组成它的简单盐[$(NH_4)_2SO_4$和$FeSO_4$]要小,因此,只要将$(NH_4)_2SO_4$和$FeSO_4$按一定的比例在水中溶解,混合,即可制得$(NH_4)_2Fe(SO_4)_2$的晶体,本实验基本过程为:

(1) 将铁屑溶于稀H_2SO_4,制备$FeSO_4$。

$$Fe + H_2SO_4 \Longrightarrow FeSO_4 + H_2 \uparrow$$

(2) 将制得的$FeSO_4$溶液与等物质的量的$(NH_4)_2SO_4$溶液混合,再加热浓缩,冷却后即得到溶解度较小的$(NH_4)_2Fe(SO_4)_2$晶体。

$$FeSO_4 + (NH_4)_2SO_4 + 6H_2O \Longrightarrow (NH_4)_2Fe(SO_4)_2 \cdot 6H_2O$$

产品中所含主要杂质是Fe^{3+},产品质量的等级也常以Fe^{3+}含量多少来评定,本实验采用目视比色法确定杂质含量:配制Fe^{3+}含量不同的标准系列溶液,使之与显色剂显色。再取一定量的产品配成溶液,在相同条件下显色并与标准系列溶液比色,根据颜色深浅确定Fe^{3+}杂质的大致含量。

三、仪器与试剂

仪器:台秤,水浴锅,烧杯,表面皿,吸滤瓶,滤纸,布氏漏斗,温度计,比色管($25cm^3$)。

试剂:HCl($2mol \cdot dm^{-3}$),H_2SO_4($3mol \cdot dm^{-3}$),标准Fe^{3+}溶液($0.100g \cdot dm^{-3}$),KSCN(5%),$(NH_4)_2SO_4$(s),Na_2CO_3(10%),铁屑,乙醇(95%),pH试纸。

四、实验内容

1. 铁屑的洗净

用台秤称取4.0g铁屑,放入小烧杯中,加入$20cm^3$ Na_2CO_3溶液。小火加热约20min后,用倾析法倒去Na_2CO_3碱性溶液,依次用自来水、蒸馏水将铁屑冲洗干净(如何检验铁屑已洗净?)。

2. $FeSO_4$的制备

往盛有4.0g洁净铁屑的小烧杯中加入$25cm^3$ $3mol \cdot dm^{-3}$ H_2SO_4溶液,盖上表面皿,放

在石棉网上用小火加热(最好在通风橱中进行),反应至基本不再冒出气泡为止(约需 20min)。在加热过程中应不时补充少量的蒸馏水,防止 $FeSO_4$ 结晶出来;同时要控制溶液的 $pH \leqslant 1$(为什么?如何测量和控制?)。趁热减压过滤,滤液转入干净的蒸发皿中(为何要趁热过滤,小烧杯及漏斗上的残渣是否要用热的蒸馏水洗涤,洗涤液是否要弃掉?)。将留在烧杯中及滤纸上的残渣取出,用滤纸吸干后称量(如很少,可不必称)。根据已作用的铁屑质量,计算溶液中 $FeSO_4$ 的理论产量。

3. $(NH_4)_2Fe(SO_4)_2$ 的制备

根据 $FeSO_4$ 的理论产量,计算并称取所需固体 $(NH_4)_2SO_4$。在室温下将称出的 $(NH_4)_2SO_4$ 配制成饱和溶液,然后加入到上面所制得的 $FeSO_4$ 溶液中。混合均匀并调节 $pH=1\sim2$,在水浴锅上蒸发浓缩至溶液表面刚出现薄层的结晶时为止(蒸发过程不宜搅动)。自水浴锅上取下蒸发皿,放置、冷却,即有 $(NH_4)_2Fe(SO_4)_2 \cdot 6H_2O$ 晶体析出。待冷至室温后,用布氏漏斗抽滤,最后用少量的乙醇洗去晶体表面所附着的水分(此时应继续抽气过滤)。将晶体取出,置于两张干净的滤纸之间,轻压以吸干母液,称重。计算 $(NH_4)_2Fe(SO_4)_2 \cdot 6H_2O$ 理论产量和产率。

4. 产品检验

(1)标准溶液的配制。往三支 $25cm^3$ 比色管中各加入 $2cm^3$ $2mol \cdot dm^{-3}$ HCl 和 $1cm^3$ KSCN 溶液。再用移液管分别加入 $0.50cm^3$、$1.00cm^3$、$2.00cm^3$ 的 Fe^{3+} 标准溶液,最后用蒸馏水稀释至刻度,混匀,配制成 Fe^{3+} 含量不同的标准溶液。分别计算这三支比色管中 Fe^{3+} 含量,其对应的产品等级分别为一级、二级、三级(标准溶液可由实验室统一准备)。

(2)Fe^{3+} 含量分析。称取 1.0g 产品,置于 $25cm^3$ 比色管中,加入 $15cm^3$ 不含氧气的蒸馏水(怎样制取?)溶解,再加入 $2cm^3$ $2mol \cdot dm^{-3}$ HCl 和 $1cm^3$ KSCN 溶液,用玻璃棒搅拌均匀,加水至刻度。将它与配制好的上述标准溶液进行目视比色,确定产品的杂质含量。在进行比色操作时,可在比色管下衬白瓷板;为了消除周围光线的影响,可用白纸包住盛溶液那部分比色管的四周。从上往下观察,对比溶液颜色的深浅程度来确定产品中 Fe^{3+} 的含量,确定产品等级。

五、思考题

(1)在 Fe 与 H_2SO_4 反应,蒸发浓缩溶液时,为什么采用水浴?
(2)计算 $(NH_4)_2Fe(SO_4)_2$ 的产率时,应以什么为准?为什么?
(3)能否将最后产物直接放在表面皿加热干燥?为什么?
(4)在制备 $FeSO_4$ 时,为什么要使铁过量?

实验二十二 硫代硫酸钠的制备

一、实验目的

(1) 训练无机化合物制备过程中的基本操作。
(2) 学习亚硫酸钠法制备 $Na_2S_2O_3$ 的原理和方法。
(3) 学习 $Na_2S_2O_3$ 的检验方法。

二、实验原理

$Na_2S_2O_3$ 是最重要的硫代硫酸盐,俗称"海波",又名"大苏打",是无色透明单斜晶体。易溶于水,不溶于乙醇,具有较强的还原性和配位能力,是冲洗照相底片的定影剂,棉织物漂白后的脱氯剂,定量分析中的还原剂。有关反应如下:

$$AgBr + 2S_2O_3^{2-} = [Ag(S_2O_3)_2]^{3-} + Br^-$$

$$2Ag^+ + S_2O_3^{2-} = Ag_2S_2O_3$$

$$Ag_2S_2O_3 + H_2O = Ag_2S\downarrow + H_2SO_4$$

$$2S_2O_3^{2-} + I_2 = S_4O_6^{2-} + 2I^-$$

$Na_2S_2O_3 \cdot 5H_2O$ 的制备方法有多种,其中亚硫酸钠法是工业和实验室中的主要方法,用硫粉与亚硫酸钠溶液在沸腾条件下共煮,发生化合反应,直接合成硫代硫酸钠,其反应方程式为:

$$Na_2SO_3 + S + 5H_2O = Na_2S_2O_3 \cdot 5H_2O$$

反应液经脱色、过滤、浓缩结晶、干燥即得产品。

三、仪器与试剂

仪器:台秤,烧杯($100cm^3$),量筒($5cm^3$,$50cm^3$),蒸发皿,抽滤瓶,布氏漏斗,酒精灯。

试剂:Na_2SO_3(s),硫粉,95% 乙醇,活性炭,I_2 水,$AgNO_3$($0.1mol \cdot dm^{-3}$),KBr($0.1mol \cdot dm^{-3}$)。

四、实验内容

1. 制备硫代硫酸钠

(1) 称 1.5g 充分研细的硫粉于 $100cm^3$ 烧杯中,加 $3cm^3$ 乙醇润湿,搅拌均匀,再加入 5.0g Na_2SO_3(0.04mol),加 $30cm^3$ 去离子水。隔石棉网小火煮沸,不断搅拌并保持微沸 30~40min,至少量硫粉漂浮于液面上。注意:微沸时若体积小于 25mL,应及时补充水至 25~30mL,同时注意将烧杯壁上的硫粉淋洗进均匀浑浊的反应液中;取 3 滴反应液,加少量水稀释,加 1 滴酚酞,再滴加中性甲醛,如果颜色变深,则说明反应未完全。

(2) 停止加热,待溶液稍冷却后加 1g 活性炭,加热煮沸 2min,趁热常压过滤。若过滤后溶液仍呈黄色,可再加 1g 活性炭后过滤一次。

(3)将滤液放在蒸发皿中,用小火蒸发浓缩后,停止加热。注意:浓缩终点可根据液体表面是否有晶膜出现,或者溶液连续不断产生大量小气泡且呈黏稠状来确定,浓缩过度,易使晶体粘附于烧杯里难以取出。蒸发浓缩过程中,速度太快,产品易于结块;速度太慢,产品不易形成结晶。

(4)溶液冷至室温后,即有大量 $Na_2S_2O_3 \cdot 5H_2O$ 晶体析出。若放置一段时间仍没有晶体析出,可能是形成了过饱和溶液或者溶液浓缩不够,可加入 10mL 左右乙醇,搅拌,使晶体快速析出。

(5)减压抽滤,即得白色 $Na_2S_2O_3 \cdot 5H_2O$ 晶体,用滤纸吸干后,称重,计算产率。

2. 产品的检验

(1)取 1 粒 $Na_2S_2O_3$ 晶体于点滴板的一个孔穴中,加入几滴去离子水使之溶解,再加 2 滴 $0.1 mol \cdot dm^{-3}$ $AgNO_3$,观察现象,写出反应方程式。

(2)取 1 粒 $Na_2S_2O_3$ 晶体于试管中,加 $1cm^3$ 去离子水使之溶解,滴加碘水,观察现象,写出反应方程式。

(3)取 10 滴 $0.1 mol \cdot dm^{-3}$ $AgNO_3$ 于试管中,加 10 滴 $0.1 mol \cdot dm^{-3}$ KBr,静置沉淀,弃去上清液。另取少量 $Na_2S_2O_3$ 晶体于试管中,加 $1cm^3$ 去离子水使之溶解。将 $Na_2S_2O_3$ 溶液迅速倒入 AgBr 沉淀中,观察现象,写出反应方程式。

五、思考题

(1)硫粉稍有过量,为什么?
(2)蒸发浓缩 $Na_2S_2O_3$ 溶液时,为什么不能蒸发得太浓?
(3)如果没有晶体析出,该如何处理?
(4)要想提高 $Na_2S_2O_3 \cdot 5H_2O$ 晶体的产率和纯度,实验中应注意哪些问题?

实验二十三 锌焙砂制备硫酸锌

一、实验目的

(1) 了解从粗硫酸锌溶液中除去 Fe、Cu、Ni、Cd 等杂质离子的原理和方法。

(2) 进一步提高分离、纯化和制备无机物的实验技能。

二、实验原理

硫酸锌是合成白色颜料锌钡白的主要原料。$ZnSO_4 \cdot 7H_2O$ 在 20℃ 和 100℃ 的水中的溶解度分别为 96.5g 和 663.3g，微溶于乙醇和甘油。空气中，在 34.2℃ 失去吸附水，接着开始失去结晶水，在 113.8℃ 生成 $ZnSO_4 \cdot H_2O$。

锌焙砂除了含 65% 左右的 ZnO 外还含有铁、铜、镉、钴、砷、锑和镍等杂质。用湿法冶金的方法，以锌焙砂为原料，经稀硫酸浸出，除去不溶性硅酸盐等杂质，锌的化合物和上述一些杂质都溶入溶液中；在微酸性条件下，用 H_2O_2 将 Fe^{2+} 氧化为 Fe^{3+}，其中 As^{3+} 和 Sb^{3+} 随同 Fe^{3+} 的水解而被除去。用锌粉置换除去 Cu^{2+}、Co^{2+}、Ni^{2+}、Cd^{2+} 等少量杂质后，溶液经蒸发浓缩，冷却结晶制得 $ZnSO_4 \cdot 7H_2O$ 产品。

三、仪器与试剂

仪器：布氏漏斗，抽滤瓶 1 套，抽滤水泵，精密 pH 试纸 (3.8~5.4)，电子台秤，电炉，玻璃棒，烧杯 (250cm³)，蒸发皿。

试剂：H_2SO_4 溶液 (1.6mol·dm⁻³)，H_2O_2 (30%)，KSCN 溶液 (20%)，Na_2S 溶液 (1mol·dm⁻³)，$NH_3 \cdot H_2O$ (2mol·dm⁻³)，丁二酮肟 (1%)，锌焙砂，ZnO，Zn 粉。

四、实验内容

称取 10.0g 锌焙砂置于 250cm³ 烧杯中，加入 1.6mol·dm⁻³ H_2SO_4 56cm³，加热至沸并搅拌 15min。稍冷却后用布氏漏斗抽滤，弃去残渣。将滤液转移到 250cm³ 烧杯中并加热至近沸，分次加入 0.7g 的 ZnO 调节溶液 pH 至 5.0~5.4 (ZnO 的量不足时可再加，记录多用的量)。滴加 30% H_2O_2 数滴，搅拌，煮沸除去过量 H_2O_2。将溶液煮沸数分钟后，稍冷却后抽滤，弃去残渣。将滤液加热至近沸，加入 0.3g 锌粉并搅拌 3~5min。抽滤，弃去残渣。将滤液转移至蒸发皿中，加入 2 滴 1.6mol·dm⁻³ H_2SO_4，加热蒸发、浓缩至液面出现 (一层) 晶膜时，取下蒸发皿置于隔热板上冷却，抽滤，收集产品，称重。

产品质量检验：取约 1g 产品溶于 5cm³ 水中，分别检验 Fe^{2+}、Ni^{2+} 和 Cd^{2+} 是否存在，说明产品的纯度。

五、思考题

(1) 为什么在制备 $ZnSO_4 \cdot 7H_2O$ 时，用 H_2O_2 氧化后的溶液要煮沸数分钟？

(2) 为什么蒸发浓缩时要控制水分的蒸发量？浓缩不足和过度有什么影响？

(3)根据锌焙砂的含锌量(以含 65% ZnO 计算)和加入 ZnO 的总用量,计算 $ZnSO_4 \cdot 7H_2O$ 的理论产量。

(4)用锌粉置换法除去硫酸锌溶液中的 Cu^{2+}、Cd^{2+} 和 Ni^{2+} 时,如果检验 Ni^{2+} 已除尽,是否可以认为 Cu^{2+}、Cd^{2+} 也已除尽?

实验二十四 由软锰矿制备高锰酸钾

一、实验目的

(1) 了解由软锰矿制备 $KMnO_4$ 的原理和方法。
(2) 掌握碱熔、浸取、过滤、蒸发、结晶等基本操作。

二、实验原理

$KMnO_4$ 是深紫色的针状晶体,是最重要和最常用的氧化剂之一。本实验以软锰矿(主要成分是 MnO_2)为原料制备 $KMnO_4$。

将软锰矿与碱和氧化剂($KClO_3$)混合后共熔,可制得墨绿色的 K_2MnO_4。

$$3MnO_2 + 6KOH + KClO_3 =\!=\!= 3K_2MnO_4 + KCl + 3H_2O$$

然后将 K_2MnO_4 溶于水,发生歧化反应,得 $KMnO_4$:

$$3MnO_4^{2-} + 2H_2O =\!=\!= 2MnO_4^- + MnO_2\downarrow + 4OH^-$$

降低溶液的 pH 值,可促进反应向正方向进行,一般通入 CO_2 气体即可使反应进行完全。利用 K_2MnO_4 的歧化制备 $KMnO_4$ 的缺点是产率较低。本实验采用电解 K_2MnO_4 溶液的方法制备 $KMnO_4$。

$$2MnO_4^{2-} + 2H_2O =\!=\!= 2MnO_4^- + 2OH^- + H_2\uparrow$$

电极反应为:

阳极 $2MnO_4^{2-} =\!=\!= 2MnO_4^- + 2e$

阴极 $2H_2O + 2e =\!=\!= H_2\uparrow + 2OH^-$

电解液冷却得到的 $KMnO_4$ 晶体再经重结晶进一步提纯得最终产品。

三、仪器与试剂

仪器:整流器,安培计,泥三角,铁坩埚,坩埚钳,铁搅拌棒,粗铁丝,导线,镍片,布氏漏斗,吸滤瓶,尼龙布,台秤,烧杯($250cm^3$、$150cm^3$)。

试剂:MnO_2(s,工业用),KOH(s),$KClO_3$(s)。

四、实验内容

1. 熔融法制备 K_2MnO_4

称取 15g 固体 KOH 和 8g 固体 $KClO_3$,在 $60cm^3$ 铁坩埚内混合均匀。小火加热,并用铁棒搅拌。待混合物熔融后,一边搅拌,一边将 10g MnO_2 粉末分批加入。随着反应的进行,熔融物的黏度逐渐增大,此时应用力搅拌。待反应物干涸后,再强热加热 5~10min。

2. 浸取 K_2MnO_4

待熔体冷却后,从坩埚内取出,放入 $250cm^3$ 烧杯中,用 $80cm^3$ 蒸馏水分批浸取,并不断搅拌,加热以促进其溶解。趁热减压过滤(使用铺有尼龙布的布氏漏斗)浸取液,即可得到墨绿色的 K_2MnO_4 溶液。

3. 电解制备 $KMnO_4$

将 K_2MnO_4 溶液倒入 150cm³ 烧杯中,加热至 60℃,按图 4-1 所示装上电极。阳极是光滑的镍片,卷成圆筒状,浸入溶液的面积约为 32cm²,阴极为粗铁丝(直径约 2mm),浸入溶液的面积为阳极的 1/10。电极间的距离约 0.5~1.0cm。接通直流电源,控制阳极的电流密度为 30mA·cm⁻²,阴极电流密度为 300mA·cm⁻²,槽电压为 2.5V,这时可观察到阴极上有气体放出,$KMnO_4$ 则在阳极析出,沉于烧杯底部,溶液由墨绿色逐渐转为紫红色。电解 1h 后,K_2MnO_4 已大部分转为 $KMnO_4$。此时用玻璃棒沾取一些电解液在滤纸上,如果滤纸条上只显示紫红色而无绿色痕迹,即可认为电解完毕。停止通电,取出电极。在冷水中冷却电解液,使结晶完全。用铺有尼龙布的布氏漏斗将晶体抽干,称量,计算产率。

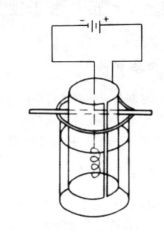

图 4-1　电解制 $KMnO_4$ 装置示意图

4. $KMnO_4$ 的重结晶

按 $KMnO_4$:H_2O 为 1:3 的质量比,将制得的 $KMnO_4$ 粗晶体,溶于蒸馏水,并小火加热促使其安全溶解,趁热过滤。将滤液冷却以使其结晶,抽滤,把 $KMnO_4$ 晶体尽可能抽干。称量,计算产率,记录产品的颜色和形状。

五、思考题

(1) KOH 熔融软锰矿时,应注意哪些安全问题?
(2) 为什么碱熔融时不用瓷坩埚和玻璃棒搅拌?
(3) 过滤 $KMnO_4$ 溶液为什么不能用滤纸?
(4) 重结晶时,$KMnO_4$:H_2O 质量比为 1:3,这一比例是如何确定的?

实验二十五 由工业胆矾制备五水硫酸铜及其质量鉴定

一、实验目的

(1) 学习制备硫酸铜过程中除铁的原理和方法。
(2) 学习重结晶提纯物质的原理和方法。
(3) 掌握水浴蒸发、减压过滤、重结晶等基本操作。

二、实验原理

工业胆矾中的主要杂质为 Fe^{3+}、Fe^{2+} 离子。常用的除铁方法是用氧化剂将溶液中的 Fe^{2+} 氧化为 Fe^{3+}，再通过控制溶液 pH 值使得溶液中的 Fe^{3+} 以氢氧化铁沉淀形式析出或是生成溶解度小的黄铁矾沉淀被除去。在酸性溶液中，Fe^{3+} 主要以 $[Fe(H_2O)_6]^{3+}$ 形式存在，而随着溶液 pH 值的增大，Fe^{3+} 的水解倾向增大，当 pH 值增至 1.6～1.8 时，溶液中的 Fe^{3+} 以 $[Fe_2(OH)_2]^{4+}$ 及 $[Fe_2(OH)_4]^{2+}$ 形式存在。它们能与 SO_4^{2-}、K^+（或 Na^+、NH_4^+）结合，形成一种浅黄色的复盐，俗称黄铁矾。此类复盐的溶解度小、颗粒大、沉淀速度快，极易过滤除去。当 pH=2～3 时，Fe^{3+} 容易形成聚合度大于 2 的多聚体，继续提高溶液的 pH 值，则会析出胶状水合三氧化二铁（$xFe_2O_3 \cdot yH_2O$）。可以通过加热煮沸破坏 $xFe_2O_3 \cdot yH_2O$ 胶体或加入凝聚剂产生凝聚沉淀，进一步过滤后可以达到除铁的目的。溶液中含有少量的 Fe^{3+} 以及其他可溶性杂质可以利用 $CuSO_4 \cdot 5H_2O$ 在水中溶解度随温度升高而增大的性质，通过重结晶使杂质留在母液中，以达到进一步纯化 $CuSO_4 \cdot 5H_2O$ 的目的。

五水硫酸铜产品中铁的含量可以用比色法或者分光光度计测定。首先可以在酸性条件下将 Fe^{2+} 完全氧化为 Fe^{3+}。之后，通过加入氨水可以与 Cu^{2+} 反应生成 $[Cu(NH_3)_4]^{2+}$，而 Fe^{3+} 与氨水生成 $Fe(OH)_3$ 沉淀可以实现与 Cu^{2+} 的分离。将 $Fe(OH)_3$ 沉淀使用盐酸溶解后加入 KSCN 生成血红色的 $[Fe(SCN)_n]^{3-n}$，$n=1$～6。

铁离子和铜离子的相关化学反应方程式如下。

铁离子转化：

$$2Fe^{2+} + H_2O_2 + 2H^+ =\!=\!= 2Fe^{3+} + 2H_2O$$

铁离子检测：

$$Fe^{3+} + 3NH_3 \cdot H_2O =\!=\!= Fe(OH)_3 \downarrow + 3NH_4^+$$

$$Fe(OH)_3 + 3HCl =\!=\!= FeCl_3 + 3H_2O$$

$$Fe^{3+} + n(SCN)^- =\!=\!= [Fe(SCN)_n]^{3-n}$$

铜离子的反应路径：

$$2Cu^{2+} + SO_4^{2-} + 2NH_3 \cdot H_2O =\!=\!= Cu_2(OH)_2SO_4 \downarrow + 2NH_4^+$$

$$Cu_2(OH)_2SO_4 + 10NH_3 \cdot H_2O =\!=\!= 2[Cu(NH_3)_4](OH)_2 + 8H_2O + (NH_4)_2SO_4$$

三、仪器与试剂

仪器：电子天平，漏斗架，布氏漏斗，抽滤瓶，精密pH试纸(0.5～5.0)，烧杯($100cm^3$)，量筒($100cm^3$)，蒸发皿($50cm^3$)，$25cm^3$比色管，容量瓶($500cm^3$，$1000cm^3$)，酒精灯，石棉网。

试剂：工业胆矾固体，10%双氧水，$1.0mol \cdot dm^{-3}$硫酸溶液，$2.0mol \cdot dm^{-3}$盐酸溶液，25%KSCN溶液，$1.0mol \cdot dm^{-3}$氢氧化钠溶液，$6.0mol \cdot dm^{-3}$氨水，$1.0mol \cdot dm^{-3}$氨水。

四、实验内容

1. 由工业胆矾制备五水硫酸铜

使用电子天平称取工业胆矾固体10g放入$100cm^3$烧杯中后依次加入$40cm^3$水和$2.0cm^3$ $1.0mol \cdot dm^{-3}$硫酸溶液，搅拌加热至70～80℃使其溶解，待固体完全溶解后，停止加热。边搅拌边往溶液中缓慢滴加$2.0cm^3$ 10%双氧水，继续搅拌30s后加热片刻，待无小气泡产生，即可认为多余双氧水已分解完毕。冷却后，调节溶液pH值：边搅拌边缓慢滴加$1.0mol \cdot dm^{-3}$氢氧化钠溶液，调节溶液pH=3.5～4.0。加热片刻，让水解生成的$Fe(OH)_3$加速凝聚，取下后静置待$Fe(OH)_3$沉淀沉降(切勿使用玻璃棒搅动)。将上层清液先沿玻璃棒倒入已贴好滤纸的漏斗中常压过滤，使用蒸发皿承接滤液。待上层清液过滤完后，再逐步倒入悬浊液过滤。待悬浊液过滤接近完成时，用少量蒸馏水洗涤烧杯，洗涤液倒入漏斗中过滤，待全部过滤完后，弃去滤渣，投入废液缸中。

将蒸发皿中精制后的硫酸铜溶液使用$1.0mol \cdot dm^{-3}$硫酸溶液调节至pH=1～2后，移至火上(加石棉网)加热蒸发浓缩(切勿加热过猛导致液体飞溅而损失)，小心搅拌蒸发皿中间以加快蒸发速度，接近沸腾时停止搅拌并改用小火加热，直至溶液表面开始出现薄层结晶时，需立刻停止加热，并自然冷却至室温，待五水硫酸铜晶体缓慢析出。待蒸发皿底部用手触摸感觉不到温热时，将晶体与母液转入已装好滤纸的布氏漏斗中进行减压抽滤。用玻璃棒将晶体均匀地铺满滤纸并轻轻压紧晶体以尽可能除去晶体间夹带的母液，然后用小块滤纸轻压在晶体层表面洗去表面晶体上吸附的母液。停止抽滤前，需要先拔去抽滤瓶上的橡胶管后再停止抽滤，将滤瓶中的母液倒入回收缸中。取出晶体，铺平在一张滤纸上并使用另一张覆盖表面，用手指轻轻按压进一步吸干其中剩余的母液。使用电子天平吸干的晶体称重并计算粗产率。将产品置于干净烧杯中，按照质量比1：1.3加入蒸馏水，加热完全溶解并趁热过滤。然后让其慢慢冷却，即有晶体析出(若无晶体析出，可以加入1粒细小的硫酸铜晶体)。待充分冷却后，减压过滤并尽量抽干。放入50℃烘箱烘干后称重并计算回收率(表4-5)。

表4-5 五水硫酸铜质量、产率及产品级别

五水硫酸铜结晶后的质量/g	粗产率/%	五水硫酸铜重结晶后的质量/g	最终产率/%	产品级别

2. 五水硫酸铜的质量鉴定

称取3.0g重结晶后的产物置于烧杯中并使用$20cm^3$水溶解。完全溶解后继续加入$1.0cm^3$ $1.0mol \cdot dm^{-3}$硫酸溶液和$1.0cm^3$ 10%双氧水，加入使样品中的Fe^{2+}完全氧化为

Fe^{3+}。继续短暂加热使得剩余双氧水完全分解(以无小气泡产生为标志)。待溶液冷却后,在搅拌状态下逐滴加入 6.0mol·dm^{-3} 氨水,溶液中开始出现浅蓝色沉淀,继续滴加氨水直至蓝色沉淀完全溶解,此时溶液中的微量铁生成 $Fe(OH)_3$ 沉淀。常压过滤后使用 1.0mol·dm^{-3} 氨水洗涤沉淀和滤纸,至无蓝色,弃去滤液。用滴管滴加 3~5cm^3 热的 2.0mol·dm^{-3} 盐酸溶液,使沉淀完全溶解。使用 25cm^3 比色管承接溶液并加入 2.0cm^3 25% KSCN 溶液并使蒸馏水稀释至刻度。与标准色阶比较,通过观察红色的深浅确定产品级别(表 4-5)。

标准色阶配制:称取 1.0g 纯铁粉用 40cm^3 2.0mol·dm^{-3} 盐酸溶液溶解,完全溶解后滴加 10% 双氧水直至 Fe^{2+} 完全氧化为 Fe^{3+},过量双氧水仍然通过加入除去。冷却后将溶液转入 1000cm^3 容量瓶中并使用蒸馏水稀释至刻度后摇匀。此溶液中每毫升含 1.0mg Fe^{3+}。移取 5.0cm^3 此溶液至 500cm^3 容量瓶中,加入 5.0cm^3 2.0mol·dm^{-3} 盐酸溶液后以蒸馏水稀释至刻度并摇匀。此溶液中每毫升含有 0.010mg Fe^{3+}。

移取此 0.010mg·cm^{-3} Fe^{3+} 标准溶液 6.0cm^3、3.0cm^3、1.0cm^3,分别置于三支比色管中并各加入 3.0cm^3 2.0mol·dm^{-3} 盐酸溶液和 2.0cm^3 25% KSCN 溶液,以蒸馏水稀释至刻度并摇匀。比色阶分别相当于三级、二级、一级试剂的含量标准。

五、思考题

(1)重结晶过程中,加入的 1 粒细小的硫酸铜晶体的作用?
(2)五水硫酸铜质量鉴定的基本原理是什么?

实验二十六　三氯化六氨合钴(Ⅲ)的合成和组成测定

一、实验目的

(1) 了解三氯化六氨合钴的制备原理及其组成的确定方法。
(2) 加深对多氧化态金属离子电对、电极电势变化的理解。
(3) 了解沉淀滴定法和碘量法。
(4) 巩固电导率测定的原理与方法。

二、实验原理

电对 Co^{3+}/Co^{2+} 在酸性和碱性介质中的标准电极电势分别为 $E_A^\ominus = 1.84V$ 及 $E_B^\ominus = 0.17V$，在通常情况下，水溶液中 Co^{2+} 是稳定的。按照晶体场理论，在八面体场中，d^6 构型的 Co^{3+} 的配合物在强场中的稳定化能要比 d^7 构型的 Co^{2+} 大，因而 Co^{3+} 的配合物的稳定性高于 Co^{2+} 配合物的稳定性。例如，$E^\ominus[Co(NH_3)_6]^{3+}/[Co(NH_3)_6]^{2+} = 0.1V$，说明在形成氨配合物后 Co^{3+} 离子的稳定性大为提高。事实上，空气中的氧或 H_2O_2 就可将 $[Co(NH_3)_6]^{2+}$ 氧化为 $[Co(NH_3)_6]^{3+}$。

钴(Ⅲ)的氨配合物有多种，主要有 $[Co(NH_3)_6]Cl_3$（橙黄色晶体）、$[Co(NH_3)_5H_2O]Cl_3$（砖红色晶体）、$[Co(NH_3)_5Cl]Cl_2$（紫红色晶体）等。它们的制备条件各不相同。例如，在没有活性炭存在时，由 $CoCl_2$ 与过量 NH_3、NH_4Cl 反应的主要产物是二氯化一氯五氨合钴(Ⅲ)，有活性炭存在时制得的主要产物为三氯化六氨合钴(Ⅲ)。

本实验利用活性炭的选择催化作用，在有过量 NH_3 和 NH_4Cl 存在下，以 H_2O_2 为氧化剂氧化 $Co(Ⅱ)$ 溶液，制备标准化合物：

$$2CoCl_2 + 10NH_3 + 2NH_4Cl + H_2O_2 = 2[Co(NH_3)_6]Cl_3 + 2H_2O$$

三氯化六氨合钴(Ⅲ)为橙黄色单斜晶体，293K 下在水中饱和溶解度为 $0.26 mol \cdot dm^{-3}$。为了除去产物中混有的催化剂，可将产物溶解在酸性溶液中，过滤除去活性炭，然后在高浓度盐酸存在下使产物结晶析出。

在水溶液中，$K_{不稳}^\ominus\{[Co(NH_3)_6]^{3+}\} = 2.2 \times 10^{-34}$；在室温下基本不被强碱或强酸所破坏，只有在煮沸的条件下，才被过量强碱所分解。

$$2[Co(NH_3)_6]Cl_3 + 6NaOH = 2Co(OH)_3 + 12NH_3 + 6NaCl$$

本实验利用上述反应对配合物的组成进行测定：① 用过量标准酸吸收反应中逸出的氨，再用标准碱反滴定剩余的酸，从而测定出氨的含量；② 过滤出 $Co(OH)_3$ 后，滤液中的 Cl^- 与 Ag^+ 标准溶液作用，定量生成 AgCl 沉淀，由 Ag^+ 标准溶液的消耗量可以确定样品中 Cl^- 的含量；③ 钴(Ⅲ)的氢氧化物，在酸性介质中与 KI 作用，定量析出 I_2，用标准 $Na_2S_2O_3$ 溶液滴定，可以计算 Co 的含量。

$$Co(OH)_3 + 3H^+ + 2I^- = Co^{2+} + I_2 + 3H_2O$$

$$I_2 + 2S_2O_3^{2-} = 2I^- + S_4O_6^{2-}$$

而其电离类型可用电导法确定。

三、仪器与试剂

仪器：台秤，分析天平(0.1mg)，锥形瓶($100cm^3$，$250cm^3$)，碘量瓶($250cm^3$)，量筒($10cm^3$，$50cm^3$)，滴管，试管，烘箱，烧杯，恒温水浴，蒸馏装置1套，抽滤装置1套，漏斗和漏斗架，温度计，滴定管，电导率仪。

试剂：HCl 标准溶液($0.5000mol \cdot dm^{-3}$)，HCl 溶液($6mol \cdot dm^{-3}$，浓)，HNO_3 溶液($6mol \cdot dm^{-3}$)，NaOH 标准溶液($0.5000mol \cdot dm^{-3}$)，NaOH 溶液(10%)，$NH_3 \cdot H_2O$(浓)，$Na_2S_2O_3$ 标准溶液($0.1000mol \cdot dm^{-3}$)，$AgNO_3$ 标准溶液($0.1000mol \cdot dm^{-3}$)，K_2CrO_4 溶液(5%)，$CoCl_2 \cdot 6H_2O(s)$，$NH_4Cl(s)$，KI(s)，活性炭，H_2O_2(6%)，无水 C_2H_5OH，淀粉溶液(1%)，甲基红指示剂(0.1%)。

四、实验内容

1. $[Co(NH_3)_6]Cl_3$ 的制备

在 $100cm^3$ 锥形瓶中加入 6g 研细的 $CoCl_2 \cdot 6H_2O$ 晶体，$4gNH_4Cl$ 和 $7cm^3$ 水加热溶解后加入约 0.2g 活性炭。摇动锥形瓶，使其混合均匀。用流水冷却后，加入 $18cm^3$ 浓 $NH_3 \cdot H_2O$，再冷却至10℃以下，用滴管逐滴加入 $18cm^3$ 6% 的 H_2O_2 之后，将反应容器置于60℃左右的水浴上，恒温20min，并不断摇动锥形瓶。用冰浴冷却至10℃左右，抽滤。将沉淀转移到含有 $3cm^3$ 浓 HCl 的 $30cm^3$ 沸水中，溶解完全后，趁热过滤。弃去固体，往滤液中慢慢加入 $7cm^3$ $6mol \cdot dm^{-3}$ 浓 HCl，即有大量橘黄色晶体析出，用冰浴冷却后过滤。晶体用少许乙醇淋洗，吸干。于水浴上烘干后称量，计算产率。

2. 产物组成的测定

(1) NH_3 含量测定。

在分析天平上准确称取 $0.2 \sim 0.3g [Co(NH_3)_6]Cl_3$ 样品，置于 $250cm^3$ 圆底烧瓶中，加入 $80 \sim 100cm^3$ 的水溶解，然后加入 $10cm^3$ 10% NaOH 溶液。在另一锥形瓶中用移液管准确加入 $40.00cm^3$ $0.5000mol \cdot dm^{-3}$ HCl 标准溶液，以吸收蒸馏出的 NH_3。系统装置如图 4-2 所示。确认装置密封性后，冷凝管通入冷水，开始加热样品溶液，刚开始时用大火，沸腾后改为小火，保持沸腾状态。蒸出全部 NH_3 以后(溶液变成黏稠状)，断开冷凝管和圆底烧瓶的连接，再去掉火源。用少量水将冷凝管内可能粘附的溶液洗入接受器内，加2滴 0.1% 甲基红指示剂，用 $0.5000mol \cdot dm^{-3}$ NaOH 标准溶液滴定剩余 HCl，计算 NH_3 的含量。

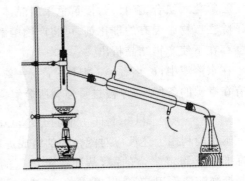

图 4-2 蒸氨装置

(2) 氯含量测定。将实验(1)蒸出 NH_3 的样品溶液以中速定量滤纸过滤，并用水洗涤滤纸及沉淀数次，沉淀供本实验(3)钴含量测定之用。滤液承接于 $250cm^3$ 锥形瓶中并以 HNO_3 ($6mol \cdot dm^{-3}$) 酸化至 $pH = 5 \sim 6$，以 5% K_2CrO_4 为指示剂，用标准 $AgNO_3$ 溶液

（0.1000mol·dm⁻³）滴定至出现淡红棕色不再消失为终点，由滴定数据计算氯的含量。

（3）钴含量的测定。将实验（2）中得到的三价氢氧化物沉淀连同滤纸一并转移到 $250cm^3$ 碘量瓶中，加 $50cm^3$ 水，用玻璃棒将滤纸尽可能的搅碎，加入 1g 固体 KI，摇荡使其溶解，再加入 $12cm^3$ HCl（$6mol·dm^{-3}$）酸化，置暗处约 10min。用标准 $Na_2S_2O_3$ 滴定析出的 I_2，至溶液为浅黄色时，加 $2cm^3$ 淀粉（1%）指示剂继续滴定至蓝色刚好消失为止。依据消耗的标准 $Na_2S_2O_3$ 的体积和浓度，即可计算出样品中钴的含量。为清除滤纸影响，可同时作空白实验。

由以上氨、钴、氯的测定结果，写出产品的化学式并与理论值比较。

3. $[Co(NH_3)_6]Cl_3$ 电离类型的测定

在分析天平上准确称取 0.025 03g 产物配制 $100cm^3$ 浓度为 $0.98×10^{-3}mol·dm^{-3}$ 的样品于 $100cm^3$ 烧杯中，用去离子水溶解后，转入 $100cm^3$ 容量瓶中，用去离子水稀释至刻度，摇匀。用恒温水浴使整个体系处于恒温 25℃时，采用电导率仪（选用铂黑电极）测定试样溶液的电导率 κ，按 $\Lambda_m = \kappa \dfrac{10^{-3}}{c}$ 计算其摩尔电导 Λ_m，并确定配合物的离子构型。

注意：在 25℃ 时，浓度为 $0.98×10^{-3}mol·dm^{-3}$ 溶液的摩尔电导 Λ_m 与离子构型的关系如表 4-6 所示。

表 4-6　溶液的摩尔电导与离子构型的关系

离子构型	离子数目	摩尔电导率（Λ_m）
MA	2	118～131
MA_2 或 M_2A	3	235～273
MA_3 或 M_3A	4	403～442
MA_4 或 M_4A	5	523～558

五、思考题

（1）由实验结果确定自制的 $[Co(NH_3)_6]Cl_3$ 的组成，并分析与理论值有差别的原因。

（2）在 $[Co(NH_3)_6]Cl_3$ 的制备过程中，NH_4Cl、活性炭、H_2O_2 各起什么作用？影响产品产量的关键在哪里？

（3）如何定性检验配合物的内界 NH_3 和外界 Cl^-？

（4）在用 NaOH 滴定过量 HCl 时，为何不用酚酞作指示剂，而用甲基红？

（5）测定 Cl^- 余量时，HNO_3 酸化试液酸度为何不能过大？

（6）要使本实验制备的产品产率高，哪些步骤是比较关键的？为什么？

第五章 综合性与设计性实验

实验二十七 铬配位化合物的制备及分裂能的测定

一、实验目的

(1) 了解不同配体对配合物中心离子 d 轨道能级分裂的影响。
(2) 通过测定某些铬配离子的分裂能(Δ),确定铬配合物的某些配体的光谱化学序。
(3) 掌握分光光度计的使用方法。

二、实验原理

在配合物中,大多数中心离子为过渡元素离子,其价电子层有 5 个简并的 d 轨道,由于 5 个 d 轨道的空间伸展方向不同,因而受配体场的影响情况各不相同,所以在不同配体场的作用下,d 轨道的分裂形式和分裂轨道间的能量差也不同,如图 5-1 所示。

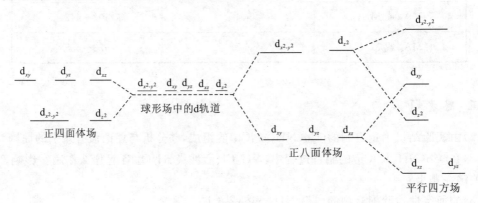

图 5-1 d 轨道在不同配体场中的分裂

电子在分裂的 d 轨道之间的跃迁称为 d-d 跃迁,这种 d-d 跃迁的能量相当于可见光区的能量范围,这就是过渡金属配合物呈颜色的原因。

分裂后的具有最高能量的 d 轨道与具有最低能量的 d 轨道之间的能量差称为分裂能,用 Δ 表示。Δ 值的大小受中心离子的电荷、周期数、d 电子数和配体性质等因素的影响。对于同一中心离子和相同构型的配合物,Δ 值随配体场强度的增强而增大。按照 Δ 值相对大小排列的配位体顺序称为"光谱化学序列",它反映了配体所产生的配位场强度的相对大小。分裂能

Δ可以通过测定配合物的吸收光谱求得。

以各光谱项在配位场中分裂后的能级对分裂能 Δ 作图,就可得到 d^n 组态的奥格尔(Orgel)能级图。各电子组态的奥格尔能级图可通过量子力学计算得到。图 5-2 是 Cr^{3+}(d^3)离子在八面体场(O_h)中的简化奥格尔能级图。

图 5-2 中纵坐标表示光谱项能量,^4F 是 Cr^{3+} 的基态光谱项,^4P 是与基态光谱项具有相同多重态的激发态光谱项。由图 5-2 可知 Cr^{3+} 配离子的 d-d 跃迁光谱有三条:

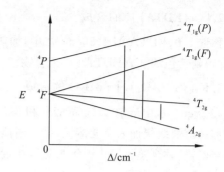

图 5-2 Cr^{3+} 离子在八面体场中简化的奥格尔能级图

$$v_1(^4A_{2g}\rightarrow{}^4T_{2g}); \quad v_2(^4A_{2g}\rightarrow{}^4T_{1g}(F)); \quad v_3(^4A_{2g}\rightarrow{}^4T_{1g}(P))$$

故 Cr^{3+} 配离子在可见光区的电子吸收光谱图中有三个吸收峰。但是某些配合物溶液中只出现两个(或一个)明显的吸收峰。不同 d 电子以及不同构型配合物的电子吸收光谱是不同的,计算分裂能 Δ 值的方案也各不同。在八面体和四面体的配体场中,配离子的中心离子的电子数为 d^1、d^4、d^6、d^9,其吸收光谱只有一个简单的吸收峰,根据吸收峰位置的波长,就可以计算 Δ 值;配离子的中心离子的电子数为 d^2、d^3、d^7、d^8,其吸收光谱应该有三个吸收峰,对于八面体配体场的 d^3、d^8 电子和四面体配体场中的 d^2、d^6 电子,由吸收光谱中最大波长的吸收峰位置的波长,计算 Δ 值;对八面体场中的 d^2、d^7 电子和四面体配体场中的 d^3、d^8 电子,由吸收光谱中最大波长的吸收峰和最小波长的吸收峰之间的波长差,计算 Δ 值。

本实验是测定铬的八面体配合物中某些配体的配合物吸收曲线并找出最大吸收光谱数据,计算在各种配体情况下的 Δ 值,从而与光谱化学序列进行比较。

Δ 值计算公式如下:

$$\Delta = \frac{1}{\lambda} \times 10^7 (\text{cm}^{-1}) \tag{5-1}$$

式中,λ 为波长(nm)。

三、仪器与试剂

仪器:分光光度计,恒温水浴锅,温度计,台秤,布氏漏斗,滤纸,剪刀,单孔橡皮塞,吸滤瓶,循环水多用真空泵,橡皮管,烧杯(50 cm³,100 cm³),量筒(20 cm³,100 cm³),玻璃棒,蒸发皿。

试剂:三氯化铬,硫酸铬钾[$KCr(SO_4)_2 \cdot 12H_2O$],乙醇,草酸,草酸钾,重铬酸钾,丙酮,硫氰酸钾,盐酸,乙二胺四乙酸(以上试剂为化学纯或分析纯)。

四、实验内容

1. $K_3[Cr(NCS)_6] \cdot 4H_2O$ 的合成

称取 3.0 g 硫氰酸钾和 2.5 g 硫酸铬钾[$KCr(SO_4)_2 \cdot 12H_2O$]于烧杯中,溶于 20 cm³ 的水中,加热溶液至近沸半小时(尽可能地保持较小体积的溶液),加入 20 cm³ 乙醇后,即有硫酸钾析出,抽滤,在水浴上加热浓缩(不要蒸干)。冷却后即得到暗红色结晶,过滤,然后从乙醇中重结晶进行提纯,得紫红色固体,产品在空气中干燥,称重。

2. [Cr(EDTA)]⁻ 的合成

称取 1.0g EDTA 溶于 50cm³ 水中,加热溶解,调节 pH=3~5,然后加入少量氯化铬,稍加热,即得到紫色的[Cr(EDTA)]⁻配合物。

3. $K_3[Cr(C_2O_4)_3]\cdot 3H_2O$ 的合成

在 20cm³ 水中溶解 1.5g 草酸钾和 3.5g 草酸,另用 10cm³ 水溶解 1.25g 重铬酸钾,将此重铬酸钾溶液缓慢加入草酸溶液,并不断搅拌,待反应结束后将溶液加热蒸发,当溶液量减少近一半时,转移到蒸发皿中继续加热至接近干涸。冷却后过滤并用丙酮洗涤,得深绿色晶体,在 110℃下干燥,称重。

4. 配合物电子光谱的测定

取少量 $K_3[Cr(NCS)_6]\cdot 4H_2O$ 溶于 50cm³ 水中;取一定量的上述制备的[Cr(EDTA)]⁻配合物水溶液;取少量 $K_3[Cr(C_2O_4)_3]\cdot 3H_2O$ 溶于 50cm³ 水中;取少量 $CrCl_3\cdot 6H_2O$ 溶于 50cm³ 水中,得到$[Cr(H_2O)_4Cl_2]Cl$ 的水溶液。在 400~650nm 波长范围内用 1cm 比色皿,以水作参比,分别测定以上四种配合物溶液的吸光度(每隔 10nm 读一次吸光度值,在接近吸收峰处多测定几个点),以吸光度为纵坐标,波长 λ(nm)为横坐标作图,即得到配合物的电子吸收光谱,由电子吸收光谱确定最大波长的吸收峰位置,并由反应式(5-1)计算不同配体的 Δ,由 Δ 值的相对大小排出上述配体的光谱化学序列。

五、思考题

(1)如何解释配体场强度对分裂能 Δ 的影响?

(2)在测定配合物电子光谱时所配溶液的浓度是否需要准确配制?为什么?

实验二十八 可逆热致变色物质四氯合铜双二乙基铵盐的制备及性质测定

一、实验目的

(1) 了解可逆热致变色材料的种类及应用。
(2) 掌握可逆热致变色材料的制备方法。
(3) 学习热致变色机理及影响因素。

二、实验原理

热致变色材料指的是在高于或低于某个特定温度区间内发生颜色变化的材料。这类材料初期主要用作示温材料,20世纪80年代起,温致变色材料广泛应用于能源化工、航空航天、纺织、印刷、防伪等多个领域,如超温报警涂料、温致变色油墨、传真纸等材料。

不同温致变色材料的变色机理也不尽相同,其中无机类温致变色材料一般与晶体结构、配合物类型的变化有关;有机类温致变色材料多由其异构化现象所引起。无机温致变色材料大多数为过渡金属的碘化物、氧化物、配合物及复盐等。

本实验研究的温致变色材料为 Cu 的配合物四氯合铜双二乙基铵盐 $[(CH_3CH_2)_2NH_2]_2CuCl_4$,在室温下为亮绿色,当温度升高,则变为黄褐色。其原理为:在室温下,4个 Cl^- 位于 Cu^{2+} 的四周,形成平面四边形结构,而二乙基铵离子则位于 $[CuCl_4]^{2-}$ 配离子的外围;随着温度的逐渐升高,分子内振动加剧,使得 N—H⋯Cl 的氢键发生改变,其结构就由扭曲的平面四边形转变为扭曲的四面体结构,颜色也就由亮绿色转变为黄褐色。四氯合铜双二乙基铵盐在不同温度下的几何结构变化如图 5-3 所示。

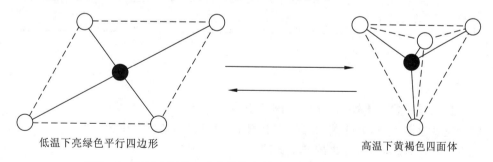

图 5-3 四氯合铜双二乙基铵盐在低温和高温条件下的几何构型

三、仪器与试剂

仪器:锥形瓶($50cm^3$,带塞),量筒($10cm^3$,$25cm^3$),布氏漏斗,抽滤瓶,温度计,循环水泵,加热面板,水浴。

试剂:盐酸二乙胺$(CH_3CH_2)_2NH_2Cl$,无水氯化铜(s),异丙醇,无水乙醇,3A 分子筛,凡士林。

四、实验内容

1. 四氯合铜双二乙基铵盐的制备

称取 3.2g 盐酸二乙胺,溶于装有 15cm^3 异丙醇的 50cm^3 锥形瓶中。另称取 1.7g 无水氯化铜于另一个 50cm^3 锥形瓶,加入 3.0cm^3 无水乙醇,微热使其全部溶解。将两个锥形瓶内的溶液混合,加入 3 粒活化的 3A 分子筛,促进晶体的形成。将锥形瓶置于冰水中冷却,析出亮绿色针状结晶,迅速抽滤,并用少量丙醇洗涤沉淀,将产品四氯合铜双二乙基铵盐放入干燥器中晾干保存。

制备过程中的注意事项如下。

(1) 本实验所制备的配合物遇水易分解,所用器皿均应干燥无水。
(2) 加热溶解时勿用水浴,以防水蒸气进入反应溶液进而影响产品结晶。
(3) 在冰水中冷却结晶时,应用塞子将锥形瓶口塞住,以防水蒸气进入。
(4) 四氯合铜双二乙基铵盐极易吸潮自溶,因此抽滤动作要迅速,并尽量在干燥条件下进行。

2. 温致变色性能测试

取少量样品装入小试管中并将温度计置于试管中,置于水浴中缓慢加热,当温度升至 40～55℃ 区间时,注意观察样品颜色变化并记录变色时的温度。再从热水中取出毛细管在室温中冷却,观察样品颜色随温度下降的变化,并记录颜色变化时的温度(表 5-1)。

表 5-1 数据记录及处理

	颜色变化	变色温度/℃
升温过程		
降温过程		

五、思考题

(1) 为什么样品要在干燥器内晾干而不是用烘箱烘干?
(2) 测定变色温度时,有哪些因素会影响测定的准确性,如何减少影响?
(3) 查阅资料,简述温致变色的基本原理。

实验二十九　硫酸铜的制备及结晶水的测定

一、实验目的

(1)掌握利用废铜粉制备 $CuSO_4 \cdot 5H_2O$ 的方法。
(2)学习减压过滤、蒸发浓缩及重结晶等基本操作。
(3)了解结晶水测定方法。

二、实验原理

铜粉在空气中经灼烧氧化为 CuO,然后溶于 H_2SO_4 制备 $CuSO_4$:

$$2Cu(s) + O_2 =\!=\!= 2CuO(s)$$

$$CuO(s) + H_2SO_4 =\!=\!= CuSO_4 + H_2O$$

由于废铜粉不纯,所得 $CuSO_4$ 溶液中通常含有不溶性杂质及可溶性的硫酸铁、硫酸亚铁及其他重金属盐。用 H_2O_2 将溶液中的 Fe^{2+} 氧化为 Fe^{3+},并调节至 pH=4.0,加热煮沸,过滤除去 $Fe(OH)_3$,即得较纯净的 $CuSO_4$ 溶液。

$CuSO_4 \cdot 5H_2O$ 在水中的溶解度,随温度升高明显增大,故可利用重结晶的方法提纯而得到纯净的晶体。

$CuSO_4 \cdot 5H_2O$ 在不同的温度下逐步失水:

$$CuSO_4 \cdot 5H_2O =\!=\!= CuSO_4 \cdot 3H_2O + 2H_2O(375K)$$

$$CuSO_4 \cdot 3H_2O =\!=\!= CuSO_4 \cdot H_2O + 2H_2O(386K)$$

$$CuSO_4 \cdot H_2O =\!=\!= CuSO_4 + H_2O(531K)$$

精确称取一定量的 $CuSO_4 \cdot 5H_2O$ 晶体于坩埚中,在马弗炉中灼烧至恒重,根据所称 $CuSO_4 \cdot 5H_2O$ 质量及失水质量,即可计算出 $CuSO_4 \cdot 5H_2O$ 晶体中结晶水的含量。

三、仪器与试剂

仪器:台秤,烧杯($50cm^3$),量筒($10cm^3$),蒸发皿,表面皿,布氏漏斗,吸滤瓶,滤纸,泥三角,瓷坩埚,酒精灯,电炉,马弗炉,水浴锅。

试剂:H_2SO_4($2mol \cdot dm^{-3}$),NaOH($2mol \cdot dm^{-3}$),H_2O_2(3%),$K_3[Fe(CN)_6]$($0.1mol \cdot dm^{-3}$),无水乙醇,废铜粉,精密 pH 试纸。

四、实验内容

1. $CuSO_4 \cdot 5H_2O$ 的制备

(1)铜粉的氧化。称取 2.4g 废铜粉,放入干燥的坩埚中,置于泥三角上,用酒精灯灼烧,直至铜粉转化为黑色的 CuO(约需 30min)。

(2)$CuSO_4$ 粗溶液的制备。将上一步所制 CuO 转入 $50cm^3$ 烧杯中,加入约 $20cm^3$

H_2SO_4，微热使之溶解。如剩余较多红色铜粉，说明上一步转化率较低；反之剩有黑色粉末，说明上步转化率较高，需补加适量 H_2SO_4。

(3) $CuSO_4$ 的提纯。在上述 $CuSO_4$ 粗溶液中，加 3‰ H_2O_2 溶液约 25 滴，加热搅拌直至 Fe^{2+} 完全氧化为 Fe^{3+}（如何检验？），然后用 $2mol \cdot dm^{-3}$ NaOH 溶液调至 pH＝4.0。再加热数分钟后，趁热减压过滤，滤液转入蒸发皿。用 $2mol \cdot dm^{-3}$ H_2SO_4 将溶液 pH 调至约 2.0，然后水浴加热，浓缩至液面出现晶膜为止。自然冷却至室温（需自然冷却，否则其他盐类如 Na_2SO_4 也会析出），将析出的晶体减压过滤，并用 $3cm^3$ 无水乙醇淋洗，抽干。晶体转移到表面皿上，用滤纸吸干后称重，计算产率，母液回收。

2. $CuSO_4 \cdot 5H_2O$ 结晶水的测定

(1) 在台秤上称取 1.2～1.5g 研细的 $CuSO_4 \cdot 5H_2O$ 粉末，置于灼烧至恒重的洁净坩埚中，在分析天平上称出其总质量，由此计算出坩埚中的样品质量（精确至 0.1mg）。

(2) 将装有 $CuSO_4 \cdot 5H_2O$ 的坩埚放置在马弗炉中，在 270～300℃ 下灼烧 40min，取出后在干燥器中冷却至室温后，称其质量（灼烧及称量过程中，坩埚应避免沾染灰尘）。

(3) 将上述坩埚再次放入炉中在相同温度下灼烧约 15min，冷却后再次称重。如此反复，直至两次所称质量相差不大于 5mg。计算无水 $CuSO_4$ 的质量及所含结晶水的质量，从而计算出 $CuSO_4 \cdot 5H_2O$ 所含结晶水的数目。

五、思考题

(1) 在去除铁杂质的过程中，为何需先用 H_2O_2 氧化，再调节 pH＝4.0？pH 过大或过小对分离有何影响？

(2) 如果粗 $CuSO_4$ 中含有铅盐，在本实验提纯过程中有可能被除去吗？

实验三十　聚合硫酸铁的制备及主要性能指标的测定

一、实验目的

(1) 学习聚合硫酸铁的制备原理及方法。
(2) 了解聚合硫酸铁的性能和用途。

二、实验原理

聚合硫酸铁(PFS),也称碱式硫酸铁或羟基硫酸铁,是一种新型高效的铁系无机高分子絮凝剂,其化学式可表示为$[Fe_2(OH)_n(SO_4)_{3-\frac{n}{2}}]_m$,液体聚合硫酸铁含有大量的聚合阳离子,如$[Fe_3(OH)_4]^{5+}$、$[Fe_6(OH)_{12}]^{6+}$、$[Fe_4O(OH)_4]^{6+}$等。其在水溶液中存在着$[Fe(H_2O)_6]^{3+}$、$[Fe_2(H_2O)_3]^{3+}$、$[Fe(H_2O)_2]^{3+}$等配合阳离子,它们以羟基(-OH)架桥形成多核配离子,从而形成巨大的无机高分子化合物,相对分子量可高达1×10^5。由于上述配离子的存在,它能够强烈地吸附胶体微粒,通过粘附、架桥、交联作用,促使微粒凝聚。同时伴随一系列的物理、化学变化,可中和胶体微粒及悬浮物表面的电荷,降低胶体的 Zeta 电位,使胶体粒子由原来的相互排斥变为相互吸引,从而破坏了胶团的稳定性,促使胶团微粒相互碰撞,形成絮状沉淀。与传统的无机盐类混凝剂相比,聚合硫酸铁具有混凝性能优良、沉降快、除浊、脱色、除重金属离子等效果,无毒无害、成本低廉等优点,在自来水、工业用水、工业废水、城市污水的净化处理方面有广泛应用。目前开发生产的 PFS 有液体和固体两种,液体 PFS 为红褐色黏稠透明液体,固体 PFS 为黄色无定型固体,相对密度(d_4^{20})为 1.450。固体一般由液体转化而来,运输、储存方便。

聚合硫酸铁的制备一般是用 $FeSO_4$ 为原料,在硫酸溶液中用氧化剂先将 $FeSO_4$ 氧化为 $Fe_2(SO_4)_3$,当溶液中硫酸根的量控制恰当时,$Fe_2(SO_4)_3$ 可继续与溶液中的水反应生成碱式硫酸铁,此碱式硫酸铁再聚合即可得到聚合硫酸铁。反应方程式如下:

$$6FeSO_4 + 3H_2SO_4 + NaClO_3 = 3Fe_2(SO_4)_3 + NaCl + 3H_2O$$

$$Fe_2(SO_4)_3 + nH_2O = Fe_2(OH)_n(SO_4)_{3-\frac{n}{2}} + \frac{n}{2}H_2SO_4$$

$$m[Fe_2(OH)_n(SO_4)_{3-\frac{n}{2}}] = [Fe_2(OH)_n(SO_4)_{3-\frac{n}{2}}]_m$$

$FeSO_4$ 的氧化可采用各种方法来实现,如催化氧化法主要用亚硝酸钠作催化剂,用空气、MnO_2、过硫酸钠等氧化剂氧化;直接氧化法常用 H_2O_2、$NaClO_3$、MnO_2、Cl_2 等氧化剂氧化。本实验采用 $NaClO_3$ 直接氧化法制备液体状聚合硫酸铁,测定产品的密度、pH 值及其混凝效果,表 5-2 给出了聚合硫酸铁的主要性能指标。

三、仪器与试剂

仪器:分析天平,比重计,温度计,恒温槽,电动搅拌,酸度计,光电式浑浊度仪,烧杯($250cm^3$),烧瓶($1500cm^3$),量筒($200cm^3$,$500cm^3$),容量瓶($100cm^3$)。

试剂：$NaClO_3(s)$，$FeSO_4 \cdot 7H_2O(s)$，H_2SO_4（浓），标准缓冲溶液（pH＝4.00，pH＝6.68）。

表 5-2 聚合硫酸铁的主要性能指标（GB14591—1993）

指标项目	密度(20℃)/g·cm^{-3}	总含铁量/%	还原性物质(以 Fe^{2+} 计)含量/%	pH(1%水溶液)
标准试样	≥1.45	≥11.0	≤0.10	2.0～3.0

四、实验内容

1. 聚合硫酸铁的制备

先计算制备 $200cm^3$ 密度约为 $1.450g \cdot dm^{-3}$ 聚合硫酸铁（Fe 含量为 11.0%，总 SO_4^{2-} 与总铁物质的量比为 1.25）所需的 $FeSO_4 \cdot 7H_2O$ 和浓 H_2SO_4 的量。在烧杯中加入 $90cm^3$ 水，再加入所需体积的浓 H_2SO_4，配制成稀 H_2SO_4 溶液，加热至 40～50℃备用。分别称取所需 $FeSO_4 \cdot 7H_2O$ 的量和 10g $NaClO_3$，各分成 12 份，在搅拌下分别将 2 份 $FeSO_4 \cdot 7H_2O$ 和 2 份 $NaClO_3$ 加入到上述稀 H_2SO_4 溶液中，搅拌 10min 后，继续加入 1 份 $FeSO_4 \cdot 7H_2O$ 和 1 份 $NaClO_3$，以后每 5min 加一次，为了使 $FeSO_4$ 充分氧化，最后再多加 1g $NaClO_3$，继续搅拌 10～15min，冷却，倒入量筒中，加水至体积为 $200cm^3$，即可得到含 Fe 约为 11.0% 的聚合硫酸铁产品。描述产品的颜色及状态。

2. 聚合硫酸铁的主要性能指标的测定

(1) 密度测定。将聚合硫酸铁试样加入清洁、干燥的量筒内，不得有气泡。将量筒置于 (20±0.1)℃ 的恒温槽中，待温度恒定后，将比重计缓慢地放入试样中，待比重计在试样中稳定后，读出比重计的刻度，即为 20℃ 时试样的相对密度。

(2) pH 值测定。称取 1.0g 试样，置于烧杯中，用水稀释，全部转移到 $100cm^3$ 容量瓶中，用水稀释至刻度，摇匀。用酸度计测定其 pH 值。

3. 聚合硫酸铁的混凝效果试验

在 $1000cm^3$ 水样中加入聚合硫酸铁，使以 Fe 计含量为 20×10^{-6}，在电动搅拌机上先快速搅拌 3min 后，再慢速搅拌 3min，静置 30min 后，吸取上层清液，用光电式浑浊度仪测定浊度。列表记录聚合硫酸铁的主要性能指标及混凝效果。

五、思考题

(1) 聚合硫酸铁中存在着 $[Fe_3(OH)_4]^{5+}$、$[Fe_6(OH)_{12}]^{6+}$、$[Fe_4O(OH)_4]^{6+}$ 等多种聚合态铁的配合物，因此具有优良的凝聚性能，它与其他铁盐 $[FeSO_4、FeCl_3、Fe_2(SO_4)_3]$ 混凝剂比较还具有哪些优点？

(2) 试验中将所需 $FeSO_4 \cdot 7H_2O$ 的量和 $NaClO_3$，各分成 12 份，然后分批加入的目的是什么？

实验三十一 12-钨硅酸的制备及酸度测定

一、实验目的

(1)熟练掌握合成无机化合物的实验操作技能。
(2)掌握合成杂多酸的实验方法。
(3)掌握萃取分离操作。
(4)了解用红外光谱、紫外吸收光谱等对产物进行表征的方法。

二、实验原理

钒、铌、钼、钨等元素的重要特征是易形成同多酸和杂多酸。在碱性溶液中 W(Ⅵ)以正钨酸根 WO_4^{2-} 存在;随着溶液 pH 值的减小,WO_4^{2-} 逐渐聚合成多酸根离子,若在上述酸化过程中,加入一定量的硅酸盐,则可生成有确定组成的钨杂多酸根离子。本实验用钨酸钠($Na_2WO_4 \cdot 2H_2O$)和硅酸钠(Na_2SiO_3)溶液在酸性条件下反应,得到 12-钨硅酸。反应的离子方程式如下:

$$12WO_4^{2-} + SiO_3^{2-} + 26H^+ \rightleftharpoons H_4SiW_{12}O_{40} \cdot xH_2O + (11-x)H_2O$$

12-钨硅酸在强酸性溶液中易与乙醚生成加合物而被乙醚萃取,利用这个性质,采用乙醚萃取来制备 12-钨硅酸,是一种经典的方法。向反应体系中加入乙醚并酸化,经乙醚萃取后液体分层,上层是溶有少量杂多酸的醚,中间是氯化钠、盐酸和其他物质的水溶液,下层是油状的杂多酸醚合物,收集下层,将醚蒸发,即可得到 12-钨硅酸的晶体。

12-钨硅酸不仅有强酸性,还有氧化还原性,在紫外光作用下,可以发生单电子或多电子还原反应。12-钨硅酸在紫外区(260nm 附近)有特征吸收峰,这就是电子由配位氧原子向中心钨原子迁移的电荷迁移峰。

三、仪器与试剂

仪器:红外光谱仪,紫外-可见分光光度计,烧杯($100cm^3$,$250cm^3$,$50cm^3$),磁力加热搅拌器,滴液漏斗($100cm^3$),分液漏斗($250cm^3$),蒸发皿,水浴锅,抽滤装置,表面皿,吸量管,滴定管。

试剂:$Na_2WO_4 \cdot 2H_2O(s)$,$Na_2SiO_3 \cdot 9H_2O(s)$,HCl($6mol \cdot dm^{-3}$,浓),乙醚,H_2O_2(3%),NaOH 标准溶液($0.1000mol \cdot dm^{-3}$)。

四、实验内容

1. 12-钨硅酸的制备

称取 25g $Na_2WO_4 \cdot 2H_2O$ 放入 $250cm^3$ 的烧杯中,加入 $50cm^3$ 的蒸馏水,配成溶液。再加入 1.88g $Na_2SiO_3 \cdot 9H_2O$,在加热的情况下,用磁力搅拌器剧烈搅拌,使其溶解,在接近沸腾时,用滴液漏斗滴入约 $10cm^3$ 的浓 HCl(滴速为 1~2 滴/秒)。开始滴入浓 HCl 时,有黄色钨酸沉淀出现,继续缓慢滴加并不断搅拌至溶液 pH=2,保持 30min 左右。将混合物冷却。全部液体转移至分液漏斗中,加入乙醚(约为混合物液体体积的 1/2),分 4 次向其中加入 10cm³ 浓盐酸,充分振荡,萃取,静止后液体分三层,把分液漏斗底部的油状乙醚混合物放入蒸发皿中,加 4cm³ 水,水浴蒸发至溶液表面有晶体析出时为止,冷却结晶,抽滤,即可得到产品。

2. 测定紫外吸收光谱

配制 $5×10^{-5}$ mol·dm^{-3} 12-钨硅酸溶液,用 1cm 比色皿,以蒸馏水为参比,在紫外-可见分光光度计上,测量波长范围为 200~400nm 的吸收曲线。

3. 测定红外光谱

将样品用 KBr 压片,在红外光谱仪上记录 4000~400cm^{-1} 范围的红外光谱图,并标识其主要的特征吸收峰。

4. 12-钨硅酸的酸度测定

准确称取制备的样品(约 2g,精确到 0.1mg)2 份,放入 2 个锥形瓶中,加入少量蒸馏水,配成溶液,用 0.1000mol·dm^{-3} 标准 NaOH 溶液滴定(以甲基橙作指示剂)。计算该酸的当量。该酸的当量非常接近于 751,符合四元酸 $H_4SiW_{12}O_{40}·7H_2O$。

五、思考题

(1) 为什么钒、铌、钼、钨等元素易形成同多酸和杂多酸?

(2) 十二钨硅酸易被还原,它与橡胶、纸张、塑料等有机物质接触,甚至与空气中灰尘接触时,均易被还原为"杂多蓝"。因此,在制备过程中要注意哪些问题?

(3) 钨硅酸有哪些性质?

实验三十二　未知溶液的分离与鉴定

一、实验目的

(1) 了解阳离子的硫化氢系统分析方法。
(2) 掌握混合阳离子溶液分离鉴定的方法与相关操作。

二、实验原理

对组分复杂的试样,离子的分离鉴定通常采用系统分析法。在系统分析中,首先用组试剂将溶液中某些性质相似的离子分成若干组,组试剂是指能将几种离子同时沉淀而与其他离子分离的试剂。

本实验采用的硫化氢系统分析法是根据各阳离子硫化物以及它们的氯化物、碳酸盐和氢氧化物的溶解度不同,按照一定顺序加入组试剂,把阳离子分成不同的五个组,再对每一组中的离子进一步进行分离鉴定的方法。

离子的分离检出都是在一定条件下进行的,选择恰当的条件(如酸度、浓度、温度及恰当的试剂等),可使反应向预期方向进行,因此在设计离子分离方案时不但要熟悉离子自身的一般性质,还要能够用化学反应平衡的基本规律控制反应条件,达到离子分离、鉴定的目的。

硫化氢系统的优点是系统严谨,分离比较完全,缺点是对环境有较大污染。为此,实验中改用硫代乙酰胺(CH_3CSNH_2 简称 TAA)代替饱和 H_2S 水溶液。硫代乙酰胺的水溶液常温比较稳定,加热以后又能达到饱和 H_2S 水溶液的反应效果。这样既保留了硫化氢系统的优点,又减轻了硫化氢气体产生的污染。

硫化氢系统分析法利用组试剂将阳离子分成以下五组(每组分离沉淀后的清液进入后面各组的分析)。

(1) 第 I 组(又称盐酸组),组试剂是 $3mol \cdot dm^{-3}$ HCl。加热,分离出:
$AgCl$(白),Hg_2Cl_2(白),$PbCl_2$(白)。
本组中的 Pb^{2+} 会因生成配合物 $PbCl_4^{2-}$ 导致沉淀不完全而部分进入下一组。

(2) 第 II 组(又称硫化氢组),组试剂是 $0.3mol \cdot dm^{-3}$ HCl,TAA。加热,分离出:
PbS(黑),CuS(黑),Bi_2S_3(黑),CdS(黄),As_2S_3(黄),Sb_2S_3(橙),SnS(褐),SnS_2(黄),HgS(黑)。

(3) 第 III 组(又称硫化铵组),组试剂是 $NH_3 + NH_4Cl$,TAA。加热,分离出:
$Al(OH)_3$(白),$Cr(OH)_3$(绿),$Fe(OH)_3$(褐),FeS(黑),MnS(粉),ZnS(白),CoS(黑),NiS(黑)。

本组分离时酸度过高会导致部分离子沉淀不完全,过低又可能导致后面各组中的离子如 Mg^{2+} 提前沉淀,故需利用缓冲溶液控制恰当的酸度。

(4) 第 IV 组(又称碳酸铵组),组试剂是 $NH_3 + NH_4Cl$,$(NH_4)_2CO_3$。分离出:
$BaCO_3$(白),$SrCO_3$(白),$CaCO_3$(白)。

(5) 第 V 组(又称可溶组):对溶液中的 K^+、Na^+、NH_4^+ 和 Mg^{2+} 分别进行鉴定。

对每组中的离子,再进行进一步的分离、鉴定。以第Ⅰ组离子为例,其分离鉴定过程如图 5-4 所示。

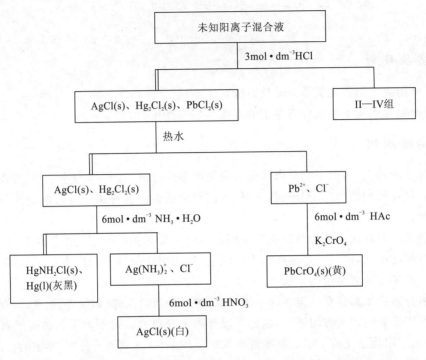

图 5-4　第Ⅰ组阳离子分离鉴定流程图

实验中,需根据所分析样品中可能含有的离子种类,根据前述的系统分析原理,合理设计分析方案。例如,某样品中可能含有 Cu^{2+}、Sn^{4+}、Cr^{3+}、Ni^{2+}、Ca^{2+}、NH_4^+,可按图 5-5 所示流程进行分析。

三、仪器与试剂

仪器:离心管,离心机,电炉,玻璃棒,烧杯,点滴板,表面皿,滤纸。

试剂:待分析混合液,HCl(0.3mol·dm^{-3},3mol·dm^{-3},6mol·dm^{-3}),HAc(2mol·dm^{-3},6mol·dm^{-3}),HNO$_3$(2mol·dm^{-3},6mol·dm^{-3},浓),H$_2$SO$_4$(1mol·dm^{-3},3mol·dm^{-3}),NaOH(2mol·dm^{-3},6mol·dm^{-3},10%),TAA(5%),(NH$_4$)$_2$CO$_3$(1mol·dm^{-3}),Na$_2$CO$_3$(10%),H$_2$O$_2$(3%),NH$_3$·H$_2$O(0.5mol·dm^{-3},2mol·dm^{-3},6mol·dm^{-3},浓),NH$_4$Cl(0.1mol·dm^{-3},3mol·dm^{-3}),NH$_4$Ac(2mol·dm^{-3},饱和),NaAc(1mol·dm^{-3}),NH$_4$NO$_3$(1%),NH$_4$F(2mol·dm^{-3}),(NH$_4$)$_2$C$_2$O$_4$(0.5mol·dm^{-3},饱和),甘油溶液(1∶1),K$_4$Fe(CN)$_6$(0.2mol·dm^{-3}),K$_3$Fe(CN)$_6$(0.2mol·dm^{-3}),K$_2$CrO$_4$(5%,1mol·dm^{-3}),SnCl$_2$(0.1mol·dm^{-3}),CoCl$_2$(0.1mol·dm^{-3}),HgCl$_2$(0.2mol·dm^{-3}),NH$_4$SCN(0.1mol·dm^{-3}),NH$_4$SCN(s),NaNO$_2$(s),NH$_4$NO$_3$(s),NaBiO$_3$(s),KClO$_3$(s),NH$_4$NO$_3$(s),NH$_4$Ac(s),5%硫代乙酰胺(TAA),铝片,锡箔,锌粉,邻二氮菲试剂,戊醇,氯仿,无水乙醇,丁二酮肟试剂(1%),甲基紫(0.1%),百里酚蓝指示剂,奈斯勒试剂,(NH$_4$)$_2$Hg(SCN)$_4$ 试剂,铝试剂,GBHA(1%乙醇液),玫瑰红酸钠,四苯硼酸钠,Na$_3$Co(NO$_2$)$_6$ 试剂,醋酸铀酰锌试剂,镁试剂

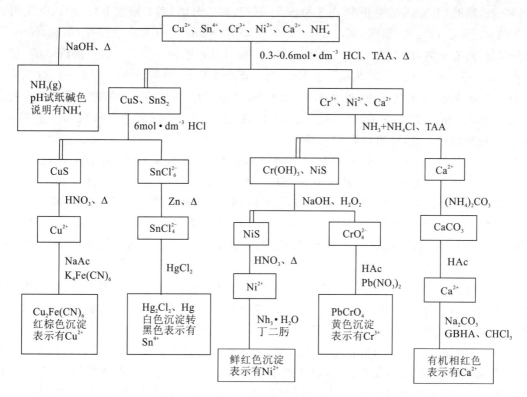

图 5-5　Cu^{2+}、Sn^{4+}、Cr^{3+}、Ni^{2+}、Ca^{2+}、NH_4^+ 的系统分离和检出图

(对硝基苯偶氮间苯二酚)，pH 试纸，精密 pH 试纸，红色石蕊试纸。

四、实验内容

(1) 查阅相关资料，针对可能含有下列各组离子的混合液设计出合理的分离鉴定方案。画出分析流程图、写出重要的分离鉴定反应方程式，并列出离子在每一步分离过程中各种条件的控制及操作中应当注意的问题。

①Cr^{3+}，Al^{3+}，Hg^{2+}，Pb^{2+}，Ag^+；

②Cd^{2+}，As^{3+}，Sn^{2+}，Sb^{3+}，Bi^{3+}；

③Cu^{2+}，Mn^{2+}，Fe^{3+}，Bi^{3+}，As^{3+}；

④Cu^{2+}，Sn^{4+}，Cr^{3+}，Ni^{2+}，Ca^{2+}，NH_4^+。

(2) 选取一份试样，按所设计的分离鉴定方案对其成分进行分析。

(3) Cu^{2+}、Sn^{4+}、Cr^{3+}、Ni^{2+}、Ca^{2+}、NH_4^+ 混合液中离子分离鉴定方法(供借鉴参考)。

① 初步检验——NH_4^+ 的鉴定。将一小块 pH 试纸用蒸馏水润湿，贴在表面皿中心，另一表面皿中加 2 滴混合液，2 滴 $2mol \cdot dm^{-3}$ NaOH 溶液，很快用贴有 pH 试纸的表面皿盖上，将此气室放在水浴上加热，如 pH 试纸变为碱色，表示有 NH_4^+ 存在。

② 各离子的分离与检出。

a. Cu^{2+}、Sn^{4+} 与 Cr^{3+}、Ni^{2+}、Ca^{2+} 的分离以及 Cu^{2+}、Sn^{4+} 的检出。取 20 滴混合液于 1 支离心试管中，加入 1 滴 0.1% 甲基紫指示剂，用 $NH_3 \cdot H_2O$ 和 HCl 调溶液至绿色，加入 10 滴

5%硫代乙酰胺(TAA)加热,析出 CuS 和 SnS_2 沉淀,离心分离(离心液按 b 处理)。沉淀用含 HCl 的水洗两次,弃去洗涤液,沉淀上加 4~5 滴 $6mol \cdot dm^{-3}$ HCl,充分搅拌,加热,使 SnS_2 充分溶解,离心分离,离心液为 $SnCl_6^{2-}$,用少许 Zn 粉将其还原为 $SnCl_4^{2-}$。取此溶液 2 滴,加入 1 滴 $0.2mol \cdot dm^{-3}$ $HgCl_2$,若生成白色沉淀,并逐渐变为黑色,证明有 Sn^{4+} 存在。CuS 沉淀用含 HCl 的水洗涤,弃去洗涤液,加 2 滴 $2mol \cdot dm^{-3}$ HNO_3,加热溶解,并除去低价氮的氧化物,离心分离,弃去沉淀,溶液加 $1mol \cdot dm^{-3}$ NaAc 和 $0.2mol \cdot dm^{-3}$ $K_4Fe(CN)_6$ 溶液各 1 滴,如生成红棕色沉淀,证明有 Cu^{2+} 存在。

b. Cr^{3+}、Ni^{2+} 与 Ca^{2+} 的分离和 Cr^{3+}、Ni^{2+} 的鉴定。在 a 的离心液中,加入 5 滴 $3mol \cdot dm^{-3}$ HCl 溶液及百里酚蓝指示剂,再用浓 $NH_3 \cdot H_2O$ 及 $0.5mol \cdot dm^{-3}$ $NH_3 \cdot H_2O$ 调至溶液显黄棕色(先用浓氨水,后用稀氨水调节),加 10 滴 5%硫代乙酰胺(TAA),在水浴中加热。离心分离,离心液按 c 处理。沉淀用 1% NH_4NO_3 溶液洗涤后,加 3 滴 $6mol \cdot dm^{-3}$ NaOH 和 5 滴 3% H_2O_2,加热,使 $Cr(OH)_3$ 溶解,生成黄色的 CrO_4^{2-}。离心分离,离心液加 HAc 酸化,加 1 滴 Pb^{2+} 溶液,若生成黄色沉淀,表示有 Cr^{3+}。

NiS 沉淀用 1% NH_4NO_3 溶液洗涤后,加 2 滴 $6mol \cdot dm^{-3}$ HNO_3,加热溶解,分离出生成的硫磺沉淀,清液用 $6mol \cdot dm^{-3}$ $NH_3 \cdot H_2O$ 调至碱性,加 1 滴 1%丁二酮肟,生成鲜红色沉淀,证明有 Ni^{2+} 存在。

c. Ca^{2+} 的鉴定。在 b 的离心液中,加 3 滴 $1mol \cdot dm^{-3}$ $(NH_4)_2CO_3$,生成白色沉淀。离心分离,弃去离心液,沉淀用水洗一次,加 2 滴 $2mol \cdot dm^{-3}$ HAc 溶解。取此溶液 1 滴,加 4 滴 1% GBHA 的乙醇溶液,1 滴 10% NaOH 溶液,1 滴 10% Na_2CO_3 溶液和 3~4 滴 $CHCl_3$,再加水数滴,摇动试管,$CHCl_3$ 层显红色则证明 Ca^{2+} 存在。

五、思考题

(1)画出阳离子 H_2S 系统分析方法流程图。

(2)查阅资料,比较硫化氢系统分析法与另外一种常用的两酸两碱系统分析法相互的优劣。

(3)在硫化氢系统分析中,常用到 TAA,是否可用硫化钠溶液代替?说明原因。

(4)本实验中,很多离子在沉淀过程中需要水浴加热,水浴的作用是什么?

(5)结合离子在不同的分离过程中使用的条件,分析原因。

实验三十三　纳米氧化锌的制备及其光催化性能研究

一、实验目的

(1) 掌握纳米材料的相关背景,包括纳米材料的性质、其与常规块体材料的差异等。
(2) 了解纳米材料的制备方法。
(3) 了解纳米材料的常见表征手段(X射线衍射、透射电子显微镜、扫描电子显微镜、紫外-可见吸收光谱等)。
(4) 初步掌握光催化研究方法。

二、实验原理

纳米氧化锌(ZnO)是指颗粒尺寸在1.0～100nm的ZnO微粒。与常规颗粒或块状ZnO相比,纳米ZnO由于颗粒尺寸小、比表面积大,使得纳米ZnO具有常规ZnO所不具备的表面效应、体积效应、量子尺寸效应及宏观隧道效应等。ZnO在催化、光学、磁性等方面都展现了特殊效果。特别是其防紫外辐射及在紫外区对有机物的催化降解作用,使其在陶瓷、化工、电子、光学、生物、医药等众多领域都得到了广泛应用。

本实验采用直接沉淀法制备纳米ZnO,具体方法是往可溶性锌盐溶液中加入沉淀剂,将锌沉淀物从溶液中分离出来后再将阴离子洗去,经过分离、干燥、热解得到纳米ZnO。再利用紫外分光光度计进一步考察纳米ZnO对有机物(甲基橙)分解的光催化性能。

三、仪器与试剂

仪器:烧杯($250cm^3$),移液枪,量筒($100cm^3$),试管,磁力搅拌器,水浴锅,离心机,马弗炉,紫外-可见分光光度计,比色皿。

试剂:$ZnSO_4$溶液($0.50mol \cdot dm^{-3}$),Na_2CO_3溶液($0.50mol \cdot dm^{-3}$),甲基橙($1.0 \times 10^{-4} mol \cdot dm^{-3}$)。

四、实验内容

1. 纳米氧化锌的制备

取$100cm^3$ $0.50mol \cdot dm^{-3}$ $ZnSO_4$溶液置于$250cm^3$烧杯中,缓慢加入$100cm^3$ $0.50mol \cdot dm^{-3}$ Na_2CO_3溶液,于30℃水浴中搅拌、熟化1h。冷却后使用离心机分离沉淀,并洗涤沉淀直至溶液中无SO_4^{2-}离子检出为止。将洗净的沉淀置于80℃恒温干燥箱中干燥5h,得到纳米ZnO前驱体。于800℃的马弗炉中煅烧该前驱体8h即可得到纳米ZnO。

2. 纳米氧化锌的表征

根据X射线衍射结果初步判断产物纯度;通过透射电子显微镜、扫描电子显微镜观察产物粒径及形貌,并记录试样的主要形貌特征及粒径大小等信息。

3. 纳米氧化锌的光催化性能研究

用 1.0×10^{-4} mol·dm^{-3} 溶液为原料,使用 10cm^3 容量瓶配制浓度分别为 2.0×10^{-5} mol·dm^{-3}、4.0×10^{-5} mol·dm^{-3}、6.0×10^{-5} mol·dm^{-3}、8.0×10^{-5} mol·dm^{-3}、1.0×10^{-4} mol·dm^{-3} 的甲基橙溶液备用。将上述溶液分别置于 1cm 比色皿中,使用紫外-可见分光光度计测定吸光度,在波长为 520nm 处测定溶液吸光度,并将不同浓度对应的吸光度记录于表 5-3 中。

表 5-3 甲基橙浓度对吸光度的影响

样品编号	样品浓度/mol·dm^{-3}	吸光度 A_i/%
0	1.0×10^{-4}	
1	8.0×10^{-5}	
2	6.0×10^{-5}	
3	4.0×10^{-5}	
4	2.0×10^{-5}	

根据表 5-3 的数据制作标准曲线。

本实验中选取甲基橙作为模型有机污染物,考察纳米氧化锌对其光催化降解的行为。取 100cm^3 1.0×10^{-4} mol·dm^{-3} 甲基橙溶液于 250cm^3 烧杯中,加入 50mg 制备的纳米 ZnO,避光搅拌 30min,使之达到吸附平衡。保持搅拌状态,将此装置放在太阳光下进行光催化分解,同时开始计时,每隔 15min 用移液枪吸取 5.0cm^3 试样,置于离心管中离心除去 ZnO 后,取上清液于 1cm 比色皿中在 520nm 波长处测定溶液吸光度,光催化反应 2h(120min)后停止实验。

表 5-4 光催化降解时间对甲基橙吸光度及浓度的影响

样品编号	反应时间/min	吸光度 A/%	样品浓度 c_i/mol·dm^{-3}
1	15		
2	30		
3	45		
4	60		
5	75		
6	90		
7	105		
8	120		

将每个样品吸光度记录于表 5-4 中,并根据标准曲线计算出样品中甲基橙浓度 c_i。以 c_i/c_0 ($c_0=1.0\times10^{-4}$ mol·dm^{-3}) 为纵坐标,反应时间为横坐标作图,研究所制备 ZnO 的光催化性能。

五、思考题

(1)为何选择在 2h 后停止光催化反应?

(2)选择甲基橙作为模型有机污染物的优势是什么?

实验三十四 大环配合物[Ni((14)4,11-二烯-N₄)]I₂的合成

一、实验目的

(1) 通过[Ni((14)4,11-二烯-N₄)]I₂的制备,了解金属大环配合物的合成方法。
(2) 了解大环金属配合物的一些特殊性质。

二、实验原理

近年来大环金属配合物得到了广泛的研究,这类配合物常见于生物体内,并在生物体内起到了举足轻重的作用。例如,在细胞色素、血红素、叶绿素等中都存在金属卟啉配合物,它在生命过程中起着(如载氧等)重要作用。天然的叶绿素就是一种卟啉的镁配合物,血红素是一种卟啉的联配位化合物。铁(Ⅱ)卟啉容易被氧化,且呈顺磁性。相应的钌(Ⅱ)卟啉(稳定抗磁性)是其很好的替代物,用于生物体系的研究。

人们还发现大环金属配合物在包括肿瘤的光动力学治疗法中的光敏剂、催化温和氧化反应的催化剂、环境治理中用的脱硝催化剂、汽车尾气处理用催化剂、燃料电池电还原催化剂、电化学传感器等领域都具有非常广泛的用途,另外,还被用于液晶材料、非线性光学材料等应用。

本实验合成的是一种镍的大环配合物[Ni((14)4,11-二烯-N₄)]I₂,其结构如图5-6所示。其具体合成过程详见图5-7。

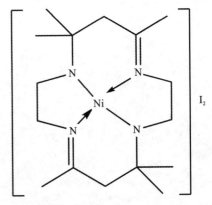

图5-6 [Ni((14)4,11-二烯-N₄)]I₂的结构

三、仪器与试剂

仪器:搅拌器,分水器,回流冷凝管,滴液漏斗,油浴加热器,三颈烧瓶(100cm³),烧杯(250cm³,500cm³),抽滤瓶,真空干燥箱。

试剂:丙酮,醋酸镍,无水乙醇,无水乙二胺,氢氧化钠,47%氢碘酸。

四、实验内容

1. 大环配体[(14)4,11-二烯-N₄]·2HI的合成

在250cm³烧杯中,注入5.0cm³无水乙醇,再加入6.60cm³(0.10mol)的无水乙二胺,把烧杯放在冰浴中冷却,缓慢滴加18.0cm³(0.10mol)的47%氢碘酸(加入氢碘酸时有大量的热放出,必须缓慢操作),然后再加入15cm³丙酮(需过量,约为0.40mol),搅拌均匀,并将烧杯在冰浴中进一步冷却至有白色晶体析出。由于晶体析出较慢,在冰浴中需放置3h使晶体析出较完全,抽滤得到白色针状晶体产物,此晶体在真空干燥0.5h后,称重,计算产率,并计算所得配

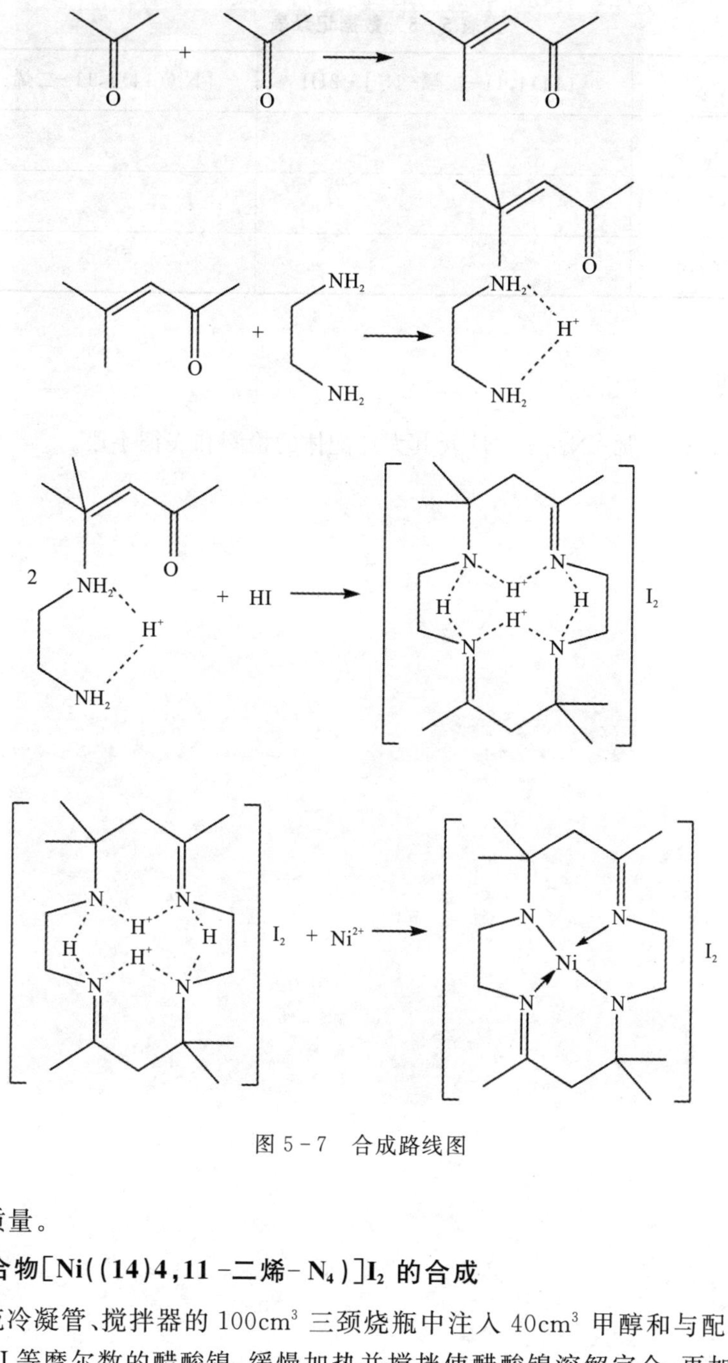

图 5-7　合成路线图

体产物的摩尔质量。

2. 大环配合物[Ni((14)4,11-二烯-N_4)]I_2 的合成

在装有回流冷凝管、搅拌器的 100cm³ 三颈烧瓶中注入 40cm³ 甲醇和与配体[(14)4,11-二烯-N_4]·2HI 等摩尔数的醋酸镍,缓慢加热并搅拌使醋酸镍溶解完全,再加入上一步合成的大环配体。在搅拌条件下,90℃加热回流 1h,然后趁热过滤溶液,将溶液在水浴上浓缩到有晶体析出为止,把浓缩液放在冰浴中冷却 1.5h,过滤溶液得到亮黄色的晶体即为大环配合物。在乙醇中重结晶提纯产品,将亮黄色晶体放在干燥箱中干燥,称重,计算产率,并计算所得配体产物的摩尔质量(表 5-5)。

表 5-5 数据记录表

	[(14)4,11-二烯-N_4]·2HI	[Ni((14)4,11-二烯-N_4)]I_2
质量/g		
产率/%		
摩尔质量/mol		

五、思考题

思考[(14)4,11-二烯-N_4]·2HI 及其大环配体的检测和表征手段。

附　录

附录1　不同温度下水的饱和蒸汽压

温度 $t/℃$	饱和蒸气压 $P/\times 10^3 Pa$	温度 $t/℃$	饱和蒸气压 $P/\times 10^3 Pa$	温度 $t/℃$	饱和蒸气压 $P/\times 10^3 Pa$	温度 $t/℃$	饱和蒸气压 $P/\times 10^3 Pa$
0	0.611 29	31	4.4953	61	20.873	91	72.823
1	0.657 16	32	4.7578	62	21.851	92	75.614
2	0.706 05	33	5.0335	63	22.868	93	78.494
3	0.758 13	34	5.3229	64	23.925	94	81.465
4	0.813 59	35	5.6267	65	25.022	95	84.529
5	0.872 60	36	5.9453	66	26.163	96	87.688
6	0.935 37	37	6.2795	67	27.347	97	90.945
7	1.0021	38	6.6298	68	28.576	98	94.301
8	1.0730	39	6.9969	69	29.852	99	97.759
9	1.1482	40	7.3814	70	31.176	100	101.32
10	1.2281	41	7.7840	71	32.549	101	104.99
11	1.3129	42	8.2054	72	33.972	102	108.77
12	1.4027	43	8.6463	73	35.448	103	112.66
13	1.4979	44	9.1075	74	36.978	104	116.67
14	1.5988	45	9.5898	75	38.563	105	120.79
15	1.7056	46	10.094	76	40.205	106	125.03
16	1.8185	47	10.620	77	41.905	107	129.39
17	1.9380	48	11.171	78	43.665	108	133.88
18	2.0644	49	11.745	79	45.487	109	138.50
19	2.1978	50	12.344	80	47.373	110	143.24
20	2.3388	51	12.970	81	49.324	111	148.12
21	2.4877	52	13.623	82	51.342	112	153.13
22	2.6447	53	14.303	83	53.428	113	158.29
23	2.8104	54	15.012	84	55.585	114	163.58
24	2.9850	55	15.752	85	57.815	115	169.02
25	3.1690	56	16.522	86	60.119	116	174.61
26	3.3629	57	17.324	87	62.499	117	180.34
27	3.5670	58	18.159	88	64.958	118	186.23
28	3.7818	59	19.028	89	67.496	119	192.28
29	4.0078	60	19.932	90	70.117	120	198.48
30	4.2455						

续附录 1

温度 $t/℃$	饱和蒸气压 $P/\times 10^3 Pa$	温度 $t/℃$	饱和蒸气压 $P/\times 10^3 Pa$	温度 $t/℃$	饱和蒸气压 $P/\times 10^3 Pa$	温度 $t/℃$	饱和蒸气压 $P/\times 10^3 Pa$
121	204.85	156	557.32	191	1281.9	226	2595.9
122	211.38	157	571.94	192	1310.1	227	2644.6
123	218.09	158	586.87	193	1338.8	228	2694.1
124	224.96	159	602.11	194	1368.0	229	2744.2
125	232.01	160	617.66	195	1397.6	230	2795.1
126	239.24	161	633.53	196	1427.8	231	2846.7
127	246.66	162	649.73	197	1458.5	232	2899.0
128	254.25	163	666.25	198	1489.7	233	2952.1
129	262.04	164	683.10	199	1521.4	234	3005.9
130	270.02	165	700.29	200	1553.6	235	3060.4
131	278.20	166	717.83	201	1568.4	236	3115.7
132	286.57	167	735.70	202	1619.7	237	3171.8
133	295.15	168	753.94	203	1653.6	238	3288.6
134	303.93	169	772.52	204	1688.0	239	3286.3
135	312.93	170	791.47	205	1722.9	240	3344.7
136	322.14	171	810.78	206	1758.4	241	3403.9
137	331.57	172	830.47	207	1794.5	242	3463.9
138	341.22	173	850.53	208	1831.1	243	3524.7
139	351.09	174	870.98	209	1868.4	244	3586.3
140	361.19	175	891.80	210	1906.2	245	3648.8
141	371.53	176	913.03	211	1944.6	246	3712.1
142	382.11	177	934.64	212	1983.6	247	3776.2
143	392.92	178	956.66	213	2023.2	248	3841.2
144	403.98	179	979.09	214	2063.4	249	3907.0
145	415.29	180	1001.9	215	2104.2	250	3973.6
146	426.85	181	1025.2	216	2145.7	251	4041.2
147	438.67	182	1048.9	217	2187.8	252	4109.6
148	450.75	183	1073.0	218	2230.5	253	4178.9
149	463.10	184	1097.5	219	2273.8	254	4249.1
150	475.72	185	1122.5	220	2317.8	255	4320.2
151	488.61	186	1147.9	221	2362.5	256	4392.2
152	501.78	187	1173.8	222	2407.8	257	4465.1
153	515.23	188	1200.1	223	2453.8	258	4539.0
154	528.96	189	1226.1	224	2500.5	259	4613.7
155	542.99	190	1254.2	225	2547.9	260	4689.4

续附录1

温度 $t/℃$	饱和蒸气压 $P/\times 10^3$ Pa	温度 $t/℃$	饱和蒸气压 $P/\times 10^3$ Pa	温度 $t/℃$	饱和蒸气压 $P/\times 10^3$ Pa	温度 $t/℃$	饱和蒸气压 $P/\times 10^3$ Pa
261	4766.1	291	7547.0	321	11 429	351	16 825
262	4843.7	292	7657.2	322	11 581	352	16 932
263	4922.3	293	7768.6	323	11 734	353	17 138
264	5001.8	294	7881.3	324	11 889	354	17 348
265	5082.3	295	7995.2	325	12 046	355	17 561
266	5163.8	296	8110.3	326	12 204	356	17 775
267	5246.3	297	8226.8	327	12 364	357	17 992
268	5329.8	298	8344.5	328	12 525	358	18 211
269	5414.3	299	8463.5	329	12 688	359	18 432
270	5499.9	300	8583.8	330	12 852	360	18 655
271	5586.4	301	8705.4	331	13 019	361	18 881
272	5674.0	302	8828.3	332	13 187	362	19 110
273	5762.7	303	8952.6	333	13 357	363	19 340
274	5852.4	304	9078.2	334	13 528	364	19 574
275	5943.1	305	9205.1	335	13 701	365	19 809
276	6035.0	306	9333.4	336	13 876	366	20 048
277	6127.9	307	9463.1	337	14 053	367	20 289
278	6221.9	308	9594.2	338	14 232	368	20 533
279	6317.2	309	9726.7	339	14 412	369	20 780
280	6413.2	310	9860.5	340	14 594	370	21 030
281	6510.5	311	9995.8	341	14 778	371	21 286
282	6608.9	312	10 133	342	14 964	372	21 539
283	6708.5	313	10 271	343	15 152	373	21 803
284	6809.2	314	10 410	344	15 342	—	—
285	6911.1	315	10 551	345	15 533		
286	7014.1	316	10 694	346	15 727		
287	7118.3	317	10 838	347	15 922		
288	7223.7	318	10 984	348	16 120		
289	7330.2	319	11 131	349	16 320		
290	7438.0	320	11 279	350	16 521		

附录 2 若干重要无机化合物在水中的溶解度

与饱和溶液平衡的固相物质	溶解度 $S/g \cdot dm^{-3}$	适用温度 $t/℃$	与饱和溶液平衡的固相物质	溶解度 $S/g \cdot dm^{-3}$	适用温度 $t/℃$
$AgNO_3$	12.2	0	$Cu(NO_3)_2 \cdot 6H_2O$	2437	0
Ag_2SO_4	5.7	0	$CuSO_4$	143	0
AgF	1820	15.5	$CuSO_4 \cdot 5H_2O$	316	0
$AlCl_3$	699	15	$[Cu(NH_3)_4]SO_4 \cdot H_2O$	185	21.5
AlF_3	5.59	25	$FeCl_2 \cdot 4H_2O$	1601	10
$Al(NO_3)_3 \cdot 9H_2O$	637	25	$FeCl_3 \cdot 6H_2O$	919	20
$Al_2(SO_4)_3$	313	0	$Fe(NO_3)_2 \cdot 6H_2O$	835	20
$Al_2(SO_4)_3 \cdot 18H_2O$	869	0	$Fe(NO_3)_3 \cdot 6H_2O$	1500	0
As_2O_5	1500	14	$FeC_2O_4 \cdot 2H_2O$	0.22	
As_2O_3	37	20	$FeSO_4 \cdot 7H_2O$	156.5	
$BaCl_2$	375	26	$Fe_2(SO_4)_3 \cdot 9H_2O$	4400	
BaF_2	1.2	25	H_3BO_3	63.5	20
$Ba(OH)_2 \cdot 8H_2O$	56	15	HIO_3	2860	0
$Ba(NO_3)_2 \cdot H_2O$	630	20	$HgCl_2$	69	20
BaO	34.8	20	$HgSO_4 \cdot 2H_2O$	0.03	18
$BaO \cdot 8H_2O$	1.6		$H_2MoO_4 \cdot H_2O$	1.33	18
$BaSO_4 \cdot 4H_2O$	425	25	H_3PO_4	5480	
$CaCl_2$	745	20	$KAl(SO_4)_2 \cdot 12H_2O$	114	20
$CaCl_2 \cdot 6H_2O$	2790	0	KBr	534.8	0
$CaCrO_4 \cdot 2H_2O$	163	20	K_2CO_3	1120	20
$Ca(OH)_2$	1.85	0	$K_2CO_3 \cdot 2H_2O$	1469	
$Ca(NO_3)_2 \cdot 4H_2O$	2660	0	$KClO_3$	71	20
$CaSO_4 \cdot 2H_2O$	2.4		$KClO_4$	7.5	0
$CaSO_4 \cdot 1/2H_2O$	3	20	KCl	347	20
$CdCl_2$	1400	20	K_2CrO_4	629	20
$CdCl_2 \cdot H_2O$	1680	20	K_2CrO_7	49	0
$Cd(NO_3)_2 \cdot 4H_2O$	2150		$KCr(SO_4)_2 \cdot 12H_2O$	243.9	25
$3CdSO_4 \cdot 8H_2O$	1130	0	$K_3[Fe(CN)_6]$	330	4
Cl_2	14.9	0	$K_4[Fe(CN)_6] \cdot 3H_2O$	145	0
CO_2	3.48	0	KOH	1070	15
CO_2	1.45	25	KIO_3	47.4	0
$CoCl_2 \cdot 6H_2O$	767	0	KIO_4	6.6	15
$Co(NO_3)_2 \cdot 6H_2O$	1338	0	KI	1275	0
$CoSO_4 \cdot 7H_2O$	604	3	$KCl \cdot MgCl_2 \cdot 6H_2O$	645	19
$Cr_2(SO_4)_3 \cdot 18H_2O$	1200	20	$KMnO_4$	63.3	20
$[Cr(H_2O)_4Cl_3] \cdot 2H_2O$	585	25	KNO_3	133	0
$CuCl_2 \cdot 2H_2O$	1104	0	KNO_3	2470	100

续附录 2

与饱和溶液平衡的固相物质	溶解度 $S/\text{g} \cdot \text{dm}^{-3}$	适用温度 $t/℃$	与饱和溶液平衡的固相物质	溶解度 $S/\text{g} \cdot \text{dm}^{-3}$	适用温度 $t/℃$
KSCN	1772	0	$NH_4C_2H_3O_2$	1480	4
LiCl	637	0	$NH_4Al(SO_4)_2 \cdot 12H_2O$	150	20
$LiCl \cdot H_2O$	862	20	$NH_4H_2AsO_4$	337.4	0
LiOH	128	20	$NH_4B_5O_8 \cdot 4H_2O$	70.3	18
$LiOH \cdot 3H_2O$	348	0	$(NH_4)_2B_4O_7 \cdot 4H_2O$	72.7	18
$Li_2SO_4 \cdot H_2O$	349	25	NH_4Br	970	25
$MgCl_2 \cdot 6H_2O$	1670		$(NH_4)_2CO_3 \cdot H_2O$	1000	15
$Mg(NO_3)_2 \cdot 6H_2O$	1250		NH_4HCO_3	119	0
$MgSO_4 \cdot 7H_2O$	710	20	NH_4ClO_3	287	0
$MnCl_2 \cdot 4H_2O$	1501	8	NH_4ClO_4	107.4	0
$Mn(NO_3)_2 \cdot 4H_2O$	4264	0	NH_4Cl	297	0
$MnSO_4 \cdot 7H_2O$	1720		$(NH_4)_2CrO_4$	405	30
$MnSO_4 \cdot 6H_2O$	1474		$(NH_4)_2Cr_2O_7$	308	15
$NaC_2H_3O_2$	1190	0	$NH_4Cr(SO_4)_7 \cdot 12H_2O$	212	25
$NaC_2H_3O_2 \cdot 3H_2O$	762	0	NH_4F	1000	0
$Na_3AsO_4 \cdot 12H_2O$	389	15.5	$(NH_4)_2SiF_6$	186	17
$Na_2B_4O_7 \cdot 10H_2O$	20.1	0	NH_4I	1542	0
$NaBr \cdot 2H_2O$	795	0	$NH_4Fe(SO_4)_2 \cdot 12H_2O$	1240	25
Na_2CO_3	71	0	$(NH_4)_2SO_4 \cdot FeSO_4 \cdot 6H_2O$	269	20
$Na_2CO_3 \cdot H_2O$	215.2	20	$NH_4MgPO_4 \cdot 6H_2O$	0.231	0
$NaHCO_3$	69	0	$(NH_4)_6Mo_7O_{24} \cdot 4H_2O$	430	
NaCl	357	0	NH_4NO_3	1183	0
$NaOCl \cdot 5H_2O$	293	0	$(NH_4)_2C_2O_4 \cdot H_2O$	2540	0
Na_2CrO_4	873	20	$(NH_4)_3PO_4 \cdot 3H_2O$	261	25
$Na_2CrO_4 \cdot 10H_2O$	500	10	NH_4SCN	1280	0
$Na_2Cr_2O_7 \cdot 2H_2O$	2380	0	$(NH_4)_2SO_4$	706	0
$Na_2C_2O_4$	37	20	NH_4VO_3	5.2	15
NaI	1840	25	$Ni(C_2H_3O_2)_2$	166	
$NaI \cdot 2H_2O$	3179	0	$NiCl_2 \cdot 6H_2O$	2540	20
$Na_2MoO_4 \cdot 2H_2O$	562	0	$NiSO_4 \cdot 7H_2O$	756	15.5
$NaNO_2$	815	15	$Pb(C_2H_3O_2)$	443	20
$Na_3PO_4 \cdot 10H_2O$	88		$Pb(NO_3)_2$	376.5	0
$Na_4P_2O_7 \cdot 10H_2O$	54.1	0	SO_2	228	0
$Na_2SO_4 \cdot 10H_2O$	110	0	$SnCl_2$	839	0
$Na_2SO_4 \cdot 10H_2O$	927	30	$Sr(NO_3)_2 \cdot 4H_2O$	604.3	0
$Na_2S \cdot 9H_2O$	475	10	$Zn(C_2H_3O_2)_2 \cdot 2H_2O$	311	20
$Na_2SO_3 \cdot 7H_2O$	328	0	$ZnCl_2$	4320	25
$Na_2S_2O_3 \cdot 5H_2O$	794	0	$ZnSO_4 \cdot 7H_2O$	965	20
$Na_2WO_4 \cdot 2H_2O$	410	0	$Zn(SO_3)_2 \cdot 6H_2O$	1843	20
NH_3	899				

附录3 弱电解质的解离平衡常数

弱电解质		温度 $t/℃$	级别	$K_a^\ominus$	$pK_a^\ominus$
弱酸	H_3AsO_4	18	1	5.62×10^{-3}	2.25
		18	2	1.70×10^{-7}	6.77
		18	3	3.95×10^{-12}	11.60
	H_3AsO_3	25		6×10^{-10}	9.23
	H_3BO_3	20		7.3×10^{-10}	9.14
	H_2CO_3	25	1	4.30×10^{-7}	6.37
		25	2	5.61×10^{-11}	10.25
	H_2CrO_4	25	1	1.8×10^{-1}	0.74
		25	2	3.20×10^{-7}	6.49
	HCN	25		4.93×10^{-10}	9.31
	HF	25		3.53×10^{-4}	3.45
	H_2S	18	1	9.1×10^{-8}	7.04
		18	2	1.1×10^{-12}	1.96
	H_2O_2	25		2.4×10^{-12}	11.62
	HBrO	25		2.06×10^{-9}	8.69
	HClO	18		2.95×10^{-3}	7.53
	HIO	25		2.3×10^{-11}	10.64
	HIO_3	25		1.69×10^{-1}	0.77
	HNO_2	12.5		4.6×10^{-4}	3.37
	HIO_4	25		2.3×10^{-2}	1.64
	H_3PO_4	25	1	7.52×10^{-3}	2.12
		25	2	6.23×10^{-8}	7.21
		18	3	2.2×10^{-12}	12.67
	H_3PO_3	18	1	1.0×10^{-2}	2.00
		18	2	2.6×10^{-7}	6.59
	$H_4P_2O_7$	18	1	1.4×10^{-1}	0.85
		18	2	3.2×10^{-2}	1.49
		18	3	1.7×10^{-6}	5.77

续附录3

弱电解质		温度 t/℃	级别	$K_a^{\ominus}$	$pK_a^{\ominus}$
弱酸	$H_4P_2O_7$	18	4	6×10^{-9}	8.22
	H_2SeO_4	25	2	1.2×10^{-2}	1.92
	H_2SeO_3	25	1	3.5×10^{-3}	2.46
	H_2SiO_3	常温	1	2×10^{-10}	9.70
		常温	2	1×10^{-12}	12.00
	H_2SO_4	25	2	1.20×10^{-2}	1.92
	H_2SO_3	18	1	1.54×10^{-2}	1.81
		18	2	1.02×10^{-7}	6.91
	HCOOH	20		1.77×10^{-4}	3.75
	HAc	25		1.76×10^{-5}	4.75
	$H_2C_2O_4$	25	1	5.90×10^{-2}	1.23
		25	2	6.40×10^{-3}	4.19
弱碱	$NH_3\cdot H_2O$	25		1.79×10^{-5}	4.75
	$Be(OH)_2$	25	2	5×10^{-11}	10.30
	$Ca(OH)_2$	25	1	3.74×10^{-3}	2.43
		30	2	4.0×10^{-2}	1.40
	N_2H_4	20		1.7×10^{-6}	5.77
	NH_2OH	20		1.07×10^{-8}	7.97
	$Al(OH)_3$	25		9.6×10^{-4}	3.02
	$Ag(OH)$	25		1.1×10^{-4}	3.96
	$Zn(OH)_2$	25		9.6×10^{-4}	3.02

注：摘译自 Weast R C,1985—1986。

附录4 难溶电解质的溶度积常数

化合物	溶度积 $K_{sp}^{\ominus}$	化合物	溶度积 $K_{sp}^{\ominus}$
AgBr	5.1×10^{-13}	$CaC_2O_4\cdot H_2O$	4×10^{-9}
AgCl	1.8×10^{-10}	$CaCrO_4$	7.1×10^{-4}
AgCN	1.2×10^{-16}	CaF_2	2.7×10^{-11}
Ag_2CO_3	8.1×10^{-12}	$Ca(OH)_2$	5.5×10^{-6}
$Ag_2C_2O_4$	3.4×10^{-11}	$CaSO_4$	9.1×10^{-6}
Ag_2CrO_4	1.1×10^{-12}	$Ca_3(PO_4)_2$	2.0×10^{-29}
$Ag_2Cr_2O_7$	2.0×10^{-7}	$CdCO_3$	5.2×10^{-12}
AgI	8.3×10^{-17}	$Cd(OH)_2$(新制)	2.5×10^{-14}
AgOH	2.0×10^{-8}	CdS	8.0×10^{-27}
AgSCN	1.0×10^{-12}	CoS(α)	4×10^{-21}
Ag_2S	6.3×10^{-50}	CoS(β)	2.0×10^{-25}
Ag_2SO_4	1.4×10^{-5}	$Cr(OH)_3$	6.3×10^{-31}
Ag_2SO_3	1.5×10^{-14}	CuBr	5.3×10^{-9}
Ag_3PO_4	1.4×10^{-16}	CuCl	1.2×10^{-6}
$Al(OH)_3$	1.3×10^{-33}	CuI	1.1×10^{-12}
$BaCO_3$	5.1×10^{-9}	$Cu(OH)_2$	2.2×10^{-20}
BaC_2O_4	1.6×10^{-7}	$CuCO_3$	1.4×10^{-10}
$BaC_2O_4\cdot H_2O$	2.3×10^{-8}	$CuCrO_4$	3.6×10^{-6}
$BaCrO_4$	1.2×10^{-10}	$Cu_3(PO_4)_2$	1.3×10^{-37}
BaF_2	1.0×10^{-6}	Cu_2S	2.5×10^{-18}
$BaSO_4$	1.1×10^{-10}	CuS	6.3×10^{-36}
$BaSO_3$	8×10^{-7}	$FeCO_3$	3.2×10^{-11}
$Bi(OH)_3$	4×10^{-31}	$Fe_4[Fe(CN)_6]_3$	3.3×10^{-41}

续附录 4

化合物	溶度积 $K_{sp}^{\ominus}$	化合物	溶度积 $K_{sp}^{\ominus}$
Bi_2S_3	1×10^{-97}	$Fe(OH)_2$	8.0×10^{-16}
$CaCO_3$	2.8×10^{-9}	$Fe(OH)_3$	4×10^{-38}
FeS	6.3×10^{-18}	$PbCl_2$	1.6×10^{-5}
Hg_2Cl_2	1.3×10^{-18}	$PbCO_3$	7.4×10^{-14}
Hg_2Br_2	5.6×10^{-23}	PbC_2O_4	4.8×10^{-10}
Hg_2CO_3	8.9×10^{-17}	$PbCrO_4$	2.8×10^{-13}
Hg_2S	1.0×10^{-47}	PbF_2	2.7×10^{-8}
$HgS(红)$	4×10^{-53}	$Pb(OH)_2$	1.2×10^{-15}
$HgS(黑)$	1.6×10^{-52}	PbS	8.0×10^{-28}
Hg_2SO_4	7.4×10^{-7}	$PbSO_4$	1.6×10^{-8}
$MgCO_3$	3.5×10^{-8}	Sb_2S_3	2×10^{-93}
$Mg(OH)_2$	1.8×10^{-11}	$Sn(OH)_2$	1.4×10^{-28}
MgF_2	6.5×10^{-13}	$Sn(OH)_4$	1×10^{-56}
$MgNH_4PO_4$	2.5×10^{-13}	SnS	1.0×10^{-25}
$MnCO_3$	1.8×10^{-11}	SrF_2	2.5×10^{-9}
$Mn(OH)_2$	1.9×10^{-13}	$SrC_2O_4\cdot H_2O$	1.6×10^{-7}
$MnS(无定形)$	2.5×10^{-10}	$SrCO_3$	1.1×10^{-10}
$MnS(结晶)$	2.5×10^{-13}	$SrCrO_4$	2.2×10^{-5}
$NiCO_3$	6.6×10^{-9}	$SrSO_4$	3.2×10^{-7}
$Ni(OH)_2(新制)$	2.0×10^{-15}	$Ti(OH)_2$	1×10^{-40}
$NiS(\alpha)$	3.2×10^{-19}	$ZnCO_3$	1.4×10^{-11}
$NiS(\beta)$	1×10^{-24}	$Zn(OH)_2$	1.2×10^{-17}
$NiS(\gamma)$	2.0×10^{-26}	$ZnS(\alpha)$	1.6×10^{-24}
$PbBr_2$	4.0×10^{-5}	$ZnS(\beta)$	2.5×10^{-22}

注:数据摘自 Weast R C,1982—1983。

附录5 常见配离子的稳定常数

配离子	$K_稳^\ominus$	$\lg K_稳^\ominus$	配离子	$K_稳^\ominus$	$\lg K_稳^\ominus$
\multicolumn{6}{c}{1:1}					
$[NaY]^{3-}$	5.0×10^1	1.69	$[Fe(NCS)_3]^0$	2.0×10^3	3.30
$[AgY]^{3-}$	2.0×10^7	7.30	$[CdI_3]^-$	1.2×10^1	1.07
$[CuY]^{2-}$	6.8×10^{18}	18.79	$[Cd(CN)_3]^-$	1.1×10^4	4.04
$[MgY]^{2-}$	4.9×10^8	8.69	$[Ag(CN)_3]^-$	5.0×10^0	0.69
$[CaY]^{2-}$	3.7×10^{10}	10.56	$[Ni(en)_3]^{2+}$	3.9×10^{18}	18.59
$[SrY]^{2-}$	4.2×10^8	8.62	$[Al(C_2O_4)_3]^{3-}$	2.0×10^{16}	16.30
$[BaY]^{2-}$	6.0×10^7	7.77	$[Fe(C_2O_4)_3]^{3-}$	1.6×10^{20}	20.20
$[ZnY]^{2-}$	3.1×10^{16}	16.49	\multicolumn{3}{c}{1:4}		
$[CdY]^{2-}$	3.8×10^{16}	16.57	$[Cu(NH_3)_4]^{2+}$	4.8×10^{12}	12.68
$[HgY]^{2-}$	6.3×10^{21}	21.79	$[Zn(NH_3)_4]^{2+}$	5.0×10^8	8.69
$[PbY]^{2-}$	1.0×10^{18}	18.00	$[Cd(NH_3)_4]^{2+}$	3.6×10^6	6.55
$[MnY]^{2-}$	1.0×10^{14}	14.00	$[Zn(SCN)_4]^{2-}$	2.0×10^1	1.30
$[FeY]^{2-}$	2.1×10^{14}	14.32	$[Zn(CN)_4]^{2-}$	1.0×10^{16}	16.00
$[CoY]^{2-}$	1.6×10^{16}	16.20	$[Cd(SCN)_4]^{2-}$	1.0×10^3	3.00
$[NiY]^{2-}$	4.1×10^{18}	18.61	$[CdCl_4]^{2-}$	3.1×10^2	2.49
$[FeY]^-$	1.2×10^{25}	25.07	$[CdI_4]^{2-}$	3.0×10^6	6.43
$[CoY]^-$	1.0×10^{36}	36.00	$[Cd(CN)_4]^{2-}$	1.3×10^{18}	18.11
$[GaY]^-$	1.8×10^{20}	20.25	$[Hg(CN)_4]^{2-}$	3.1×10^{41}	41.51
$[InY]^-$	8.9×10^{24}	24.94	$[Hg(SCN)_4]^{2-}$	7.7×10^{21}	21.88
$[TlY]^-$	3.2×10^{22}	22.51	$[HgCl_4]^{2-}$	1.6×10^{15}	15.20
$[TlHY]$	1.5×10^{23}	23.17	$[HgI_4]^{2-}$	7.2×10^{20}	29.80
$[CuOH]^+$	1.0×10^5	5.00	$[Co(NCS)_4]^{2-}$	3.8×10^2	2.58
$[AgNH_3]^+$	2.0×10^5	3.30	$[Ni(CN)_4]^{2-}$	1.0×10^{22}	22.00
\multicolumn{3}{c}{1:2}			\multicolumn{3}{c}{1:6}		
$[Cu(NH_3)_2]^+$	7.4×10^{10}	10.87	$[Cd(NH_3)_6]^{2+}$	1.4×10^6	6.15
$[Cu(CN)_2]^-$	2.0×10^{18}	38.30	$[Co(NH_3)_6]^{2+}$	2.4×10^4	4.38
$[Ag(NH_3)_2]^+$	1.7×10^7	7.24	$[Ni(NH_3)_6]^{2+}$	1.1×10^8	8.04
$[Ag(en)_2]^+$	7.0×10^7	7.84	$[Co(NH_3)_6]^{3+}$	1.4×10^{35}	35.15
$[Ag(NCS)_2]^-$	4.0×10^8	8.60	$[AlF_6]^{3-}$	6.9×10^{19}	19.84
$[Ag(CN)_2]^-$	1.0×10^{21}	21.00	$[Fe(CN)_6]^{3-}$	1.0×10^{24}	24.00
$[Au(CN)_2]^-$	2.0×10^{38}	38.30	$[Fe(CN)_6]^{4-}$	1.0×10^{35}	35.00
$[Cu(en)_2]^{2+}$	4.0×10^{19}	19.60	$[Co(CN)_6]^{3-}$	1.0×10^{64}	64.00
$[Ag(S_2O_3)_2]^{3-}$	1.6×10^{13}	13.20	$[FeF_6]^{3-}$	1.0×10^{16}	16.00

注:Y 表示 EDTA 的酸根,en 表示乙二胺。

附录 6 标准电极电势(25℃)

元素	电极反应	$E^{\ominus}/V$	元素	电极反应	$E^{\ominus}/V$
Ag	$Ag^+ + e \rightleftharpoons Ag$	+0.7999	Ba	$Ba^{2+} + 2e \rightleftharpoons Ba$	−2.91
	$AgBr + e \rightleftharpoons Ag + Br^-$	+0.071	Be	$Be^{2+} + 2e \rightleftharpoons Be$	−1.85
	$AgCN + e \rightleftharpoons Ag + CN^-$	−0.017		$Be_2O_3^{2-} + 3H_2O + 4e \rightleftharpoons 2Be + 6OH^-$	−2.62
	$Ag(CN)_2^- + e \rightleftharpoons Ag + 2CN^-$	−0.31	Bi	$Bi^{3+} + 3e \rightleftharpoons Bi$	+0.293
	$Ag_2C_2O_4 + 2e \rightleftharpoons 2Ag + C_2O_4^{2-}$	+0.47		$BiO^+ + 2H^+ + 3e \rightleftharpoons Bi + H_2O$	+0.32
	$AgCl + e \rightleftharpoons Ag + Cl^-$	+0.2223		$BiO_3^- + 6H^+ + 6e \rightleftharpoons 2Bi + 3H_2O$	−0.46
	$Ag_2CrO_4 + 2e \rightleftharpoons 2Ag + CrO_4^{2-}$	+0.447		$BiOCl + 2H^+ + 3e \rightleftharpoons Bi + H_2O + Cl^-$	+0.16
	$AgI + e = Ag + I^-$	−0.153		$NaBiO_3 + 6H^+ + 2e \rightleftharpoons Bi^{3+} + Na^+ + 3H_2O$	+1.80
	$Ag(NH_3)_2^+ + e \rightleftharpoons Ag + 2NH_3$	+0.373	Br	$Br_2(g) + 2e \rightleftharpoons 2Br^-$	+1.08
	$AgO + H^+ + e \rightleftharpoons \frac{1}{2}Ag_2O + \frac{1}{2}H_2O$	+1.41		$Br_2(l) + 2e \rightleftharpoons 2Br^-$	+1.065
	$Ag_2O + 2H^+ + 2e \rightleftharpoons 2Ag + H_2O$	+1.17		$HBrO + H^+ + e \rightleftharpoons \frac{1}{2}Br_2 + H_2O$	+1.6
	$Ag_2O + H_2O + 2e \rightleftharpoons 2Ag + 2OH^-$	+0.34		$BrO^- + H_2O + 2e \rightleftharpoons Br^- + 2OH^-$	+0.76
	$Ag_2S + 2e \rightleftharpoons 2Ag + S^{2-}$	−0.71		$BrO_3^- + 6H^+ + 5e \rightleftharpoons \frac{1}{2}Br_2 + 3H_2O$	+1.5
	$AgSCN + e \rightleftharpoons Ag + SCN^-$	+0.09	Ca	$Ca^{2+} + 2e \rightleftharpoons Ca$	−2.87
	$Ag_2SO_4 + 2e \rightleftharpoons 2Ag + SO_4^{2-}$	+0.653	Cd	$Cd^{2+} + 2e \rightleftharpoons Cd$	−0.403
Al	$Al^{3+} + 3e \rightleftharpoons Al$	−1.66		$Cd(CN)_4^{2-} + 2e \rightleftharpoons Cd + 4CN^-$	−1.09
	$AlF_6^{3-} + 3e \rightleftharpoons Al + 6F^-$	−2.07		$Cd(NH_3)_4^{2+} + 2e \rightleftharpoons Cd + 4NH_3$	−0.61
	$H_2AlO_3^- + H_2O + 3e \rightleftharpoons Al + 4OH^-$	−2.35	Cl	$Cl_2 + 2e \rightleftharpoons 2Cl^-$	+1.359
As	$As + 3H^+ + 3e \rightleftharpoons AsH_3$	−0.61		$HClO + H^+ + e \rightleftharpoons \frac{1}{2}Cl_2 + H_2O$	+1.63
	$AsO_4^{3-} + 2H_2O + 2e \rightleftharpoons AsO_2^- + 4OH^-$	−0.67		$HClO + H^+ + 2e \rightleftharpoons Cl^- + H_2O$	+1.49
	$HAsO_2 + 3H^+ + 3e \rightleftharpoons As + 2H_2O$	+0.248		$ClO^- + H_2O + 2e \rightleftharpoons Cl^- + 2OH^-$	+0.89
	$H_3AsO_4 + 2H^+ + 2e \rightleftharpoons HAsO_2 + 2H_2O$	+0.56		$ClO_3^- + 6H^+ + 5e \rightleftharpoons \frac{1}{2}Cl_2 + 3H_2O$	+1.47
Au	$Au^{3+} + 2e \rightleftharpoons Au^+$	+1.41		$ClO_3^- + 6H^+ + 6e \rightleftharpoons Cl^- + 3H_2O$	+1.45
	$Au^{3+} + 3e \rightleftharpoons Au$	+1.50		$ClO_4^- + 2H^+ + 2e \rightleftharpoons ClO_3^- + H_2O$	+1.19
	$Au(CN)_2^- + e \rightleftharpoons Au + 2CN^-$	+0.06	Co	$Co^{2+} + 2e \rightleftharpoons Co$	−0.29
	$AuCl_4^- + 3e \rightleftharpoons Au + 4Cl^-$	+1.00		$Co^{3+} + e \rightleftharpoons Co^{2+}$	+1.80
	$Au(OH)_3 + 3H^+ + 3e \rightleftharpoons Au + 3H_2O$	+1.45		$Co(NH_3)_6^{2+} + 2e \rightleftharpoons Co + 6NH_3$	−0.422
B	$BF_4^- + 3e \rightleftharpoons B + 4F^-$	−1.04		$Co(NH_3)_6^{3+} + e \rightleftharpoons Co(NH_3)_6^{2+}$	+0.1
	$H_3BO_3 + 3H^+ + 3e \rightleftharpoons B + 3H_2O$	−0.87		$Co(OH)_3 + e \rightleftharpoons Co(OH)_2 + OH^-$	+0.17
	$H_2BO_3^- + H_2O + 3e \rightleftharpoons B + 4OH^-$	−1.79			

续附录 6

元素	电极反应	$E^\ominus/V$	元素	电极反应	$E^\ominus/V$
Cr	$Cr^{2+}+2e \rightleftharpoons Cr$	-0.86	Hg	$2HgCl_2+2e \rightleftharpoons Hg_2Cl_2+2Cl^-$	$+0.63$
	$Cr^{3+}+e \rightleftharpoons Cr^{2+}$	-0.41		$HgCl_4^{2-}+2e \rightleftharpoons Hg+4Cl^-$	$+0.48$
	$Cr^{3+}+3e \rightleftharpoons Cr$	-0.74		$Hg_2I_2+2e \rightleftharpoons 2Hg+2I^-$	-0.040
	$CrO_4^{2-}+2H_2O+3e \rightleftharpoons CrO_2^-+4OH^-$	-0.12	I	$I_2(aq)+2e \rightleftharpoons 2I^-$	$+0.621$
	$Cr_2O_7^{2-}+14H^++6e \rightleftharpoons 2Cr^{3+}+7H_2O$	$+1.33$		$I_2(s)+2e \rightleftharpoons 2I^-$	$+0.535$
	$HCrO_4^-+7H^++3e \rightleftharpoons Cr^{3+}+4H_2O$	$+1.20$		$HIO+H^++2e \rightleftharpoons I^-+H_2O$	$+0.99$
Cs	$Cs^++e \rightleftharpoons Cs$	-2.92		$2HIO+2H^++2e \rightleftharpoons I_2+2H_2O$	$+1.45$
Cu	$Cu^++e \rightleftharpoons Cu$	$+0.52$		$IO_3^-+5H^++4e \rightleftharpoons HIO+2H_2O$	$+1.14$
	$CuCl+e \rightleftharpoons Cu+Cl^-$	$+0.171$		$IO_3^-+6H^++5e \rightleftharpoons \frac{1}{2}I_2+3H_2O$	$+1.19$
	$Cu^{2+}+e \rightleftharpoons Cu^+$	$+0.17$	K	$K^++e \rightleftharpoons K$	-2.925
	$Cu^{2+}+2e \rightleftharpoons Cu$	$+0.34$	Li	$Li^++e \rightleftharpoons Li$	-3.03
	$Cu^{2+}+2CN^-+e \rightleftharpoons Cu(CN)_2^-$	$+1.12$	Mg	$Mg^{2+}+2e \rightleftharpoons Mg$	-2.37
	$Cu^{2+}+2Cl^-+e \rightleftharpoons [CuCl_2]^-$	$+0.438$		$Mg(OH)_2+2e \rightleftharpoons Mg+2OH^-$	-2.69
	$Cu^{2+}+I^-+e \rightleftharpoons CuI$	$+0.86$	Mn	$Mn^{2+}+2e \rightleftharpoons Mn$	-1.17
	$CuI+e \rightleftharpoons Cu+I^-$	-0.185		$MnO_2+4H^++2e \rightleftharpoons Mn^{2+}+2H_2O$	$+1.23$
	$Cu(en)_2^{2+}+e \rightleftharpoons Cu(en)^++en$	-0.35		$MnO_4^-+e \rightleftharpoons MnO_4^{2-}$	$+0.57$
F	$F_2+2e \rightleftharpoons 2F^-$	$+2.87$		$MnO_4^-+4H^++3e \rightleftharpoons MnO_2+2H_2O$	$+1.68$
	$F_2+2H^++2e \rightleftharpoons 2HF$	$+0.36$		$MnO_4^-+8H^++5e \rightleftharpoons Mn^{2+}+4H_2O$	$+1.51$
Fe	$Fe^{2+}+2e \rightleftharpoons Fe$	-0.44		$MnO_4^-+2H_2O+3e \rightleftharpoons MnO_2+4OH^-$	$+0.588$
	$Fe^{3+}+e \rightleftharpoons Fe^{2+}$	$+0.771$		$Mn(OH)_2+2e \rightleftharpoons Mn+2OH^-$	-1.55
	$Fe(CN)_6^{3-}+e \rightleftharpoons Fe(CN)_6^{4-}$	$+0.55$	Mo	$MoO_4^{2-}+4H_2O+6e \rightleftharpoons Mo+8OH^-$	-1.05
	$Fe(OH)_3+3H^++e \rightleftharpoons Fe^{2+}+3H_2O$	$+0.93$		$H_2MoO_4(aq)+2H^++e \rightleftharpoons MoO_2^++2H_2O$	$+0.48$
	$Fe(OH)_3+e \rightleftharpoons Fe(OH)_2+OH^-$	-0.56	N	$HNO_2+H^++e \rightleftharpoons NO+H_2O$	$+0.98$
Ga	$Ga^{3+}+3e \rightleftharpoons Ga$	-0.56		$NO_3^-+2H^++e \rightleftharpoons NO_2+H_2O$	$+0.80$
Ge	$Ge^{2+}+2e \rightleftharpoons Ge$	$+0.23$		$NO_3^-+3H^++2e \rightleftharpoons HNO_2+H_2O$	$+0.94$
	$Ge^{4+}+2e \rightleftharpoons Ge^{2+}$	0.0		$NO_3^-+4H^++3e \rightleftharpoons NO+2H_2O$	$+0.96$
	$H_2GeO_3+4H^++4e \rightleftharpoons Ge+3H_2O$	$+0.01$		$NO_3^-+H_2O+2e \rightleftharpoons NO_2^-+2OH^-$	$+0.01$
H	$2H^++2e \rightleftharpoons H_2$	0.000	Na	$Na^++e \rightleftharpoons Na$	-2.713
	$\frac{1}{2}H_2+e \rightleftharpoons H^-$	-2.25	Ni	$Ni^{2+}+2e \rightleftharpoons Ni$	-0.25
	$2H_2O+2e \rightleftharpoons H_2+2OH^-$	-0.828		$Ni(NH_3)_6^{2+}+2e \rightleftharpoons Ni+6NH_3$	-0.48
Hg	$Hg^{2+}+2e \rightleftharpoons Hg$	$+0.854$		$Ni(OH)_2+2e \rightleftharpoons Ni+2OH^-$	-0.72
	$Hg_2^{2+}+2e \rightleftharpoons 2Hg$	$+0.792$		$Ni(OH)_3+e \rightleftharpoons Ni(OH)_2+OH^-$	$+0.48$
	$2Hg^{2+}+2e \rightleftharpoons Hg_2^{2+}$	$+0.907$		$Ni(OH)_3+3H^++e \rightleftharpoons Ni^{2+}+3H_2O$	$+2.08$
	$Hg_2Br_2+2e \rightleftharpoons 2Hg+2Br^-$	$+0.1398$	O	$O_2+2H^++e \rightleftharpoons H_2O_2$	$+0.69$
	$Hg(CN)_4^{2-}+2e \rightleftharpoons Hg+4CN^-$	-0.37		$O_2+4H^++4e \rightleftharpoons 2H_2O$	$+1.229$
	$Hg_2Cl_2+2e \rightleftharpoons 2Hg+2Cl^-$	$+0.268$		$O_2+H_2O+2e \rightleftharpoons HO_2^-+OH^-$	-0.076

续附录6

元素	电极反应	$E^\ominus/V$	元素	电极反应	$E^\ominus/V$
O	$O_2+2H_2O+4e \rightleftharpoons 4OH^-$	+0.401	Sb	$Sb_2O_5+6H^++4e \rightleftharpoons 2SbO^++3H_2O$	+0.58
	$H_2O_2+2e \rightleftharpoons 2OH^-$	+0.88	Sc	$Sc^{3+}+3e \rightleftharpoons Sc$	−2.1
	$H_2O_2+2H^++2e \rightleftharpoons 2H_2O$	+1.77	Se	$Se+2e \rightleftharpoons Se^{2-}$	−0.77
	$O_3+2H^++2e \rightleftharpoons O_2+H_2O$	+2.07		$Se+2H^++2e \rightleftharpoons H_2Se$	−0.40
	$O_3+H_2O+2e \rightleftharpoons O_2+2OH^-$	+1.24		$SeO_4^{2-}+4H^++2e \rightleftharpoons H_2SeO_3+H_2O$	+1.15
P	P(白磷)$+3H^++3e \rightleftharpoons H_3P$	+0.06	Si	$Si+4H^++4e \rightleftharpoons SiH_4(g)$	+0.10
	$H_3PO_3+2H^++2e \rightleftharpoons H_3PO_2+H_2O$	−0.50		$SiF_6^{2-}+4e \rightleftharpoons Si+6F^-$	−1.2
	$H_3PO_4+2H^++2e \rightleftharpoons H_3PO_3+H_2O$	−0.28		$SiO_2+4H^++4e \rightleftharpoons Si+2H_2O$	−0.86
Pb	$Pb^{2+}+2e \rightleftharpoons Pb$	−0.126	Sn	$Sn^{2+}+2e \rightleftharpoons Sn$	−0.14
	$PbBr_2+2e \rightleftharpoons Pb+2Br^-$	−0.274		$Sn^{4+}+2e \rightleftharpoons Sn^{2+}$	+0.154
	$PbCl_2+2e \rightleftharpoons Pb+2Cl^-$	−0.266		$SnCl_4^{2-}+2e \rightleftharpoons Sn+4Cl^-$	−0.19
	$PbI_2+2e \rightleftharpoons Pb+2I^-$	−0.364		$SnCl_6^{2-}+2e \rightleftharpoons SnCl_4^{2-}+2Cl^-$	+0.14
	$PbO_2+2H^++2e \rightleftharpoons PbO+H_2O$	+0.28		$HSnO_2^-+H_2O+2e \rightleftharpoons Sn+3OH^-$	−0.91
	$PbO_2+4H^++2e \rightleftharpoons Pb^{2+}+2H_2O$	+1.455		$Sn(OH)_6^{2-}+2e \rightleftharpoons HSnO_2^-+H_2O+3OH^-$	−0.93
	$PbO_2+SO_4^{2-}+4H^++2e \rightleftharpoons PbSO_4+2H_2O$	+1.69	Sr	$Sr^{2+}+2e \rightleftharpoons Sr$	−2.89
	$PbSO_4+2e \rightleftharpoons Pb+SO_4^{2-}$	−0.356	Ti	$Ti^{2+}+2e \rightleftharpoons Ti$	−1.63
Pt	$Pt^{2+}+2e \rightleftharpoons Pt$	+1.2		$Ti^{3+}+e \rightleftharpoons Ti^{2+}$	−0.37
	$PtCl_4^{2-}+2e \rightleftharpoons Pt+4Cl^-$	+0.73		$Ti^{4+}+e \rightleftharpoons Ti^{3+}$	−0.09
	$PtCl_6^{2-}+2e \rightleftharpoons PtCl_4^{2-}+2Cl^-$	+0.73		$TiF_6^{2-}+4e \rightleftharpoons Ti+6F^-$	−1.24
	$Pt(OH)_2+2H^++2e \rightleftharpoons Pt+2H_2O$	+0.98		$TiO^{2+}+2H^++e \rightleftharpoons Ti^{3+}+H_2O$	+0.1
Rb	$Rb^++e \rightleftharpoons Rb$	−2.93		$TiO_2+4H^++4e \rightleftharpoons Ti+2H_2O$	−0.86
S	$S+2e \rightleftharpoons S^{2-}$	−0.48	Tl	$Tl^++e \rightleftharpoons Tl$	−0.336
	$2S+2e \rightleftharpoons S_2^{2-}$	−0.43		$Tl^{3+}+2e \rightleftharpoons Tl^+$	+1.26
	$S+2H^++2e \rightleftharpoons H_2S(g)$	+0.14	V	$V^{2+}+2e \rightleftharpoons V$	约−1.2
	$2SO_2(aq)+2H^++4e \rightleftharpoons S_2O_3^{2-}+H_2O$	+0.40		$V^{3+}+e \rightleftharpoons V^{2+}$	−0.255
	$SO_3^{2-}+3H_2O+4e \rightleftharpoons S+6OH^-$	−0.66		$VO^{2+}+2H^++e \rightleftharpoons V^{3+}+H_2O$	+0.34
	$2SO_3^{2-}+2H_2O+2e \rightleftharpoons S_2O_4^{2-}+4OH^-$	−1.12	W	$WO_2+4H^++4e \rightleftharpoons W+2H_2O$	−0.12
	$2SO_3^{2-}+3H_2O+4e \rightleftharpoons S_2O_3^{2-}+6OH^-$	−0.58		$2WO_3+2H^++2e \rightleftharpoons W_2O_5+H_2O$	−0.03
	$SO_4^{2-}+4H^++2e \rightleftharpoons SO_2(aq)+2H_2O$	+0.17		$WO_3(s)+6H^++6e \rightleftharpoons W+3H_2O$	−0.09
	$SO_4^{2-}+H_2O+2e \rightleftharpoons SO_3^{2-}+2OH^-$	−0.93		$WO_4^{2-}+4H_2O+6e \rightleftharpoons W+8OH^-$	−1.01
	$S_2O_8^{2-}+2e \rightleftharpoons 2SO_4^{2-}$	+2.0		$W_2O_5+2H^++2e \rightleftharpoons 2WO_2+H_2O$	−0.04
	$S_4O_6^{2-}+2e \rightleftharpoons 2S_2O_3^{2-}$	+0.09	Zn	$Zn^{2+}+2e \rightleftharpoons Zn$	−0.7623
Sb	$Sb+3H^++3e \rightleftharpoons SbH_3$	−0.51		$Zn(CN)_4^{2-}+2e \rightleftharpoons Zn+4CN^-$	−1.26
	$SbO^++2H^++3e \rightleftharpoons Sb+H_2O$	+0.21		$Zn(NH_3)_4^{2+}+2e \rightleftharpoons Zn+4NH_3$	−1.04
	$Sb_2O_3+6H^++6e \rightleftharpoons Sb+3H_2O$	+0.15		$ZnO_2^{2-}+2H_2O+2e \rightleftharpoons Zn+4OH^-$	−1.215
	$Sb_2O_5+4H^++4e \rightleftharpoons Sb_2O_3+2H_2O$	+0.69			

注：摘自 Daan J A,1985。

附录7 常见离子与化合物的颜色

一、离子

1. 无色离子

阳离子：Na^+、K^+、NH_4^+、Mg^{2+}、Ca^{2+}、Sr^{2+}、Ba^{2+}、Al^{3+}、Sn^{2+}、Sn^{4+}、Pb^{2+}、Bi^{3+}、Ag^+、Zn^{2+}、Cd^{2+}、Hg_2^{2+}、Hg^{2+} 等。

阴离子：$B(OH)_4^-$、$B_4O_7^{2-}$、$C_2O_4^{2-}$、Ac^-、CO_3^{2-}、SiO_3^{2-}、NO_3^-、NO_2^-、PO_4^{2-}、AsO_3^{3-}、AsO_4^{3-}、$[SbCl_6]^{3-}$、$[SbCl_6]^-$、SO_4^{2-}、SO_3^{2-}、S^{2-}、$S_2O_3^{2-}$、F^-、Cl^-、ClO_3^-、Br^-、BrO_3^-、I^-、SCN^-、$[CuCl_2]^-$、TiO^{2+}、VO_3^-、VO_4^{3-}、MoO_4^{2-}、WO_4^{2-} 等。

2. 有色离子

离子	颜色	离子	颜色	离子	颜色
$[Cu(H_2O)_4]^{2+}$	浅蓝色	$[CuCl_4]^{2-}$	黄色	$[Cu(NH_3)_4]^{2+}$	深蓝色
$[Ti(H_2O)_6]^{3+}$	紫色	$[Ti(H_2O)_4]^{2+}$	绿色	$[TiO(H_2O_2)]^{2+}$	枯黄色
$[V(H_2O)_6]^{2+}$	紫色	$[V(H_2O)_6]^{3+}$	绿色	VO^{2+}	蓝色
VO_2^+	浅黄色	$[VO_2(O_2)_2]^{3-}$	黄色	$[V(O_2)]^{3+}$	深红色
$[Cr(H_2O)_6]^{2+}$	蓝色	$[Cr(H_2O)_6]^{3+}$	紫色	$[Cr(H_2O)_5Cl]^{2+}$	浅绿色
$[Cr(H_2O)_4Cl_2]^+$	暗绿色	$[Cr(NH_3)_2(H_2O)_4]^{3+}$	紫红色	$[Cr(NH_3)_3(H_2O)_3]^{3+}$	浅红色
$[Cr(NH_3)_4(H_2O)_2]^{3+}$	橙红色	$[Cr(NH_3)_5(H_2O)]^{2+}$	橙黄色	$[Cr(NH_3)_6]^{3+}$	黄色
CrO_2^-	绿色	CrO_4^{2-}	黄色	$Cr_2O_7^{2-}$	橙色
$[Mn(H_2O)_6]^{2+}$	肉色	MnO_4^{2-}	绿色	MnO_4^-	紫红色
$[Fe(H_2O)_6]^{2+}$	浅绿色	$[Fe(H_2O)_6]^{3+}$	淡紫色	$[Fe(CN)_6]^{4-}$	黄色
$[Fe(CN)_6]^{3-}$	浅枯黄色	$[Fe(NCS)_n]^{3-n}$	血红色	$[Co(H_2O)_6]^{2+}$	粉红色
$[Co(NH_3)_6]^{2+}$	黄色	$[Co(NH_3)_6]^{3+}$	橙黄色	$[CoCl(NH_3)_5]^{2+}$	红紫色
$[Co(NH_3)_5(H_2O)]^{3+}$	粉红色	$[Co(NH_3)_4CO_3]^+$	紫红色	$[Co(CN)_6]^{3-}$	紫色
$[Co(SCN)_4]^{2-}$	蓝色	$[Ni(H_2O)_6]^{2+}$	亮绿色	$[Mn(NH_3)_6]^{2+}$	蓝色
I_3^-	浅棕黄色				

二、化合物

氧化物	颜色	氢氧化物	颜色	氯化物	颜色
CuO	黑色	$Zn(OH)_2$	白色	$AgCl$	白色
Cu_2O	暗红色	$Pb(OH)_2$	白色	Hg_2Cl_2	白色
Ag_2O	暗棕色	$Mg(OH)_2$	白色	$PbCl_2$	白色
ZnO	白色	$Sn(OH)_2$	白色	$CuCl$	白色
CdO	棕红色	$Sn(OH)_4$	白色	$CuCl_2$	棕色
Hg_2O	黑褐色	$Mn(OH)_2$	白色	$CuCl_2 \cdot 2H_2O$	蓝色
HgO	红色或黄色	$Fe(OH)_2$	白色	$Hg(NH_2)Cl$	白色
TiO_2	白色	$Fe(OH)_3$	红棕色	$CoCl_2$	蓝色
VO	亮灰色	$Cd(OH)_2$	白色	$CoCl_2 \cdot H_2O$	紫蓝色
V_2O_3	黑色	$Al(OH)_3$	白色	$CoCl_2 \cdot 2H_2O$	紫红色
VO_2	深蓝色	$Bi(OH)_3$	白色	$CoCl_2 \cdot 6H_2O$	粉红色
V_2O_5	红棕色	$Sb(OH)_3$	白色	$FeCl_3 \cdot 6H_2O$	黄棕色
Cr_2O_3	绿色	$Cu(OH)_2$	浅蓝色	$TiCl_3 \cdot 6H_2O$	紫色或绿色
CrO_3	红色	$Cu(OH)$	黄色	$TiCl_2$	黑色
MnO_2	棕褐色	$Ni(OH)_2$	浅绿色	溴化物	颜色
MoO_2	铅灰色	$Ni(OH)_3$	黑色	$AgBr$	淡黄色
WO_2	棕红色	$Co(OH)_2$	粉红色	$AsBr$	浅黄色
FeO	黑色	$Co(OH)_3$	褐棕色	$CuBr_2$	黑紫色
Fe_2O_3	砖红色	$Cr(OH)_3$	灰绿色	碘化物	颜色
Fe_3O_4	黑色	卤酸盐	颜色	AgI	黄色
CoO	灰绿色	$Ba(IO_3)_2$	白色	Hg_2I_2	黄绿色
Co_2O_3	黑色	$AgIO_3$	白色	HgI_2	红色
NiO	暗绿色	$KClO_4$	白色	PbI_2	黄色
Ni_2O_3	黑色	$AgBrO_3$	白色	CuI	白色
PbO	黄色			SbI_2	红黄色
Pb_3O_4	红色			BiI_3	绿黑色
				TiI_4	暗棕色

硫化物	颜色	碳酸盐	颜色	其他含氧酸盐	颜色
Ag_2S	灰黑色	$CdCO_3$	白色	NH_4MgAsO_4	白色
HgS	红色或黑色	$Zn_2(OH)_2CO_3$	白色	Ag_3AsO_4	红褐色
PbS	黑色	$BiOHCO_3$	白色	$Ag_2S_2O_3$	白色
CuS	黑色	$Hg_2(OH)_2CO_3$	红褐色	$BaSO_3$	白色
Cu_2S	黑色	$Co_2(OH)_2CO_3$	白色	$SrSO_3$	白色
FeS	棕黑色	$Cu_2(OH)_2CO_3$	暗绿色	其他化合物	颜色
Fe_2S_3	黑色	$Ni_2(OH)_2CO_3$	浅绿色	$Fe^{III}[Fe^{II}(CN)_6]_3\cdot 2H_2O$	蓝色
CoS	黑色	磷酸盐	颜色	$Cu_2[Fe(CN)_6]$	红褐色
NiS	黑色	Ca_3PO_4	白色	$Ag_3[Fe(CN)_6]$	橙色
Bi_2S_3	黑褐色	$CaHPO_3$	白色	$Zn_3[Fe(CN)_6]_2$	黄褐色
SnS	褐色	$Ba_3(PO_4)$	白色	$Co_2[Fe(CN)_6]$	绿色
SnS_2	金黄色	$FePO_4$	浅黄色	$Ag_4[Fe(CN)_6]$	白色
CdS	黄色	Ag_3PO_4	黄色	$Zn_2[Fe(CN)_6]$	白色
Sb_2S_3	橙色	NH_4MgPO_4	白色	$K_3[Co(NO_2)_6]$	黄色
Sb_2S_5	橙红色	铬酸盐	颜色	$K_2Na[Co(NO_2)_6]$	黄色
MnS	肉色	Ag_2CrO_4	砖红色	$(NH_4)_2Na[Co(NO_2)_6]$	黄色
ZnS	白色	$PbCrO_4$	黄色	$NaAc\cdot Zn(Ac)_2\cdot$	黄色
As_2S_3	黄色	$BaCrO_4$	黄色	$3[UO_2(Ac)_2]\cdot 9H_2O$	
硫酸盐	颜色	$FeCrO_4\cdot 2H_2O$	黄色	$KHC_4H_4O_6$	白色
Ag_2SO_4	白色	硅酸盐	颜色	$Na[Sb(OH)_6]$	白色
Hg_2SO_4	白色	$BaSiO_3$	白色	$Na[Fe(CN)_5NO]\cdot 2H_2O$	红色
$PbSO_4$	白色	$ZnSiO_3$	白色	$K_2[PtCl_6]$	黄色
$CaSO_4\cdot 2H_2O$	白色	$CuSiO_3$	蓝色	$[HgI_4]^{2-}+NH_4^+$ 反应, OH^- 过量的产物	红棕色
$SrSO_4$	白色	$CoSiO_3$	紫色		
$BaSO_4$	白色	$Fe_2(SiO_3)_3$	棕红色		
$[Fe(NO)]SO_4$	深棕色	$MnSiO_3$	肉色	$[HgI_4]^{2-}+NH_4^+$ 反应, OH^- 适量的产物	深褐色或红棕色
$Cu_2(OH)_2SO_4$	浅蓝色	$NiSiO_3$	翠绿色		
$CuSO_4\cdot 5H_2O$	蓝色	草酸盐	颜色		
$CuSO_4\cdot 7H_2O$	红色	CaC_2O_4	白色	$(NH_4)_2MoS_4$	血红色
$Cu_2(SO_4)_3\cdot 6H_2O$	绿色	$Ag_2C_2O_4$	白色		
$Cu_2(SO_4)_3$	蓝色或红色	$FeC_2O_4\cdot 2H_2O$	黄色		
$Cu_2(SO_4)_3\cdot 18H_2O$	蓝紫色	类卤化合物	颜色		
$KCr(SO_4)_2\cdot 12H_2O$	紫色	$AgCN$	白色		
碳酸盐	颜色	$Ni(CN)_2$	浅绿色		
Ag_2CO_3	白色	$Cu(CN)_2$	浅棕黄色		
$CaCO_3$	白色	$CuCN$	白色		
$SrCO_3$	白色	$AgSCN$	白色		
$BaCO_3$	白色	$Cu(SCN)_2$	黑绿色		
$MnCO_3$	白色				

附录8 常见离子鉴定方法

一、碱金属、碱土金属离子的鉴定

离子	步骤	现象	反应式
Na^+	$NaCl+KSb(OH)_6$	白色晶型沉淀	$Na^+ + Sb(OH)_6^- = NaSb(OH)_6(s)$
K^+	$KCl+NaB(C_6H_5)_4$	白色晶型沉淀	$K^+ + B(C_6H_5)_4^- = KB(C_6H_5)_4(s)$
Mg^{2+}	$MgCl_2+NaOH+$镁试剂	先生成白色 $Mg(OH)_2$,后生成蓝色沉淀	(略)
Ca^{2+}	$CaCl_2+(NH_4)_2C_2O_4+HAc$	白色沉淀,不溶于 HAc	$Ca^{2+} + C_2O_4^{2-} = CaC_2O_4(s)$
Ba^{2+}	$BaCl_2+HAc-NaAc+K_2CrO_4$	黄色沉淀	$Ba^{2+} + CrO_4^{2-} = BaCrO_4(s)$

二、P区和ds区部分金属离子的鉴定

离子	步骤	现象	反应式
Al^{3+}	$H_2O+HAc+0.1\%$铝试剂+氨水	水浴加热,有红色絮状沉淀	(略)
Sn^{2+}	$HgCl_2$	沉淀由白色变为灰色、黑色	(略)
Pb^{2+}	K_2CrO_4+NaOH	先有黄色沉淀,后沉淀溶解	$PbCrO_4 + 3OH^- = [Pb(OH)_3]^- + CrO_4^{2-}$
Sb^{3+}	浓 $HCl+NaNO_2+$苯+罗丹明 B	苯层呈紫色	(略)
Bi^{3+}	2.5%硫脲	鲜黄色配合物	(略)
Cu^{2+}	$HAc+K_4[Fe(CN)_6]$	红棕色沉淀	$2Cu^{2+} + [Fe(CN)_6]^{4-} = Cu_2[Fe(CN)_6](s)$
Ag^+	$HCl+$氨水$+HNO_3$	白色沉淀,溶解,生成沉淀	(略)
Zn^{2+}	$HAc+(NH_4)_2[Hg(SCN)_4]$	白色沉淀	$Zn^{2+} + [Hg(SCN)_4]^{2-} = Zn[Hg(SCN)_4]$
Cd^{2+}	Na_2S	亮黄色沉淀	$Cd^{2+} + S^{2-} = CdS(s)$
Hg^{2+}	$SnCl_2$	沉淀由白色变为灰色	(略)

附录9 常用酸碱浓度

试剂名称	密度 /g·cm^{-3}	质量分数 /%	摩尔浓度 /mol·dm^{-3}	试剂名称	密度 /g·cm^{-3}	质量分数 /%	摩尔浓度 /mol·dm^{-3}
浓硫酸	1.84	98%	18	氢溴酸	1.38	40	7
稀硫酸		9	2	氢碘酸	1.70	57	7.5
浓盐酸	1.19	38	12	冰醋酸	1.05	99	17.5
稀盐酸		7	2	稀醋酸	1.04	30	5
浓硝酸	1.41	68	16	稀醋酸		12	2
稀硝酸	1.2	32	6	浓氢氧化钠	1.44	~41	~14.4
稀硝酸		12	2	稀氢氧化钠		8	2
浓磷酸	1.7	85	14.7	浓氨水	0.91	~28	14.8
稀磷酸	1.05	9	1	稀氨水		3.5	2
浓高氯酸	1.67	70	11.6	氢氧化钙水溶液			0.15
稀高氯酸	1.12	19	2	氢氧化钡水溶液		2	~0.1
浓氢氟酸	1.13	40	23				

附录10　某些试剂配制

试　剂	浓度 /mol·dm^{-3}	配制方法
格里斯试剂		①在加热下溶解0.5g对-氨基苯磺酸于50cm^3 30%HAc中,贮于暗处保存;②将0.4g α-奈胺与100cm^{3}水混合煮沸,再从蓝色渣滓中倾出的无色溶液中加入6cm^3 80%HAc,使用前将①、②两液体等体积混合
打萨宗(二苯缩氨硫脲)		溶解0.1g打萨宗于1dm^3 CCl$_4$或CHCl$_3$中
甲基红		每1dm^3 60%乙醇中溶解2g
甲基橙	0.1%	每1dm^{3}水中溶解1g
酚酞		每1dm^3 90%乙醇中溶解1g
溴甲酚蓝(溴甲酚绿)		0.1g该指示剂与2.9cm^3 0.05mol·dm^{-3} NaOH一起搅匀,用水稀释至250cm^{3}或每1dm^3 20%乙醇中溶解1g该指示剂
石蕊		2g石蕊溶于50cm^{3}水中,静置一昼夜后过滤,在溴液中加30cm^3 95%乙醇,再加水稀释至100cm^3
氯水		在水中通入氯气直至饱和,该溶液使用时临时配制
溴水		在水中滴入液溴至饱和
碘液	0.01	溶解1.3g碘和5g KI于尽可能少量的水中,加水稀释至1dm^3
品红溶液		0.01%的水溶液
淀粉溶液	0.2%	将0.2g淀粉和少量冷水调成糊状,倒入100cm^{3}沸水中,煮沸后冷却即可
NH$_3$-NH$_4$Cl缓冲溶液		20g NH$_4$Cl溶于适量水中,加入100cm^{3}氨水(密度0.9g·cm^{-3}),混合后稀释至1dm^3,即为pH=10的缓冲溶液
(NH$_4$)$_6$Mo$_7$O$_{24}$·4H$_2$O	0.1	溶解124g(NH$_4$)$_6$Mo$_7$O$_{24}$·4H$_2$O于1dm^{3}水中,将所得溶液倒入1dm^3 6mol·dm^{-3} HNO$_3$中,放置24小时,取其澄清溶液
(NH$_4$)$_2$S	3	取一定量氨水,将其平均分配成两份,把其中一份通入H$_2$S至饱和,而后与另一份氨水混合
K$_3$[Fe(CN)$_6$]		取铁氰化钾约0.7~1g溶解于水中,稀释至100cm^3(使用前临时配制)
铬黑T		将铬黑T和烘干的NaCl按1:100的比例研细均匀混合,贮于棕色瓶中
二苯胺		将1g二苯胺在搅拌下溶于100cm^3 1.84g·cm^{-3}硫酸或100ml 1.7g·cm^{-3}磷酸中(该溶液可保存较长时间)

续附录 10

试 剂	浓度/mol·dm^{-3}	配制方法
镍试剂		溶解 10g 镍试剂于 1dm^3 95%的酒精中
镁试剂		溶解 0.01g 镁试剂于 1dm^3 1mol·dm^{-3} 的 NaOH 溶液中
铝试剂		1g 铝试剂溶于 1mol·dm^{-3} 水中
镁铵试剂		将 100g MgCl$_2$·6H$_2$O 和 100g NH$_4$Cl 溶于水中,加 50cm^3 浓氨水,用水稀释至 1dm^3
奈氏试剂		溶解 11.5g HgI 和 8g KI 于水中,稀释至 500cm^3,加入 500cm^3 6mol·dm^{-3} NaOH 溶液,静置后取其清液,保存在棕色瓶中
Na$_2$[Fe(CN)$_5$NO]		10g 亚硝酰铁氰酸钠溶解于 100cm^3 H$_2$O 中,保存在棕色瓶中,如果溶液变绿就不能用了
BiCl$_3$	0.1	溶解 31.6g BiCl$_3$ 于 330cm^3 6mol·dm^{-3} HCl 中,加水稀释至 1dm^3
SbCl$_3$	0.1	溶解 22.8g SbCl$_3$ 于 330cm^3 6mol·dm^{-3} HCl 中,加水稀释至 1dm^3
SnCl$_2$	0.1	溶解 22.6g SnCl$_2$·2H$_2$O 于 330cm^3 6mol·dm^{-3} HCl 中,加水稀释至 1dm^3,加入数粒纯锡,以防氧化
Hg(NO$_3$)$_2$	0.1	溶解 33.4g Hg(NO$_3$)$_2$·$\frac{1}{2}$H$_2$O 于 0.6mol·dm^{-3} HNO$_3$ 中,加水稀释至 1dm^3
Hg$_2$(NO$_3$)$_2$	0.1	溶解 56.1g Hg$_2$(NO$_3$)$_2$·$\frac{1}{2}$H$_2$O 于 0.6mol·dm^{-3} HNO$_3$ 中,加水稀释至 1dm^3,并加入少许金属汞
(NH$_4$)$_2$CO$_3$	1	96g 研细的 (NH$_4$)$_2$CO$_3$ 溶于 1dm^3 2mol·dm^{-3} 氨水
(NH$_4$)$_2$SO$_4$	饱和	50g (NH$_4$)$_2$SO$_4$ 溶于 100cm^3 热水,冷却后过滤
FeSO$_4$	0.5	溶解 69.5g FeSO$_4$·7H$_2$O 于适量水中,加入 5cm^3 18mol·dm^{-3} H$_2$SO$_4$,用水稀释至 1dm^3,置入小铁钉数枚
Na[Sb(OH)$_6$]	0.1	溶解 12.2g 锑粉于 50cm^3 浓 HNO$_3$ 微热,使锑粉全部作用成白色粉末,用倾析法洗涤数次,然后加入 50cm^3 6mol·dm^{-3} NaOH 使之溶解,稀释至 1dm^3
Na$_3$[Co(NO$_2$)$_6$]		溶解 230g NaNO$_2$ 于 500cm^3 水中,加入 165cm^3 6mol·dm^{-3} HAc 和 30g Co(NO$_3$)$_2$·6H$_2$O 放置 24h,取其清液,稀释至 1dm^3,保存在棕色瓶中。此溶液应呈橙色,若变成红色,表示已分解,应重新配制
Na$_2$S	2	溶解 240g Na$_2$S·9H$_2$O 和 40g NaOH 于水中,稀释至 1dm^3

附录 11 国际相对原子质量表(1997 年)

元素	符号	Ar	元素	符号	Ar	元素	符号	Ar
银	Ag	107.8682(2)	氦	He	4.002 602(2)	铂	Pt	195.078(2)
铝	Al	26.981 538(2)	铪	Hf	178.49(2)	铷	Rb	85.4678(3)
氩	Ar	39.948(1)	汞	Hg	200.59(2)	铼	Re	186.207(1)
砷	As	74.921 60(2)	钬	Ho	164.930 32(2)	铑	Rh	102.905 50(2)
金	Au	196.96655(2)	碘	I	126.904 47(3)	钌	Ru	101.07(2)
硼	B	10.811(7)	铟	In	114.818(3)	硫	S	32.066(6)
钡	Ba	137.327(7)	铱	Ir	192.217(3)	锑	Sb	121.760(1)
铍	Be	9.012 182(3)	钾	K	39.0983(1)	钪	Sc	44.955 910(8)
铋	Bi	208.980 38(2)	氪	Kr	83.80(1)	硒	Se	78.96(3)
溴	Br	79.904(1)	镧	La	138.9055(2)	硅	Si	28.0855(3)
碳	C	12.0107(8)	锂	Li	6.941(2)	钐	Sm	150.36(3)
钙	Ca	40.078(4)	镥	Lu	174.967(1)	锡	Sn	118.710(7)
镉	Cd	112.411(8)	镁	Mg	24.3050(6)	锶	Sr	87.62(1)
铈	Ce	140.116(1)	锰	Mn	54.938 049(9)	钽	Ta	180.9479(1)
氯	Cl	35.4527(9)	钼	Mo	95.94(1)	铽	Tb	158.925 34(2)
钴	Co	58.933 200(9)	氮	N	14.006 74(7)	碲	Te	127.60(3)
铬	Cr	51.996 1(6)	钠	Na	22.989 770(2)	钍	Th	232.0381(1)
铯	Cs	132.905 45(2)	铌	Nb	92.906 38(2)	钛	Ti	47.867(1)
铜	Cu	63.546(3)	钕	Nd	144.24(3)	铊	Tl	204.3833(2)
镝	Dy	162.50(3)	氖	Ne	20.1797(6)	铥	Tm	168.934 21(2)
铒	Er	167.26(3)	镍	Ni	58.6934(2)	铀	U	238.0289(1)
铕	Eu	151.964(1)	氧	O	15.9994(3)	钒	V	50.9415(1)
氟	F	18.998 403 2(5)	锇	Os	190.23(3)	钨	W	183.84(1)
铁	Fe	55.845(2)	磷	P	30.973 761(2)	氙	Xe	131.29(2)
镓	Ca	69.723(1)	镤	Pa	231.035 88(2)	钇	Y	88.905 85(2)
钆	Gd	157.25(3)	铅	Pb	207.2(1)	镱	Yb	173.04(3)
锗	Ge	72.61(2)	钯	Pd	106.42(1)	锌	Zn	65.39(2)
氢	H	1.007 94(7)	镨	Pr	140.907 65(2)	锆	Zr	91.224(2)

附录12 危险药品贮存要求一览表

名 称	危 险 性	贮存要求
冰醋酸 CH_3CO_2H	强腐蚀性,使皮肤起泡,剧痛	贮于阴凉处
醋酸酐 $(CH_3CO_2)_2O$	强刺激性和腐蚀性 注意:与硫酸作用反应猛烈,甚至爆炸!	贮于阴凉处,容器密封
氨气及浓氨水 NH_3	强腐蚀性、刺激性;浓氨水腐蚀性与苛性钠相似;挥发性强、氨气强烈刺激眼黏膜,危险!	贮于阴凉处,与酸类及卤素隔离,开瓶时小心!预先在冰水中冷却再打开瓶塞!
乙酰氯 CH_3COCl	刺激性,遇潮气分解放出刺激性氯化氢;与水反应猛烈;受热分解产生少量有毒光气;易燃	贮于阴凉处,容器密封
三氯化铝 $AlCl_3$	无腐蚀性;与潮气接触,放出腐蚀性、刺激性氯化氢	贮于阴凉处,容器密封
溴 Br_2	强腐蚀性,刺激性,强氧化剂;强烈刺激眼黏膜,与皮肤接触引起严重烧伤	贮于阴凉处,与氨气及还原剂有机物隔离。开瓶小心(见氨),使用时上面盖上一层水
氯气 Cl_2	极端刺激眼睛及呼吸器官,很低的浓度就使肺受伤,强氧化剂	贮于阴凉处。与有机物、还原剂隔离
盐酸 HCl	浓盐酸及其气体的刺激性颇强,能使眼睛、黏膜、呼吸道烧伤	贮于通风处。与氧化剂隔离,特别是硝酸、氯酸盐。放于下格
甲醛 H_2CO	刺激性液体,易挥发	贮放通风处,与氧化剂、碱类、氨及有机胺隔离
甲酸 HCO_2H	腐蚀性液体,强刺激性气体	贮于阴凉通风处,不与氧化剂及碱接触
氟氢酸 HF	极强的腐蚀性、刺激性;能使皮肤严重烧伤,疼痛难忍,甚至因疼痛而休克;烧伤眼睛及呼吸道	隔离贮于聚乙烯塑料瓶中,不能贮存在玻璃器皿中
过氧化氢 H_2O_2	对眼睛、黏膜及皮肤腐蚀;强氧化剂;阳光照射及杂质促使分解	存于通风处,避光保存。与有机物、金属及还原剂隔离
浓硝酸 HNO_3	极强腐蚀性,液体气体强刺激性,接触皮肤使溃烂、变黄(与蛋白质反应)	在通风处单独存放于下格
苯酚 C_6H_5OH	固体、液体和气体都具有强腐蚀性;接触皮肤会使之烧伤而溃烂,并渗入皮肤中毒	在通风处单独存放。容器密封,放于下格
氧化氮 NON_2O_3 $NO_2 N_2O_5$	强刺激性气体,吸入湿润的鼻腔、气管处,可形成硝酸、亚硝酸,曝于 $100\sim150mg\cdot kg^{-1}$,30分钟致死	
三氯化磷 PCl_3 五氯化磷 PCl_5	固体、液体、气体皆具有极强的刺激、腐蚀性	贮于干燥阴凉处,密封
氢氧化钾 KOH 氢氧化钠 $NaOH$	腐蚀性极强的固体,其水溶液亦为强腐蚀性;溶解放热;可引起严重烧伤	贮于干燥处,与酸隔离
浓硫酸 H_2SO_4	极强腐蚀性,使有机物炭化	与强碱、氯酸盐、过氯酸盐、高锰酸盐隔离。放于下格

附录13 不能混合的常用药品一览表

药品名称	禁忌药品	药品名称	禁忌药品
碱金属及碱土金属如钾	二氧化碳、四氯化碳及其他氯化烃类	钠、锂、镁、钙、铝等	禁与水混合
醋酸	铬酸、硝酸、羟基化合物、乙二醇、胺类、过氯酸、过氯化物及高锰酸钾等	醋酸酐	同上(醋酸),还有硫酸、盐酸、碱类
乙醛、甲醛	酸类、碱类、胺类、氧化剂	丙酮	浓硝酸及硫酸混合物,氟、氯、溴
乙炔	氟、氯、溴、铜、银、汞	液氨(无水)	汞、氯、次氯酸钙(漂白粉)、碘、溴、氟化氢
硝酸铵	酸、金属粉末、易燃液体、氯酸盐、亚硝酸盐、硫黄、有机物粉末、可燃物	苯胺	硝酸、过氧化氢(双氧水)、氯、溴
溴	氨、乙炔、丁二烯、丁烷及其他石油气,碳化钠、松节油、苯、金属粉末	氧化钙(石灰)	水
活性炭	次氯酸钙(漂白粉)、硝酸	铜	乙炔、过氧化氢
氯酸钠(钾)	铵盐、酸、金属粉末、硫黄、有机粉尘及可燃物	铬酸及铬酸酐	醋酸、醋酸酐、萘、樟脑、甘油、松节油、乙醇及其他易燃液体
氯气	氨、乙炔、丁二烯、丁烷及其他石油气,碳化钠、松节油、苯、金属粉末	氟	与所有药品隔离
肼	过氧化氢、硝酸,任何氧化剂	氢氰酸	硝酸、碱类
过氧化氢	铜、铬、铁,大多数金属及其盐类,任何易燃液体、可燃物、苯胺、硝基甲烷	无水氟氢酸	氨
硫化氢	发烟硝酸、氧化性气体	碳氢化合物	氟、氯、溴、铬酸、过氧化物
碘	乙炔、氨气及氨水、甲醇	汞	乙炔、雷酸、氨
硝化石蜡	无机碱类	氧气	油脂、润滑油、氢、易燃液体、固体及气体
草酸	银、汞	过氯酸	醋酸酐、铋及其合金、醇、纸、木、油脂、润滑油

续附录 13

药品名称	禁 忌 药 品	药品名称	禁 忌 药 品
有机过氧化物	酸类(有机及无机)，防止摩擦，贮于冷处	黄磷	空气、氧气、火、还原剂
氯酸钾	酸类(见氯酸盐)、有机物、还原剂	过氯酸钾	酸类(见过氯酸)
高锰酸钾	甘油、乙二醇、苯甲醛及其他有机物、硫酸	银	乙炔、草酸、酒石酸、雷酸、铵盐
钠	(见碱金属)	氮化钠	酸
氰化钠	酸	亚硝酸钠	酸、铵盐、还原剂(如亚硫酸钠)
过氧化钠	任何还原剂，如乙醇、甲醇、冰醋酸、醋酸酐、苯甲醛、二硫化碳、甘油、乙二醇、醋酸乙酯、甲酯及呋喃、甲醛	硫化钠	酸
硫酸	过氯酸盐、氯酸盐、高锰酸钾、单体	亚硫酸盐	酸、氧化剂
砷及砷化物	任何还原剂	硝酸(浓)	醋酸、丙酮、醇、苯胺、铬酸、氢氰酸、硫化氢、易燃液体及气体、易硝化物、硫酸

附录14　常见危险废弃物的处置方法

危险废弃物种类	处　置　方　法
碱金属氢化物、氨化物和钠屑	将其悬浮在干燥的四氢呋喃中,在搅拌下,缓慢滴加乙醇或异丙醇至不再放出氢气为止。再缓慢加水至溶液澄清后,用水冲入下水道
硼氢化钠(钾)	甲醇溶解后,以水充分稀释,再加酸并放置。此时有剧毒硼烷产生,故所有操作须在通风橱内进行,其废酸液用碱中和后冲入下水道
酰氯、酸酐、三氯氧磷、五氯化磷、氯化亚砜、硫酰氯、五氧化二磷	在搅拌下加到大量水中,P_2O_5 加到大量水中后,再用碱中和,冲走
催化剂(Ni、Cu、Fe、贵金属等)或沾有这些催化剂的滤纸、塞内塑料垫等	因这些催化剂干燥时常易燃,抽滤时也不能完全抽干,绝不能丢入废物缸中,1g 以下少量废物可用大量水冲走。量大时应密封在容器中,贴好标签,统一深埋地下
氯气、液溴、二氧化硫	用 NaOH 溶液吸收,中和后冲走
氯磺酸、浓硫酸、浓盐酸、发烟硫酸	在搅拌下,滴加到大量冰或冰水中,用碱中和后冲走
硫酸二甲酯	在搅拌下加到稀 NaOH 或氨水中,中和后冲走
硫化氢、硫醇、硫酚、HCl、HBr、HCN、PH_3、硫化物或氰化物溶液	用 NaClO 氧化,1mol 硫醇约需 $2dm^3$ NaClO 溶液(含 Cl 17%,9mol"活性氯");1mol 氰化物约需 $0.4dm^3$ NaClO 溶液,用亚硝酸盐试纸试验,证实 NaClO 已过量时(pH>7),用水冲走
重金属及其盐类	使形成难溶的沉淀(如碳酸盐、氢氧化物、硫化物等),封装后深埋
氢化铝锂	悬浮在干燥的四氢呋喃中,小心滴加乙酸乙酯,如反应剧烈,应适当冷却,再加水至氢气不再释出为止,废液用稀 HCl 中和后冲走
汞	尽量收集泼散的汞粒;汞盐溶液可沉淀为 HgS,过滤后集中深埋
有机锂化物	溶于四氢呋喃中,缓慢加入乙醇至不再有氢气放出,然后加水稀释,最后加稀 HCl 至溶液变清,冲走
过氧化物溶液和过氧酸溶液、光气(或在有机溶剂中的溶液,卤代烃溶剂除外)	在酸性水溶液中,用 Fe(Ⅱ)盐或二硫化物将其还原,中和后冲走
钾	一小粒一小粒地加到干燥的叔丁醇中,再小心加入无甲醇的乙醇,搅拌,促使其全溶,用稀酸中和后冲走
钠	小块分次加入到乙醇或异丙醇中,待其溶解后,缓慢加水至澄清,用稀 HCl 中和后冲走
三氧化硫	通入浓硫酸中,再按浓硫酸加以销毁

主要参考文献

北京师范大学,东北师范大学,华中师范大学,等. 无机化学实验[M]. 4版. 北京:高等教育出版社, 2014.

北京师范大学无机化学教研室. 简明化学手册[M]. 北京:北京出版社, 1982.

崔学桂,张晓丽,胡清萍. 基础化学实验(Ⅰ)——无机及分析化学实验[M]. 北京:高等教育出版社, 2007.

傅献彩. 实用化学便览[M]. 南京:南京大学出版社, 1989.

华东理工大学无机化学教研室. 无机化学实验[M]. 北京:高等教育出版社, 2007.

华南师范大学化学实验教学中心. 中级化学实验[M]. 北京:化学工业出版社, 2008.

金继红,夏华. 工科化学与实验[M]. 武汉:华中科技大学出版社, 2009.

刘云华,殷彩霞,张仙,等. 大环配合物[Ni((14)4,11-二烯-N_4)]I_2和[Co((14)4,11-二烯-N_4)]I_2的合成[J]. 化学与生物工程, 2011(28):51-53.

清华大学. 基础无机化学实验[M]. 北京:高等教育出版社, 2007.

武汉大学化学与分子科学学院实验中心. 无机化学实验[M]. 2版. 武汉:武汉大学出版社, 2012.

辛剑,孟长功. 基础化学实验[M]. 北京:高等教育出版社, 2004.

中国科学技术大学无机化学实验课程组. 无机化学实验[M]. 合肥:中国科学技术大学出版社, 2012.

周井炎. 基础化学实验[M]. 武汉:华中科技大学出版社, 2008.

Lide D R. Handbook of Chemistry and Physics[M]. 78版. Florid:CRC Press Inc. , 1997—1998.

Dean J A. Lange's Handbook of Chemistry[M]. 13th Ed. New York:Mc-Graw-Hill Book Company, 1985.

Weast R C. CRC Handbook of Chemistry and Physics[M]. 63th Ed. Florid:CRC Press Inc. , 1982—1983.

Weast R C. CRC Handbook of Chemistry and Physics[M]. 66th Ed. Florid:CRC Press Inc. , 1985—1986.

Weast R C. Handbook of Chemistry and Physics[M]. 70th Ed. Florid:CRC Press Inc. , 1989—1990.

尼科里斯基,等. 苏联化学手册[M]. 曾昭伦,陶坤,等,译. 北京:科学出版社, 1958.